d'autre part Éditions Bréal

Horizons géographiques

Mark Bassin
Georges Benko
Vincent Berdoulay
Paul Claval
J. Nicholas Entrikin
Peter Gould
Chris Philo
Allen J. Scott
Ola Söderström
Ulf Strohmayer
Peter J. Taylor
Herman Van der Wusten

Collection d'autre part dirigée par :
Jean-François Staszak
Maître de conférences à l'université Paris I Panthéon-Sorbonne

Couverture et maquette : Joëlle Parreau
Composition : Isabelle Veillon

ISBN : 2 7495 03493

Remerciements

Nous souhaitons exprimer toute notre reconnaissance aux nombreuses personnes qui ont contribué à faire de ce volume ce qu'il est. Nos remerciements vont en particulier aux auteurs, pour leur coopération et leur ouverture d'esprit, et à Paul Claval, Jean-François Staszak, Judith Lazar, Ronald Abler, Tim Cresswell, Anthony Gatrell, Jo Gould, Matthew Hannah, Ron Johnston, Geoffrey Martin, John Morrissey et Gunnar Olsson, pour leur aide indéfectible. Nos remerciements vont aussi à Joëlle Cicchini et à Claire Hancock, qui ont fourni une aide pécieuse pour les traductions et revisions, ainsi qu'à Myriam Pasek pour sa disponibilté et pour ses conseils aux éditions Bréal. Ulf remercie Georges pour son aide dans l'établissement de l'annexe du premier chapitre. Nous avons dialogué en permenance un peu partout dans le monde sur « la géographie », et ici on ne cite que quelques noms parmi les centaines qui nous ont livré leurs opinions sur les sciences sociales, comme Milton Santos, Maria Laura Silveira, Yoshiyuki Okamoto, Leila Dias, Elson Pires, Adriana Verdi, Roberto Bustos-Cara, Juan-Luis Klein, David Harvey, Ed Soja, Teresa Barata Salgueiro, Isabelle Géneau de Lamarlière, Jorge Gaspar, João Ferrao, Ricardo Mendez, Alain Lipietz, Jacques Sapir, Robert Boyer, André Torre, Bernard Pecqueur, Mick Dunford, Pascal Petit, John Western, Richard Van Deusen, Dick Peet, Daniel Hiernaux, Caroline Desbiens, Michael Storper, Erik Swyngedouw, Augustin Berque, Anne Buttimer, Jacques Lévy, Jean-Luc Piveteau, Raymond Boudon, Georges Prévélakis, Olivier Soubeyran, Bernard Chavance, Allen Scott, Bernard Pecqueur, Jean-Bernard Racine, Hippolyte Du Clos Des Gallimènes... L'ouvrage a reçu le soutien de Grant-in-Aid Publication Fund of the NUI, Galway.

Avant-propos

Cet ouvrage, également publié en version anglaise, résulte d'un projet original.

Dans les différents champs de la géographie humaine, on a demandé à deux spécialistes reconnus à l'échelle internationale, de deux aires géographiques différentes, de dresser un bilan de leur domaine et de l'écrire à deux. Au moment où on parle de la mondialisation de la production et de la consommation, ainsi que du renforcement de la circulation des capitaux et des personnes, les sciences restent souvent enracinées dans des logiques nationales. Ce travail, par son innovation éditoriale, tente de faire sauter les verrous et vise l'ouverture.

Ce livre, dans une optique qui relève de l'épistémologie, propose ainsi une introduction à la géographie humaine par les meilleurs auteurs.

De plus, les géographies que l'on pratique dans les mondes francophone et anglophone ne sont pas ici présentées successivement par des auteurs des deux sphères, mais au contraire mises en perspective, de façon à marquer les filiations, les continuités et les ruptures, rendant ainsi justice à une circulation des idées qui, elle aussi, a sa géographie.

C'est à une double réflexion que ce livre conduit le géographe. Il l'invite à se regarder dans le miroir pour examiner ses méthodes et ses concepts ; il lui suggère de voir ceci à la lumière ou plus exactement au reflet d'autres façons de penser et de pratiquer – ailleurs – la discipline. Au fond, c'est d'une géographie de la géographie qu'il s'agit.

J.-F. Staszak
UFR de géographie,
Université Paris I Panthéon-Sorbonne

Georges Benko,
Université Panthéon-Sorbonne et CEMI-EHESS

Ulf Strohmayer,
Université de Galway

Sommaire

Introduction

Ulf Strohmayer et Georges Benko

Où que nous vivions, de nombreux éléments sur lesquels nous n'avons initialement que peu de prise façonnent nos vies. En tant qu'étudiants, enseignants ou tout simplement citoyens, nous sommes nés à un moment de l'histoire que nous n'avons pas choisi, et appartenons à un lieu, une culture et une classe qui nous préexistent. Nous n'avons pas le choix de notre couleur de peau, et rares sont ceux qui choisissent leur sexe. Ce sont là quelques traits parmi d'autres des conditions sociales de l'existence humaine : étant « situés » ou « jetés » dans un monde avec d'autres, par notre action et nos pratiques, nous recréons, à notre tour, un monde pour les autres. Mais, aujourd'hui, l'humanité ne considère plus comme immuable ou d'origine divine le contexte qui la détermine ; au contraire, nous cherchons activement à l'influencer et à le maîtriser pour un mieux-être individuel ou collectif. On a appelé « modernité » le processus qui en a résulté, et la science est l'un de ses principaux outils : cette science née des Lumières ne se contente plus d'accepter les choses telles qu'elles sont.

La géographie humaine participe de cet effort. Elle a pour prémices le constat que les conditions de l'existence humaine varient dans l'espace à chaque période historique. Ce sont ces différences qu'en tant que géographes, nous essayons de comprendre pour en tirer une meilleure connaissance de l'existence humaine en général. Peu importe ici que celle-ci soit une fin en soi ou qu'elle s'inscrive dans une perspective téléologique (d'orientation progressiste ou conservatrice) ; ce qui est crucial, à nos yeux, c'est que la géographie humaine naisse d'une reconnaissance à la fois des différences *et* de l'identité. Mais pourquoi les conditions de possibilité de l'humain, comme la culture, l'organisation économique, ou les rôles genrés (pour ne citer que trois thèmes abordés dans cet ouvrage) varient-elles à travers l'espace ? Les réponses qu'a apportées la géographie humaine tout au long de sa courte histoire sont elles-mêmes variées et souvent contradictoires, mais elles se sont concentrées sur des discours plus ou moins identifiables : de nature sociale, historique, économique, culturelle et politique, ces discours ont tenté de circonscrire les causes de différence – lesquelles pouvaient, prises ensemble, éclairer la condition humaine. Les raisons qui ont conduit à la formation des branches essentielles de la géographie humaine sont pragmatiques : la géographie humaine dans son intégralité couvre un champ bien trop étendu pour être étudié, et encore moins maîtrisé, par une seule personne. D'où la désignation de « spécialités » dans la plupart des associations de géographes, d'où aussi la précision des domaines d'intérêt dans les offres d'emploi pour géographes. Il est vrai que l'assemblage de ces différents éclairages s'avère être un problème encore à résoudre tant en pratique qu'en théorie ; de même, il n'y a jamais eu de consensus durable au sein de chacune de ces sous-disciplines géographiques. Cette tâche est néanmoins considérée comme importante et l'on peut supposer qu'elle mobilisera la communauté géographique dans son ensemble encore quelque temps.

Ce livre a pour but d'informer les étudiants de tous niveaux et leurs enseignants de la vitalité des débats, des positions et des connaissances qui ont marqué le siècle dernier, avec des incursions occasionnelles dans le xixe siècle, quand une perspective plus profonde semblait devoir profiter à l'ensemble du projet. Le sujet ne relève pas du hasard, car, s'il existe de nombreuses interprétations des débats et du contexte des premières décennies de formation de la discipline au xixe siècle, les vues d'ensemble sur le xxe siècle sont rares. Pourtant, pour qui a participé au développement de la géographie humaine, le xxe siècle a été une période passionnante à vivre et où travailler. Loin de constituer une menace au statut intellectuel de la discipline, l'absence de consensus a favorisé une culture de débat en géographie humaine, qui en cela ne le cède à aucune autre discipline universitaire, de notre point de vue. Les différentes propositions conceptuelles, méthodologiques et théoriques qui sont présentées et analysées dans chacun des chapitres qui suivent ont contribué, chacune à sa façon, au sentiment général d'excitation qui a accompagné la géographie humaine jusque dans le xxie siècle. Rétrospectivement, le xxe siècle n'offre à nos yeux aucune trajectoire linéaire, aucun fleuve tranquille de connaissances géographiques, mais un fleuve au cours irrégulier avec des lits parallèles, des rapides et des impasses. Le territoire très contesté de la géographie humaine qui en résulte, avec ses (r)évolutions réelles ou imaginées, constitue l'objet de ce livre.

Si tous ceux qui ont participé à la rédaction de ce livre ne sont que trop des limites inhérentes à un projet tel que celui-ci, nous sommes relativement sûrs de nous être faits l'écho de suffisamment de voix différentes pour transmettre au lecteur beaucoup des éléments qui, ensemble, font de la géographie humaine une entreprise intellectuelle florissante et utile. Bien que souvent surestimées ou négligées, les traditions d'origines différentes contribuent directement à la bonne santé de la discipline. C'est ainsi que *Horizons géographiques* a tenté de combiner différents discours et pratiques en un seul récit. Naturellement, compte tenu des limites de l'expérience et des connaissances de chacun et de celles imposées par le format de l'ouvrage, nous pouvons au mieux esquisser les grandes lignes des différentes traditions. Cependant, mieux vaut faire son possible pour élargir la perspective d'histoires trop souvent écrites d'un point de vue exclusivement anglo-saxon que de se laisser intimider par la difficulté qu'il peut y avoir à rendre compte de traditions mal connues. Même si l'on peut regretter que les géographies japonaise, indienne, latino-américaines ou africaines restent quasi absentes des présents écrits, nous espérons que la collaboration entre un géographe anglo-saxon et un géographe du continent européen pour chacune des études qui suivent contribuera à ouvrir le champ des références à l'avenir. Pour nous, cet alliage de traditions différentes dans chacun des chapitres de l'ouvrage ne les apparente pas aux synthèses exhaustives, mais permet de mettre au jour et de contextualiser différences et similarités, afin d'éclairer de nouvelles possibilités et alternatives.

Nous avons choisi les sous-disciplines retenues dans cet ouvrage en raison de leur contribution aux grands débats de la géographie humaine du XXe siècle. Pour des raisons de clarté et d'accessibilité, l'ouvrage se limite à des sous-disciplines systématiques, un choix qui laisse de côté des préoccupations plus contextuelles ou thématiques, notamment « l'urbain » et « le rural ». Nous avons décidé d'inclure, en plus des trois axes classiques – social, économique et politique – les axes de recherche historique et culturel. Ce choix a été fait afin de couvrir un champ aussi large que possible et donner un aperçu aussi complet que possible des débats géographiques, compte tenu des limites inévitables.

Il ne s'agit pas de laisser entendre que les branches retenues ont toutes été aussi présentes ou importantes en tant que *sous-disciplines* tout au long du siècle, mais bien de souligner que des concepts ou des terminologies issus de chacune ont modelé les discours à travers tout le champ. Nous sommes conscients qu'un tel choix marginalise dans une certaine mesure des avancées récentes particulièrement bien venues et productives, notamment en écologie culturelle, ainsi que d'autres questions qui cadrent moins bien avec la manière traditionnelle d'aborder la géographie humaine. Nous espérons que les études futures auront à inclure ces discours du fait de leur longévité et de l'éclairage essentiel sur la condition humaine qu'ils apportent.

Sans doute serait-il opportun maintenant de dire un mot sur la structure de l'ouvrage. Compte tenu de la nature collective de l'entreprise, nous avons jugé bon d'imposer avec une certaine rigueur l'homogénéité de forme tout en laissant les différents auteurs concevoir leur propre problématique et ses principales articulations. Les parti pris qui en résultent ainsi que l'amorce d'un dialogue implicite entre les chapitres représentent l'une des facettes les plus intéressantes de cette entreprise. Nous avons de plus incité les contributeurs à évaluer de façon critique leur sous-discipline. Nous pensions que cela permettrait aux lecteurs de mesurer l'actualité brûlante des débats et de prendre eux-mêmes position dans les différents exposés. Les chapitres ont été classés par ordre alphabétique, à l'exception du chapitre d'épistémologie, que nous avons décidé d'utiliser comme porte d'entrée à la rétrospective d'un siècle de géographie humaine. Tous les chapitres identifient un tournant vers la fin des années soixante. Si plusieurs chapitres y voient une « rupture », d'autres le présentent comme un « élargissement », mais tous reconnaissent la nature « discursive » de la discipline. Bien évidemment, cet ouvrage se situe résolument dans la tradition de ce changement ; comment pourrait-il en être autrement ! Tout au long des pages, on trouvera des réflexions informées par la linguistique sur le changement de nature des concepts de la discipline, ainsi que sur les adaptations aux géographies changeantes qui ont modelé notre planète au cours du xxe siècle. L'idéologie et l'adaptabilité contribuent l'une et l'autre à nos façons d'interpréter et de créer des géographies humaines, à de multiples échelles.

C'est dans ce contexte que nous voulons situer la géographie, comme discipline, dans son ensemble. Avec un certain recul, il semble que le xxe siècle n'ait pas été tendre pour la discipline. En déclin relatif, la géographie s'est vue la plupart du temps, au cours du siècle dernier, marginalisée par rapport aux autres sciences humaines, sociales et naturelles. Elle-même à la croisée des chemins, la géographie n'a pas nécessairement été présente sur les fronts de la découverte scientifique – et a souvent dû payer le prix fort pour ne pas s'y être trouvée. Ce n'est qu'au cours des deux dernières décennies du xxe siècle que les caractéristiques qui font de la géographie une discipline « de synthèse » ont été reconnues par un public plus vaste, dans le monde universitaire et au-delà. Nous aborderons ce changement dans notre conclusion. Généralement, nous espérons que cet ouvrage intéressera autant les géographes que les non-géographes, rappelant aux premiers l'étonnante diversité de notre discipline et montrant aux seconds les façons d'intégrer un point de vue spatial dans les sciences humaines et sociales.

Plus que beaucoup d'autres projets, la rédaction et la mise en forme de *Horizons géographiques* ont été marquées par des contretemps dus à la maladie et des événements indépendants de la volonté de tous les participants à cette entreprise collective. Comme l'ensemble de la communauté géographique, nous déplorons profondément le décès prématuré de Peter Gould dans la première phase du projet. Avec un sens du devoir confondant, Peter a travaillé sur la contribution qu'il avait promise au chapitre introductif, tout en sachant qu'il n'en verrait pas la réalisation. Nous n'avons pas de mots pour exprimer notre gratitude à son égard pour son travail et son amitié.

Galway et Paris, juillet 2004.

Chapitre 1

Visions géographiques :
’évolution de la pensée en géographie humaine du XIXe au XXIe siècle

Peter Gould et Ulf Strohmayer

« Mon ambition ultime est de loger quelques poèmes là où on aura du mal à s'en débarrasser »

Robert Frost

Les ambitions du poète ne sont pas de ce monde. Tout au long du XXe siècle, et particulièrement dans sa seconde moitié, des générations successives de géographes ont ambitionné de « loger quelques poèmes là où on aura du mal à s'en débarrasser » – en d'autres termes, d'établir la géographie professionnelle sur des bases méthodologiques et conceptuelles si solides qu'il serait ensuite difficile de la détourner de la bonne voie ainsi révélée. Est-ce que certains groupes ont réussi ? la réponse, dans une discipline aussi éclectique, ne peut être que « non ». Cependant, le passage de chaque phase a laissé un résidu, une substantifique moelle, qui a conféré aux géographes une compétence méthodologique accrue, ainsi qu'une perspective conceptuelle plus profonde et une sensibilité aiguisée, développées grâce à des traditions plus critiques et réflexives (Abler, 1999). Dans ce chapitre, nous tenterons de présenter avec une rigueur critique certaines des positions-clés et des voix qui ont donné forme à la discipline dans son ensemble (ou tenté de lui donner forme). Il va sans dire que cette présentation ne peut être que très sélective et limitée par les intérêts et appartenances générationnelles de ses auteurs. Ces limites apparaîtront clairement, entre autres au déséquilibre entre l'avant et l'après-guerre, dans notre traitement de la discipline. Mais, avec ces réserves, ce texte posera le contexte des chapitres suivants, en se concentrant sur les positions philosophiques et les questions théoriques entourant les débats plus concrets au sein de la géographie humaine[1]. Tout au long de ce texte, nous tentons de donner autant de poids aux contributions

1 Pour préserver l'intérêt de ce volume dans son ensemble, nous avons fait notre possible pour éviter les redites avec les chapitres suivants. L'objectif de ce chapitre introductif est donc plus de donner le contexte pour ce qui suit que de donner au lecteur une somme de considérations théoriques. Pour une entreprise de cet ordre, toute prétention d'exhaustivité serait vaine, eu égard au nombre de traditions et de voix dont il s'agit de se faire l'écho. Le fait que ce chapitre néglige relativement des contributions importantes, comme celles de Harold Mackinder, Vidal de la Blache ou Carl Sauer, pour n'en citer que quelques-uns, n'est donc en aucun cas une négation de leur importance pour la géographie humaine du XXe siècle.

individuelles au changement disciplinaire qu'aux forces des conditions structurelles présidant à la formation des discours géographiques. Naturellement, les mécanismes par lesquels la créativité et la persistance individuelles participent de (et sont elles-mêmes déterminées par) des réseaux de pouvoir, des technologies et des institutions au sein d'une discipline et au-delà, constituent un des thèmes de débat les plus polémiques en sciences sociales et humaines aujourd'hui. Les pages qui suivent ne chercheront pas à résoudre la question, mais se contenteront des fournir des éléments pour des débats futurs.

Assumer l'héritage du XIXe siècle

Les racines de la géographie, définie au sens large comme une sensibilité aux lieux et à l'espace, remontent fort loin dans l'histoire. Il ne s'agit donc pas de laisser entendre que la géographie « a commencé au XIXe siècle », même si c'est alors que de nombreux départements de géographie ont émergé dans les universités européennes. Pour ce chapitre, dont l'objet est l'évolution de la géographie au cours du XXe siècle, il n'est possible que de rendre un hommage rapide à Hérodote, et à beaucoup d'autres auteurs grecs, qui ont écrit sur les conjonctions des mondes physique et humain (Staszak, 1995). Saluons avec autant de politesse et de brièveté les géographes, cartographes, navigateurs et explorateurs qui ont ouvert leurs propres mondes aux autres peuples, lieux et civilisations, tout en ouvrant ces mondes à la puissance souvent unilatérale des formes mercantiles puis industrielles du capitalisme (Livingstone, 1992 ; Wallerstein, 1974, 1980).

Mais les limites entre siècles sont arbitraires, et la justice veut que soient mentionnés quelques géographes du XVIIIe siècle qui ont posé les bases de questions difficiles, surtout l'idée selon laquelle les natures et caractéristiques des êtres humains découlaient des conditions de l'environnement, et variaient donc spatialement. Ce thème du déterminisme environnemental, illustré par l'intérêt de Montesquieu pour les effets du sol et du climat sur la nature humaine, a gardé de sa force jusque dans le premier quart du XXe siècle. La notion de variation dans l'espace en découlait aussi. Celle-ci fut mise en cause par Johann

Herder, qui, peut-être plus que quiconque à cette époque, mettait en avant le sentiment de *Bodenständigkeit*, le sentiment d'être chez soi, enraciné, ou sentiment du lieu. Ceci n'excluait pas de se réjouir de la grande variété spatiale des lieux et des peuples du monde, et, plus important, de marquer du respect envers les cultures indigènes ; cette idée a ensuite influencé le retour du relativisme culturel en ethnographie et en anthropologie, particulièrement pour ceux qui, au XXe siècle, ont pris un parti anti-impérialiste (Boaz, 1928, Herskovits, 1962). Emmanuel Kant, parfois désireux de faire de la géographie une science universelle, s'est également inscrit en faux contre le déterminisme environnemental . Alexander von Humboldt le rejoignait en cela, alors même qu'il reconnaissait les liens étroits entre la végétation, la pédologie et les conditions microclimatiques. Tant de voix puissantes se sont fait entendre contre le déterminisme environnemental qu'on ne peut que s'étonner que celui-ci ait maintenu sa position dominante, finalement presque idéologique, au long du XIXe siècle et au début du XXe. Les spécialistes de l'impérialisme en seront peut-être moins surpris, mais la longévité de cette doctrine du XVIIe siècle reste une énigme.

Malgré cette ancienneté des racines de la curiosité et de la recherche géographique, l'héritage du siècle dernier provient de la deuxième moitié du XIXe siècle. Si le *Kosmos* de Humboldt (1843) et la *Nouvelle Géographie universelle* (1876-94) d'Elisée Reclus ont pu figurer dans les bibliothèques d'Européens cultivés, on ne peut cependant guère considérer cet héritage comme riche sur le plan intellectuel. Aux États-Unis, la géographie se résumait pour l'essentiel à des manuels scolaires (un ou deux étaient utilisés dans les cours d'initiation de quelques universités), tous fortement orientés vers la géographie physique et ne comportant que des compilations de faits relevant de la géographie humaine. Cette orientation physique demeure une constante jusqu'aux années 1920. La géographie humaine se présentait dans une large mesure comme déterminée par l'environnement, malgré le travail remarquable, renversant ce déterminisme, de George Perkins *Marsh, Man and Nature, or Physical Geography as Modified by Human Action*, publié en 1864, et *The Earth as Modified by Human Action*, paru en 1874. L'atténuation progressive de ce paradigme déterministe peut être retracé dans les termes de Ellen Churchill Semple : de « déterminisme » on passe à « contrôle », puis « influence » et finalement « ajustement » (Martin, 1999, 10).

Les États-Unis recevaient à cette époque des influences européennes (comme par exemple les écrits d'Arnold Guyot, de Suisse, présentant l'œuvre de Carl Ritter), mais ce n'est que vers la fin des années 1920 que des influences plus fortes, quoique éphémères, provinrent de France, notamment de Jean Brunhes, Paul Vidal de la Blache, et par le biais des conférences données annuellement à Harvard par Raoul Blanchard, de Grenoble. Geoffrey Martin (1999, 11) a décrit l'établissement de la géographie comme discipline universitaire « en pointillés », ce qui rend bien compte de la nature fluctuante de la présence de la géographie dans les principales universités. L'éclipse tendrait à persister jusqu'aux années 1970 dans le cas d'un certain nombre de départements aux États-Unis, comme à Harvard, Yale, à l'université de Californie à Santa Barbara, à celle du Michigan et celle de Chicago.

En Europe, la géographie, souvent instrumentalisée pour la conquête impériale et la colonisation, fut établie assez solidement. Carl Ritter détenait une chaire de géographie à Berlin dès 1820, mais celle-ci disparut avec lui. En Europe germanophone, c'est à Vienne (1851) et Giessen (1864) que furent ouverts les premiers départements de géographie proprement dits (Taylor, 1985), mais, au cours du demi-siècle suivant, presque toutes les universités en ouvrirent officiellement. Comme beaucoup d'autres départements, ils avaient pour deux vocations de former des enseignants pour le système scolaire public en développement et de servir l'expansion impériale et commerciale. Ces objectifs ne leur conféraient pas de légitimité universitaire aux yeux d'autres scientifiques, et ils eurent à justifier de leur place dans l'enseignement supérieur tout au long du XIXe et pour une partie du XXe siècle.

Une tradition « critique »

Ce qui manquait à la géographie dans la première moitié du XXe siècle, c'est une tradition « critique » générale : dans la seconde moitié au contraire, celle-ci vit le jour, bien que son objet fût encore parfois la personne ou les fondements idéologiques, plutôt que les idées (Symanski and Agnew, 1981). Dans une profession restreinte et en émergence, où beaucoup de géographes se connaissaient par le biais des rencontres nationales et internationales, beaucoup craignaient que la critique ne fût prise personnellement, ou mal interprétée, ou tout simplement qu'elle nuise à la reconnaissance universitaire de la géographie. La définition de la « géographie » prenait beaucoup de temps et d'énergie, qui auraient sans doute, on peut le dire avec le recul, dû être consacrés à mener des recherches géographiques, avec une profondeur intellectuelle qui inspire le respect.

Ce manque d'assurance intellectuelle forma l'arrière-plan de deux événements importants aux États-Unis. Le premier fut la fondation de l'Association des géographes américains (*Association of American Geographers*, AAG) en 1904. Celle-ci devint un club exclusif, où les nouvelles adhésions devaient être parrainées et approuvées par un vote. Seuls de vrais géographes professionnels se consacrant à la recherche étaient susceptibles d'être élus. Cette exigence conduisit à une révolte, et à la formation d'un groupe de renégats s'appelant la Société américaine des géographes professionnels, et favorables à une ouverture bien plus grande à des publics plus divers, et notamment aux étudiants, représentant l'avenir de la profession. Cette divergence devait être surmontée en 1948, année où les deux groupes se réunirent sous le sigle AAG lors de la conférence annuelle à Madison, Wisconsin, même si on retrouve la trace de cette division dans l'existence de deux publications, *The Annals of the Association of American Geographers*, et *The Professional Geographer*. En Europe, où l'enseignement de la géographie s'appuyait sur une tradition plus ancienne et solide, l'émergence de la géographie comme discipline universitaire, qui n'alla pas sans anxiétés et difficultés, fut moins problématique, notamment grâce à une longue tradition d'exploration scientifique, et grâce aux liens entretenus avec l'impérialisme caractéristique de la fin du XIXe siècle.

Le second événement fut la publication de l'ouvrage de Richard Hartshorne, *The Nature of Geography* (1939), un texte dans lequel devait se plonger une génération tout entière pour s'initier à la discipline. Rédigé en Allemagne et en Autriche en 1937-38, ce texte prétendait que la recherche géographique devrait se concentrer exclusivement sur les répartitions spatiales et leurs juxtapositions possibles, et que les géographes n'avaient pas à s'occuper du temps, des processus, de l'émergence et de l'évolution des répartitions. Il s'agirait d'un « poème » délogé. Alfred Hettner (1927) faisait figure d'autorité quant à la voie chorographique à suivre pour parvenir à l'illumination géographique, et il ne s'interdisait pas d'utiliser ce qui était en substance son journal, le *Geographische Zeitschrift*, pour étriller des jeunes arrivistes comme Hans Spethmann (1928, 1936), qui osait penser en termes dynamiques, et eut la témérité d'écrire un ouvrage en trois volumes sur le *développement* de la Ruhr. Mais Hettner luimême, fortement influencé, comme beaucoup des Allemands de son temps, par la philosophie kantienne et néo-kantienne, n'était pas sans ambiguïté. Et comme le montre Lukermann (1983, 1989), Kant n'a jamais séparé et déconnecté ce qu'il voyait comme les dimensions fondamentales de l'expérience humaine, l'espace et le temps.

Ce qui frappe, lorsqu'on jette un regard rétrospectif sur ce demisiècle, c'est l'absence totale de jugement critique sur un travail qui domina intellectuellement une génération entière de géographes : beaucoup d'entre eux, issus des universités de l'Est et du Midwest, furent forcés d'écrire un premier chapitre de thèse entièrement consacré à justifier leur démarche et prouver qu'elle s'inscrivait dans la tradition chorographique. La contestation n'était cependant pas absente, mais elle était tellement assourdie qu'on ne l'entendait jamais en public. Une lettre de Carl Sauer à John Leighly montre son mépris pour *The Nature of Geography* et la façon dont le livre bannit le temps de l'espace (Bancroft Library Archives, Berkeley), mais son avis ne fut pas rendu public. L'évaluation modérée, mesurée mais très approfondie faite par Jacques May (1970) fut rejetée sans autre forme de procès (May 1972). Ailleurs, *The Nature of Geography* n'eut guère d'impact, faisant l'objet d'un seul compte rendu, par John Wright, dans *Isis*, une revue d'histoire des sciences, en 1941. La guerre faisait rage en Europe, et d'autres questions étaient au premier plan. En Suède, comme l'a relevé Stefan Helmfrid (1999, 27) « … l'anathème lancé par Hettner contre les séries chronologiques dans l'analyse géographique ne fut jamais vraiment compris ou accepté… ». Une tradition intellectuelle plus ancienne et solide d'étude de l'évolution des paysages et de géographie historique devait plus tard relancer l'intérêt pour les dynamiques spatiales et le changement, envisagés de façon novatrice et créative.

Par bien des points de vue, le contexte dans lequel le grand œuvre d'Hartshorne fut reçu reflétait des positions considérées comme acquises en géographie dans beaucoup de pays. Cette tradition souvent qualifiée d'« idiographique » se caractérisait par l'accent mis ouvertement sur les méthodes et techniques descriptives, mais accréditait de surcroît une vision non conflictuelle de la géographie comme science au point de vue particulier mais globalement homogène. Malgré l'existence de variations nationales, c'est cette version de la géographie qui a régné en maître pendant toute la première moitié du siècle ; en fait, ces différentes traditions nationales elles-mêmes rendaient d'autant plus facile d'empêcher la critique et l'expression d'autres perspectives au sein des frontières nationales.

Défis et courants de l'après-guerre

Il est aussi risqué de délimiter précisément des périodes de l'histoire qu'il l'est de tracer des limites entre régions sur une carte. Cependant, les années qui suivirent immédiatement la Seconde Guerre mondiale furent l'occasion d'un changement clair dans la façon dont la géographie, comme discipline d'enseignement et de recherche, était pratiquée. Une question qui s'impose, mais à laquelle il est difficile de répondre, c'est de savoir quelle fut l'influence des expériences vécues pendant la guerre sur ceux qui revenaient étudier et enseigner (Balchin, 1987). Pour beaucoup – ceux qui étaient en poste dans les universités avant la guerre – il semble qu'elle ait été très réduite. Beaucoup des Britanniques consacrèrent leur temps à compiler des manuels très factuels sur les théâtres d'affrontements (Tuan 2001) ou des documents cartographiques sur les conditions physiques de sites d'invasion potentiels, ce qui ne contribua guère au développement de la recherche ou de l'enseignement après guerre.

Aux États-Unis, un certain nombre de géographes américains servirent l'OSS, Bureau des services stratégiques (*Office of Strategic Services*), le prédécesseur de la CIA (*Central Intelligence Agency*). Certains ont pu décrier cette « liaison dangereuse », mais seulement dans le contexte plus tardif de la guerre froide, et à la lumière de positions idéologiques devenues dominantes à la fin des années 1960. Si cette implication dans l'OSS n'a rien de condamnable en soi, le lien qu'elle établissait entre l'État comme source de pouvoir, d'un côté, et la science, de l'autre, a été un des éléments les plus polémiques de la critique de la fin de cette décennie. Il est vrai que beaucoup de scientifiques servirent leur pays de leur mieux et voyaient leur cause comme juste. Mais, dans le cas des géographes allemands, ce « service » rendu dans les années d'avant-guerre et pendant le conflit mondial n'avait rien de neutre et allait au-delà de la simple complaisance envers le pouvoir, comme le montre bien l'histoire, en train de s'écrire, de la complicité de la géographie avec la justification et le maintien de l'État nazi (Sandner and Rösler, 1994).

Dans le domaine théorique, les activités conduites pendant la guerre, de compilation et de production de manuels, ont tendu à renforcer l'approche sous forme de catalogue, la discussion se concentrant autour des éléments à y inclure. Dans ce contexte, que la géographie se soit définie comme *Landeskunde* (connaissance des pays ou des lieux), ou comme *regionalism* ou géographie régionale importe peu : ce qui compte, c'est l'absence persistante des aspects temporels du domaine de la géographie, dont l'effacement presque complet fut facilité par « l'éthique de collectionneur » majoritaire dans la discipline dans la plupart des pays. On ne peut distinguer dans cette tradition générale que peu d'exceptions. En Amérique du Nord en particulier, plusieurs géographes commencèrent leurs études de troisième cycle après avoir travaillé dans la météorologie sur des théâtres de guerre en Europe et dans le Pacifique : John Borchert, Edward Taaffe, William Garrison et William Warntz. Les trois premiers devaient devenir présidents de l'AAG, et William Warntz fut l'auteur d'une des plus remarquables perspectives « macro » sur la discipline, dont une œuvre pionnière (Warntz 1965) qui proposait une analogie entre l'avancée des fronts froids ou chauds et ce qu'il appelait les « fronts de revenus ». John Borchert (1961) fut à l'origine de l'étude dynamique des villes. Les études du trafic aérien de passagers conduites par Edward Taaffe se fondaient sur les dynamiques des lieux centraux et leurs interactions. Ces quatre hommes avaient tous passé des années à s'occuper des questions de dynamiques, de processus et de temps, inhérentes aux cartes et aux prévisions météorologiques, et retourner à la tradition chorographique atemporelle leur aurait semblé étrange. William Garrison, dont la recherche appliquée anticipait toujours les effets futurs du développement d'infrastructures de transport, écrit sans ambages : « Le monde de Hartshorne ne m'a jamais gêné parce que je le trouvais tout simplement stupide. » (Garrison, 1999)

Malheureusement, l'autorité de l'impératif chorographique demeurait incontestée dans la plupart des universités de l'Est et du Midwest des États-Unis, bien que les prétentions intellectuelles de compilations en forme de catalogue et de synthèses régionales bourrées d'information aient été trop modestes pour un certain nombre d'universités plus exigeantes en matière scientifique. Les départements de géographie de Harvard, Yale et Stanford furent dissous (même si des conditions locales particulières ont pu entrer en ligne de compte) et beaucoup d'autres universités n'en ouvrirent jamais. Parfois la presse grand public elle-même se faisait l'écho d'un cas particulièrement frappant de cours truffés de lieux communs (magazine *Time*, 1963), et une publicité aussi défavorable et généralement amplement méritée accélérait les fermetures – comme ce fut le cas à Yale.

Avec l'intensification de la guerre froide, les sentiments anticommunistes étaient exacerbés aux États-Unis, avivés par les célèbres auditions du Comité sur les activités anti-américaines de la Chambre (*House Un-American Activities Committee*, HUAC), et les accusations largement diffusées par le sénateur Joseph McCarthy et ses assistants, dont Richard Nixon. Deux générations plus tard, il est difficile de se représenter les craintes d'une époque où les interrogateurs de l'HUAC avaient à leur merci des personnages en vue du Département d'État et d'autres parties du gouvernement ou de fondations, et surtout ceux qui avaient une connection avec l'Asie (particulièrement la Chine), et même des acteurs, metteurs en scène ou auteurs d'Hollywood. Les universitaires n'échappaient pas au système, surtout ceux dont les écrits reflétaient de la sympathie pour les populations asiatiques ou critiquaient la corruption du régime de Tchang-Kaï-Chek, régime soutenu par les États-Unis depuis l'avant-guerre.

Le cas d'Owen Lattimore est à juste titre célèbre, car il ne s'agissait pas seulement d'un chercheur de Johns Hopkins qui faisait autorité mondialement sur la Mongolie et la Chine, mais de la victime d'une dénonciation par un collègue géographe, George Carter, sur la base de bribes de conversation entendues lors d'un pique-nique. « Il faut comprendre la pathologie de cette décennie », a écrit Robert Newman dans son étude sur le cas Lattimore (Newman, 1992), et c'est bien le problème pour ceux qui suivent. Le monde universitaire était lui aussi sous l'emprise de la peur, et rares étaient ceux qui avaient le courage de prendre parti pour ceux qui étaient soupçonnés.

Cette sensibilité particulière à l'époque influençait aussi les honneurs rendus aux chercheurs étrangers. Au début des années 1960, par exemple, l'AAG voulut rendre hommage aux contributions à la théorie des lieux centraux de Walter Christaller, qui vivait alors dans la précarité en Allemagne. Malheureusement, dans sa jeunesse, durant les difficiles années 1920, Walter Christaller avait adhéré au Parti communiste pendant quelques mois. Cela suffit à lui faire refuser deux demandes de visa successives en 1964 alors qu'il souhaitait se rendre aux États-Unis pour recevoir son prix à la réunion annuelle de l'AAG, et c'est à la Suède qu'il revint de rendre hommage à ce pionnier de la théorie, avec une médaille d'or, quelques années plus tard.

Défis et courants des décennies suivantes

C'est dans ce contexte que les ruptures les plus cruciales dans l'orientation théorique de la géographie humaine se produisirent. Partie d'universités phares, surtout de la côte ouest des États-Unis, une nouvelle orientation, qui rencontra une résistance considérable, en vint petit à petit à modeler la pratique de la géographie humaine en fonction de ses postulats et de ses idéaux. Si on l'appelle généralement aujourd'hui la « révolution quantitative », cette révolte portait en fait sur un champ bien plus large et ses objectifs étaient bien plus amples que ne le laisse entendre cette appellation. Il s'agissait de rien de moins que du statut de la géographie comme science rigoureuse. Une nouvelle vague de doctorants entrait dans un système universitaire en expansion, pour ne pas dire en explosion, et des voix contestataires se faisaient entendre, au grand dam d'une vieille génération attachée à ses façons de faire traditionnelles et autoritaires (Lukermann, 1983, 1989; Butzer, 2001). Il est difficile de faire un « récit de la révolte » de façon linéaire, parce que les signes d'un progrès vers des thèmes et des méthodologies plus exigeants se manifestèrent en beaucoup d'endroits (Billinge, Gregory and Martin, 1984). Mais on peut identifier trois thèmes importants communs à la plupart des tentatives pour repenser les directions à venir de la recherche et de l'enseignement en géographie.

Il y eut d'abord l'influence marquante mais difficile à définir de Walter Isard, à l'université de Pennsylvanie. Isard ne se satisfaisait pas du caractère totalement « a-spatial » de l'économie traditonnelle. Dans son premier livre (Isard 1956), publié à compte d'auteur (alors que les éditions et volumes suivants paraîtraient aux éditions MIT Press), il rappelait les travaux d'économistes et de géographes, dont Heinrich von Thünen (1826), les travaux extraordinaires et pionniers d'August Lösch (1954), et la géométrie théorique des systèmes de lieux centraux proposée par Walter Christaller (1966). Ces travaux, dont les étudiants en thèse n'avaient auparavant jamais eu connaissance, ne fournissaient pas seulement les bases d'une théorie spatiale, mais montraient qu'il existait des façons plus stimulantes intellectuellement d'aborder et de décrire les phénomènes géographiques (Haggett 1965). Hartshorne faisait peu de cas de von Thünen, mais ceux qui travaillaient sur l'agriculture dans le tiers-monde (Chisholm, 1982), ou ceux qui se penchaient sur des schémas récurrents de développement des villes des États-Unis (Bunge, 1962) avaient des raisons empiriques de penser autrement.

Ce souci de formalisation théorique s'accompagnait d'une quête de méthodologies adaptées. Cette relation entre la théorie et la méthodologie représente le second thème, commun à l'extraordinaire groupe d'étudiants travaillant sous la direction de William Garrison à l'université de Washington, à la fin des années 1950, et à un mouvement comparable, mais moins novateur, dans les universités d'Iowa et de Northwestern. Les membres du groupe de Washington, surnommés plus tard « les Cadets de l'espace » (*Space Cadets*), se sont entraînés mutuellement, en explorant puis en partageant méthodologies et sujets, presque tous à base empirique. Notons que tous ceux qui prirent part à cette « révolution quantitative » avaient reçu une formation initiale on ne peut plus traditionnelle en géographie, mais qu'ils s'étaient engagés dans leurs études en troisième cycle avec le sentiment qu'il y avait un niveau plus élevé à atteindre. Brian Berry (1966, 1967) devint vite célèbre pour ses travaux pionniers sur les lieux centraux. L'intérêt de William Bunge pour la théorie spatiale devint public lorsque son ouvrage *Theoretical Geography* (1962) fut enfin publié en Suède, après avoir été décrié par les critiques américains. Waldo Tobler (1962, 1993), peut-être le seul véritable cartographe analytique du XXe siècle, a innové dans le domaine des projections, des déformations cartographiques, des « vents d'influence », et de nombreux autres domaines d'analyse et d'expression cartographiques. Quant à Richard Morrill (1970), il a été le premier à appliquer des techniques d'optimisation (de programmation linéaire) à des thèmes liés aux services médicaux. C'est aussi à cette époque que l'ordinateur, totalement archaïque selon les normes actuelles, s'impose comme moyen pratique pour réaliser des calculs d'analyse multivariée complexe et des procédures d'optimisation. Duane Marble, issu lui aussi du groupe de Washington, est devenu expert dans l'écriture d'instructions en « prélangage » informatique et il a contribué à favoriser un certain nombre de percées méthodologiques. Ce fut le côté éminemment pratique du calcul informatique, allié à l'intelligence de Richard Morrill qui mesurait l'étendue nouvelle des possibilités de formulation de questions géographiques impensables auparavant, qui marqua le troisième thème dominant le bouleversement quantitatif.

La Suède, traditionnellement tournée vers l'évolution des paysages, n'a eu aucun mal à concevoir les potentialités dynamiques de la recherche géographique. Une ouverture aux nouvelles approches combinant l'espace et le temps, est visible au moins chez quelques géographes très novateurs de l'université de Lund. L'histoire est complexe, et on ne peut en rendre compte ici ; qu'il suffise de rappeler qu'un ami d'enfance de Torsten Hägerstrand, Karl Erik Fröberg, le physicien qui avait construit le tout premier ordinateur SMIL de Lund, revint d'un voyage aux États-Unis avec un texte polycopié présenté par les mathématiciens John von Neuman et Stanislav Ulam sur les méthodes Monte Carlo utilisées pour calculer l'épaisseur de la chape de protection en béton des premiers réacteurs nucléaires. Compte tenu de la nature hétérogène du béton, les approches mathématiques classiques étaient inapplicables. À l'époque, Hägerstrand avait déjà fait une série d'études approfondies sur l'émigration (1949) et il s'intéressait alors à la propagation des idées et des innovations dans l'agriculture suédoise. Ses recherches suivantes, sur la diffusion des innovations (1952, 1953) utilisant les techniques Monte Carlo, sont les premières à utiliser cette méthodologie en sciences sociales. En 1959, il passa un semestre à l'université de Washington, où Richard Morrill s'est rapidement rendu compte du potentiel de ces méthodes. Il passa ensuite une année de post-doctorat à Lund, où il mena des travaux sur la dynamique des systèmes de lieux centraux (1965a), puis appliqua cette méthode au *blockbusting*[2] et à ses développements négatifs dans les quartiers très ségrégés des États-Unis (1965b).

La deuxième « voix de Lund » fut celle de Sven Godlund, dont les travaux novateurs sur les changements dans les structures de transports et de lieux centraux étaient remarquables pour l'époque (voir notamment 1958). Il faut également citer deux autres « voix baltes ». La première est celle d'Edgar Kant, qui appartenait auparavant à l'université de Dorpat en Estonie et qui a fui en Suède devant l'avancée des armées russes. Titulaire d'une chaire, il a encouragé tous ceux qui étaient en doctorat à l'époque, notamment grâce à son aptitude à rappeler des idées novatrices publiées jusqu'à un siècle plus tôt dans une des huit langues qu'il maîtrisait (Hägerstrand, 1983). L'autre « voix » était celle de Reino Ajo, en Finlande. S'étant vu refuser un poste à l'université par les « folkloristes » de son époque, il a gagné sa vie et celle de sa famille en inspectant des voitures à Turku, tout en menant des études novatrices pour l'époque (Ajo, 1953, 1955). Ces temps étaient souvent durs pour les novateurs dans une discipline très conservatrice.

La réaction des tenants de la tradition

Aucune science n'a jamais progressé de façon uniforme. Au contraire, les changements de centre d'intérêt, d'objectif et de méthodologie – en bref, les changements de « paradigme » (Kuhn, 1962) – entrent en concurrence avec des théories et des pratiques plus anciennes pendant un temps avant que n'émergent de nouvelles hégémonies, si tant est qu'elles émergent. Dans le cas du changement qui nous intéresse ici, il est très difficile, au début de ce siècle, de rendre compte de manière crédible de la violence des vitupérations et du ressentiment de la part des traditionnalistes (Gould, 1979 ; Warnte, 1984). Les documents témoignant de la véhémence de leurs réactions prennent des formes très éphémères – des lettres, des évaluations, etc. – dont

[2] Le *blockbusting* est une pratique qui consiste à convaincre des propriétaires de logements de vendre à bas prix en leur faisant craindre le déclin de la valeur de leurs biens (notamment du fait de l'arrivée de populations noires ou immigrantes dans le quartier), NdT.

certains ont circulé en leur temps mais dont les gens se sont débarrassés au moment où ils vidaient leurs tiroirs à l'heure de la retraite. Après tout, cela remonte à des temps anciens. Cependant, Carl Sauer (1956), d'accord avec les géomorphologues et les climatologues de son département à Berkeley, a pu écrire non sans raillerie : « Nous pouvons laisser l'énumération aux agents du recensement. » Richard Hartshorne (1939), mettant en garde les néophytes contre les dangers qu'il y avait à introduire le temps dans les études géographiques, écrivait « [et] l'objectif de tels emprunts au passé n'est pas de retracer des évolutions », rejetant sans appel l'une des plus fortes traditions intellectuelles de la géographie historique de l'époque. Au Royaume-Uni, on assista à la confrontation, qui prête à sourire aujourd'hui, mais qui était extrêmement sérieuse, entre le professeur Steers de Cambridge et le jeune Peter Haggett accusé de « jeter le discrédit sur la discipline » (Chorley, 1995) après que Haggett eut présenté devant la *Royal Geographic Society* une étude utilisant l'analyse tendancielle de façon novatrice (Taylor, 1976).

Ces réactions s'accompagnèrent d'une censure exercée par les directeurs de revues. Joseph Spencer, directeur des *Annals*, devint célèbre pour ses lettres de refus sarcastiques, dont beaucoup circulèrent. Le directeur d'*Economic Geography* écrivit à contrecœur qu'un article comportant des notations mathématiques ne serait pas soumis à évaluation. Il y avait une exception, Wilma Fairchild, directrice de la *Geographical Review*, qui était bien plus ouverte aux idées nouvelles, dès lors qu'elles étaient clairement exprimées. Face au barrage des revues apparurent les premiers *Discussion Papers* en géographie, produits sur des budgets dérisoires par les départements de géographie des universités de Washington, d'Iowa, d'Ohio State, de Penn State et du consortium du Michigan, qui regroupait Michigan State et Wayne State sous le sigle MICMOG (*Michigan Inter-university Community of Mathematical Geographers*). Ces tentatives pour contourner les revues traditionnelles et faire circuler librement des idées nouvelles soumises à commentaires et à critiques annonçaient les nouvelles revues géographiques des années 1970 (notamment *Progress in Human Geography*, peut-être la première revue visant un public large à reconnaître le fossé grandissant entre la géographie humaine et la géographie physique). Cette tendance se poursuivit de loin en loin lorsque de nouvelles spécialisations et de nouveaux défis apparaissaient, d'autant plus que l'impératif de publication pour obtenir promotions et titularisations devint de plus en plus pressant au cours des décennies suivantes.

Étendre les possibilités méthodologiques

De nos jours, où les logiciels sont faciles d'accès et les micro-ordinateurs puissants, on a du mal à se souvenir qu'il s'agit là de conquêtes récentes, des deux dernières décennies du XXe siècle. De nombreux progiciels permettent d'accéder facilement à des techniques d'optimisation ou d'analyse multivariée, dont certaines sont si sophistiquées qu'il est facile d'en faire mauvais usage. Quelquefois, par exemple, la corrélation évidente ne démontre qu'une ignorance évidente, puisqu'une interprétation de l'analyse empirique implique une compréhension de ce qui se passe entre l'entrée et la sortie des données. Les premiers à formuler des « théories ad hoc » dans leurs études des relations entre les concepts traditionnels des régions homogènes et fonctionnelles (Berry et Garrison, 1958a et b) ou les effets de retard ou d'avance sur les investissements en infrastructures et sur la croissance régionale (Gauthier, 1968), élaboraient des bases solides pour une approche très complexe et sophistiquée qui n'a pu être pleinement mise en pratique qu'avec le développement de la puissance des ordinateurs. Trop souvent, les algorithmes taxinomiques étaient utilisés en bloc – il en existait une grande variété donnant des résultats quelque peu différents – et appliqués sans réflexion préalable à l'ensemble d'objets qu'il s'agissait de partionner selon une relation d'équivalence (Gould, 1999). Les utilisateurs des techniques multivariées faisaient appel à des tests classiques de significativité sans se rendre compte que l'hypothèse de départ était presque à coup sûr invalidée dans n'importe quel problème d'intérêt un tant soit peu géographique.

Mais il faut bien se rendre compte que la formulation de questions et les avancées méthodologiques sont les deux faces d'une même pièce. Tandis que les traditionnalistes dénigraient (quelquefois à juste titre, mais pas pour les bonnes raisons) les applications méthodologiques en elles-mêmes, il faut bien voir que les nouvelles approches ouvrent de nouvelles voies à la pensée et au questionnement littéralement impensables auparavant. On peut citer par exemple la programmation linéaire, qui soulevait sérieusement, et pour la première fois en géographie, toute la question de possibles normes, fondées sur des procédures pratiques d'optimisation. Dans la réflexion conceptuelle de Leslie Curry (1966, 1988) relative à la théorie des files d'attente, apparut pour la première fois la notion de processus aléatoire et d'économie spatiale aléatoire. Ce qui est pensable, et donc ce que l'on peut aborder d'un point de vue totalement nouveau, devient un nouveau « champ du possible » pour la recherche géographique.

En ce qui concerne la validation de théories, entendues au sens traditionnel commun à toutes les sciences physiques, c'est-à-dire comme un postulat, une formulation factuelle, qui peut être accepté conditionnellement, mais aussi être réfuté au sens popperien (Popper, 1959), les nouvelles méthodes ont souvent apporté beaucoup. Malheureusement, le sens du mot « théorie » est devenu tellement général, a été tellement utilisé comme sceau de respectabilité intellectuelle, qu'il s'est mué en terme passe-partout désignant pratiquement toute spéculation intellectuelle, qu'elle soit ou non susceptible d'être testée (Strohmayer, 1993). Ce terme indique néanmoins l'un des plus notables développements de la géographie, au cours de la deuxième moitié du xxe siècle, même si on le mentionne peu : la confrontation de la spatialité et de la spécificité du lieu, inhérentes à la géographie, avec des ensembles « théoriques » d'autres champs disciplinaires voisins.

Confronter la théorie avec l'intérêt de la géographie pour l'espace et le temps

Ce qui n'a pu être explicité jusqu'ici dans notre présentation du virage pris vers des théories plus stimulantes et développées à la suite de la « révolution quantitative », c'est la spécificité de la relation entre des théories proprement géographiques et des théories « importées » d'autres disciplines. Beaucoup ont eu l'impression, à l'époque, que les secondes l'emportaient sur les premières à mesure qu'on se détournait des préoccupations régionales et idiographiques, et que le temps prenait sa place dans l'analyse géographique. Les plus réticents au changement, en particulier, professaient une nostalgie profonde pour les jours révolus des limites claires et d'une répartition des tâches convenue entre disciplines. Mais une préoccupation majeure demeurait et demeure encore : est-il possible de simplement « spatialiser » des constructions théoriques ou des méthodes développées dans d'autres contextes, dans des buts différents et par des disciplines différentes ?

Reconnaissons ici d'emblée l'influence et la perspicacité de David Harvey. Il fut le premier à montrer explicitement comment les constructions théoriques « a-spatiales » de disciplines voisines tendaient à se désintégrer lorsqu'on les confrontait à l'espace et au lieu, souvent au point que l'interrogation théorique devait être repensée, modifiée radicalement, ou complètement abandonnée. Dans une perspective marxiste, il a démontré que la domination de la pensée temporelle et historique du XIXe siècle devait être mise en cause et que toute tentative pour fonder la recherche sur les théories de Marx supposait que ces théories elles-mêmes soient modifiées et repensées pour intégrer les fondamentaux géographiques, la spécificité du lieu et la généralité de l'espace (Harvey, 1982). Aujourd'hui, dans le nouveau millénaire, alors qu'une merveilleuse multitude de cultures locales est sous le feu de la « coca-colaisation », et que de petites nations sont à la merci d'entreprises multinationales en quête de nouvelles localisations dont se repaître, on se rend compte de l'extraordinaire clairvoyance dont il a fait preuve.

Mais on peut citer de nombreux autres exemples de confrontation : le plus ancien, peut-être, est tiré d'une recherche de Tjallings Koopmans et Martin Beckmann (1957), lorsqu'ils ont tenté de faire du prix, le Saint-Graal pour ne pas dire le fétiche de l'économie, un mécanisme capable de produire l'équilibre dans des problèmes d'allocation spatiale, tout en tenant compte simultanément des effets d'agglomération. Dès que les coûts de transport étaient introduits, cette théorie néo-économique ne tenait plus. Ce résultat était tellement alarmant que les auteurs ont retardé leur publication « de plusieurs années » (Koopmans et Beckmann, 1957, 71) et demandé à leurs collègues économétriciens de venir à leur rescousse.

Troisième exemple d'une discipline confrontée à la spatialité de la géographie, la rencontre entre les méthodes d'analyse spatiale et les hypothèses de ce qui était alors la théorie statistique classique. Après de nombreux recours impropres aux tests de significativité, criticables notamment en raison de l'indépendance temporelle et spatiale des observations, les géographes et les statisticiens se sont aperçus que les hypothèses fondamentales sous-tendant les tests de significativité, qu'ils soient paramétriques ou non paramétriques, étaient rarement, voire jamais, vérifiées dans les problèmes présentant le moindre intérêt géographique (Gould, 1970). Pour les questions spatiales ou temporelles, des observations réellement indépendantes ne produiraient que le « bruit blanc » d'une série chronologique ou le modèle aléatoire de la carte – lesquels ne contiennent jamais, par définition, la moindre information pertinente en géographie. Il est vrai que Ronald Fisher, qui menait les premières expériences dans la station d'expérimentation agricole de Rothamsted, a reconnu les effets de l'hétérogénéité spatiale dans les tests (Fisher, 1958) et qu'il a conçu des techniques élaborées pour contrer certains de ces effets (Fisher et Mackenzie, 1922 ; Fisher et Edem, 1929 ; Fisher et Wishart, 1930). Mais ces préoccupations semblent avoir été limitées à la conception d'expériences d'analyse de la variance, et le problème connexe de l'autocorrélation spatiale paraît ne pas avoir été pris en compte, ou évoqué (Cliff et Ord, 1973).

Il existe une analogie avec l'abandon quasi total de la tradition du XIXe siècle, de cartographie des maladies et de leur propagation, par l'étiologie et l'épidémiologie. Dans ce cas déplorable, des techniques, principalement l'analyse des séries chronologiques et les techniques dérivées, deviennent tellement dominantes qu'elles façonnent la pensée de toute une discipline. Pour la plupart des épidémiologistes aujourd'hui, le temps domine, d'autant plus qu'existent des programmes d'équations différentielles tout prêts qui extrapolent à partir de postulats de départ souvent sensés pour en arriver à des conclusions quelconques et généralement dépourvues d'utilité. L'idée que l'épidémie peut avoir une géographie comme elle a une histoire, qu'une série spatiale peut receler une information scientifique précieuse, semble avoir été oubliée. Maintenant, à une époque ou treize millions de personnes volent chaque année entre Los Angeles, Houston, Chicago, New York et Miami, on serait en droit d'attendre qu'une sensibilité au spatial se développe dans la réflexion épidémiologique, qui traite de l'émergence et de la maîtrise de nouvelles maladies. Quelques signes laissent à penser que les séries spatiales recommencent à intéresser certains. L'attention portée à la concentration géographique des cas n'a jamais totalement disparu (Mantel, 1967), et beaucoup d'avancées récentes dans ce domaine où la collecte des données est difficile sont dues à des géographes (Bailey et Gatrell, 1995), souvent avec la collaboration des statisticiens interpelés par ces questions.

La confrontation de la spatialité de la géographie avec les disciplines voisines se poursuit et, en ce qui concerne l'intérêt maintenant professé par les politologues pour le cosmopolitisme, elle « continue » au sens propre, puisque cet intérêt remonte à la publication de l'essai de Kant *De la paix perpétuelle* (Habermas, 1968). Kant, conscient de la différence dans un monde littéralement en train de s'ouvrir, et jamais tout à fait à son aise avec elle, reconnaissait « le contraste entre l'universalité de [son] cosmopolitisme et de [son] éthique, et les particularités gênantes et intraitables de sa géographie »... (Harvey, 2000, 535). Comme le remarque Harvey plus loin : « ... la géographie de Kant est hétérotopique. Le cosmopolitisme, bâti sur ce terrain, vole en éclats. La géographie sape le sentiment cosmopolite » (*Ibid.*, p. 536). Cette confrontation, une fois de plus, consiste en l'introduction de l'espace et du lieu dans une autre tentative pour formuler une théorie sociale qui offre un cadre universel d'où voir la vie humaine, *toute* la vie humaine. Il n'y a que les constructions théoriques qui, dès leur première élaboration, tiennent compte de la spatialité du monde, qui pourront tenir comme constructions pertinentes, vraiment utiles et éclairantes pour la connaissance.

Réactions plus tardives à la quantification et à la science spatiale

Chaque réaction en appelle elle-même une, les nouvelles perspectives gagnant en assurance se heurtant à des critiques de plus en plus hostiles (Hanson, 1999). L'exemple classique est sans doute l'affirmation du romantisme, au début du XIXe siècle, en réponse aux prétentions parfois excessives des Lumières (Berlin, 1999), encore que de telles simplifications masquent les subtilités et les complexités de tourbillons majeurs se formant dans les courants dominants. Il ne fait cependant aucun doute que l'opposition se soit manifestée contre le principal *mécanisme* du bouleversement quantitatif des années 1950 et 1960.

La première réaction mettait en cause moins l'orientation méthodologique du paysage changeant de la science spatiale que ses fondements béhavioristes. Alors que la plupart des travaux quantitatifs des débuts se fondaient sur des modèles essentiellement implicites des causes ou déterminations du comportement humain, ces modèles se développèrent jusqu'à se transformer en véritables approches psychologiques des problèmes analytiques soulevés par l'acceptation de distributions ou de schémas spatiaux sub-optimaux, ou par les comportements humains complètement irrationnels (Lowenthal, 1961 ; Wolpert, 1964 ; Saarinen, 1966). Le résultat le plus connu de l'intérêt porté à la spatialité de la perception humaine est probablement l'évolution des « cartes mentales » comme domaine spécifique de la connaissance géographique (Gould et White, 1974).

Rétrospectivement, on voit que ce virage pris vers la perception de l'environnement a ouvert la voie à une seconde mise en cause que l'on résume habituellement à l'émergence d'une « géographie humaniste ». Ce mouvement doit son appellation à un souci de remettre les êtres humains au centre de la géographie humaine, position d'où ils avaient été délogés, selon de nombreux géographes, par les mathématiques fonctionnelles et la « géométrisation » du courant spatialiste. Ce souci fondamental avait plusieurs provenances, dont les plus importantes étaient des influences chrétiennes très variées, du catholicisme au protestantisme évangélique gallois, et des approches plus philosophiques qui essayaient d'introduire les apports phénoménologiques dans la recherche géographique (Seamon, 1979). Les valeurs, les valeurs humaines fondamentales (entendons ici : occidentales) ont souvent été ignorées (Buttimer, 1974) tant par les thèmes abordés que par les méthodes, et un désir de mettre en évidence l'aspect réellement humain dans une analyse plus générale commença à se manifester dans les programmes de recherche (Ley, 1974). Il existait un sentiment que le monde, que ce soit à l'échelle nationale ou internationale (Webber et Rigby, 1996), était un lieu de misère et d'injustice pour de nombreux êtres humains, et que l'indifférence à ce fait, manifestée par les approches de la géographie, ressemblait trop souvent au comportement de ceux qui « passaient leur chemin » dans la parabole du Bon Samaritain du Nouveau Testament.

Ce fut également un sentiment d'injustice, réveillant l'horreur et l'indignation ressenties par Marx pendant les années traumatiques de la révolution industrielle, au milieu du XIXe siècle, qui mobilisa en faveur d'une perspective et d'une analyse économique marxistes. On ne peut guère nier l'effet catalyseur de l'ouvrage de David Harvey, *Social Justice and The City* (1973). On pouvait peut-être expliquer les ressemblances entre schémas d'usage des sols dans les villes nord-américaines par la théorie des rentes différentielles, rendre compte de l'existence des favelas du Brésil et de l'extension de quartiers taudifiés dans certaines villes d'Europe par des inversions topologiques, mais quel rapport entre tout cela et le vécu des habitants de tels quartiers ? La quête d'explications plus approfondies s'est faite en parallèle avec l'affirmation d'autres mouvements, alors « radicaux » (les violentes manifestations contre la guerre au Viêt-nam, etc.), et alors que s'aggravait l'opposition entre les « quantitativistes », devenus la « vieille garde », et ceux qui s'inspiraient de l'analyse marxienne. Cette confrontation est devenue tellement acerbe que ceux qui avaient participé aux transformations de la fin des années 1950 et du début des années 1960 ne faisaient plus figure que de praticiens motivés par les techniques. Nombreux étaient ceux qui, sans être entièrement convaincus par le courant marxiste, se montraient néanmoins sensibles à son plaidoyer en faveur d'un monde plus correct et plus juste. Cette sensibilité sociale accrue est difficile à démontrer, mais beaucoup choisirent des thèmes de recherche visant à mettre en évidence l'injustice dans leur pays, ou s'intéressèrent aux relations de pouvoir entre le Nord et le Sud, le centre et la périphérie. C'est à cette perception de l'injustice qu'on doit beaucoup de développements ultérieurs de la théorie géographique, ou d'annexions qu'elle a pratiquées, à partir de la fin des années 1970 – dont le féminisme, l'affirmation des questions écologiques, le postcolonialisme, et l'étude des groupes sociaux jusqu'alors sous-représentés dans la société dans son ensemble.

Si l'idée de « justice » a été et reste au centre des préoccupations de beaucoup de chercheurs de sensibilité marxiste, son importance provient également du fait qu'elle plaide pour une nouvelle conceptualisation de la théorie en géographie humaine (Peet, 1977). Pour simplifier, celle-ci s'est présentée comme contestation directe de la linéarité des relations causales qui se trouvaient au cœur de la révolution quantitative. Le « marxisme scientifique », en particulier, a insisté sur l'importance de traiter les relations géographiques comme résultant de processus et non comme de simples schémas spatiaux. Ces processus étant historiques, ils étaient susceptibles d'être modifiés, fait occulté par les méthodes positivistes habituelles de la géographie (Smith, 1979). En tant que pratique spécifique, la géographie marxiste a tiré l'essentiel de sa force de la revendication de connaissances géographiques ayant une utilité sociale (Lacoste, 1976; Harvey, 1984). Mais c'est l'insistance des marxistes sur le lien entre la théorie et le fait que la réalité sociale découle de processus qui a eu l'impact le plus important : c'est par ce biais que la « théorie sociale » a acquis droit de cité dans la discipline (Gregory, 1978). De plus, les développements les plus stimulants de la théorie géographique dans les années récentes, comme l'émergence du postmodernisme (Dear, 1988; Hannah et Strohmayer, 1992, 1995) ou de la pensée poststructuraliste (Doel, 1999) et le mouvement vers des méthodes d'analyse orientées sur les réseaux (Bingham, 1996; Hinchliffe, 1996) ont tous émergé d'une façon rappelant la géographie marxiste du début des années 1970 : à partir d'une critique de ce qui était vu comme l'échec de postulats théoriques ou de bases épistémologiques homogènes (Claval, 1980). Dans les années 1980, comme on pouvait s'y attendre dans ce processus de réactions en chaîne, le courant marxiste devait à son tour subir des attaques, en particulier être accusé d'être un odieux « méta-récit » occultant les particularités – même s'il était parfois difficile de voir ce qu'avaient de géographique ces préoccupations parfaitement légitimes par ailleurs.

Prédire les évolutions futures est une entreprise hasardeuse, et, pendant que se jouaient les diverses confrontations des années 1970 et 1980, s'est dessinée une évolution d'une importance géographique majeure. Rares furent ceux qui anticipèrent la naissance et l'impact des systèmes d'information géographiques (SIG), et même les plus clairvoyants n'auraient pas pu imaginer les développements et les retombées des technologies modernes, satellitaires ou autres. Cette émergence nous impose une digression avant d'en arriver à l'époque actuelle, mais cette digression est de toute première importance pour la recherche géographique et l'insertion d'un mode de pensée spatial dans de nombreux aspects de la vie contemporaine.

Les systèmes d'information géographique (SIG)

Les systèmes d'information géographique sont apparus si vite au cours des deux dernières décennies du XXe siècle et ont influencé si rapidement de nombreux domaines pratiques et sciences appliquées qu'il serait tentant de les considérer comme un champ à part. Ce serait là une erreur, car on les couperait de leurs racines dans les formes plus traditionnelles de cartographie et d'analyse géographique, qui entretiennent des relations de plus en plus étroites avec les SIG (Brewer, 1999 ; Brewer et McMaster, 1999). Cinq éléments principaux ont présidé à la naissance des SIG, dont les débuts doivent beaucoup aux conceptions de David Simonette (1964), qui dès les années 1960 entrevit les potentialités, qui paraissaient alors futuristes, de l'alliance de la télédétection et de l'augmentation de la capacité et de la vitesse des ordinateurs (Simonette et Brown, 1965 ; NASA, 1966). Ce fut lui qui persuada la *National Aeronautics and Space Administration* (NASA) de sponsoriser une conférence sur un futur alors perçu comme lointain, la fin du siècle, futur qui allait arriver à une vitesse stupéfiante. John Pickles (1999), citant Stephen Hall (1993), remarque que la naissance des SIG est « … vraisemblablement la plus grande explosion de la cartographie et peut-être la meilleure prise en compte de "l'espace" (dans tous les sens du terme) depuis l'époque de Babylone ».

Le premier élément repose sur les avancées techniques de la télédétection, en elle-mêmes, avancées rendues possibles par des investissements colossaux dans les instruments et les systèmes de lancement satellitaire, consentis par les agences gouvernementales comme la NASA et ses filiales, comme *Jet Propulsion Lab* (JPL), mais aussi par son pendant européen l'Agence spatiale européenne (*European Spatial Agency*). Les caméras à hyperbandes spectrales, fruit des recherches de la NASA et de JPL, enregistrent maintenant jusqu'à 224 bandes par pixel de un mètre et, outre la détection planétaire, elles sont de plus en plus utilisées pour la gestion des écosystèmes terrestres, l'agriculture, l'exploitation minière, le traitement de déchets dangereux, parmi bien d'autres applications (Robbins, 1999). Il faut des capacités en téraoctets pour faire tourner les logiciels : pour le projet de nettoyage de Leadsville, au Colorado, mené par l'*Environmental Protection Agency* (EPA), il a fallu 45 secondes pour rassembler les données et dix mois pour les traiter.

Le second élément est la cartographie traditionnelle, et son objectif historique de représentation des phénomènes humains et terrestres à différentes échelles. Comme cet objectif est également celui de ceux qui veulent transformer les impulsions électroniques sous des formes utiles et utilisables, il n'est pas surprenant que des relations entre la cartographie et les SIG rendent impossibles à distinguer certaines de leurs branches.

Le troisième élément, c'est la tradition d'analyse quantitative apparue à la fin des années 1950 et au début des années 1960 avec la révolution quantitative. Dès le début, cette tradition s'est appuyée sur la carte, comme source de données, comme mode d'expression et comme modalité de visualisation des transformations spatiales. Harold Moellering (1991) a fait remarquer que « la cartographie analytique […] est devenue le cœur des SIG contemporains ». Les premiers développements étaient en rapport direct avec – ou inspirés par – les travaux de Waldo Tobler (1966), qui fut à l'avant-garde de la compression des données, des projections et des transformations cartographiques et de nombreuses autres approches analytiques.

Le quatrième élément est essentiellement politique ; c'était le souhait des agences gouvernementales, notamment la NASA et la *Defense Mapping Agency* dans le cas des États-Unis, de démontrer que la recherche militaire et spatiale pouvait avoir des retombées positives dans les applications civiles. Ces retombées entretenaient en outre le soutien du Congrès pour des financements accrus. Ceux des universitaires qui peuvent faire la démonstration de l'utilité de leurs recherches pour résoudre des problèmes dans un contexte clairement défini sont généralement bien accueillis par ces agences qui marquent leur appréciation en octroyant généreusement les fonds pour la recherche. Comme toujours, la relation entre la recherche géographique empirique et le pouvoir, qui s'exprime par l'octroi ou le refus de subsides, est très complexe ; qu'il suffise de relever l'écart entre les crédits, souvent d'origine industrielle, accordés aux projets liés aux SIG et ceux que reçoivent les autres projets, apparemment moins pertinents.

Enfin, le cinquième élément tient à l'intérêt croissant, dans de nombreux champs scientifiques appliqués, pour la question de la visualisation (MacEachern, 1994 ; MacEachern et Kraak, 1997), surtout par l'animation de données séquentielles pour rendre visibles des phénomènes dynamiques qu'on n'aurait parfois jamais imaginés, ni, a fortiori, vus (Fisher, 1993). En conséquence de ces cinq éléments, il est difficile d'imaginer un contraste plus grand dans la recherche géographique qu'entre la carte de 1900 et celle de 2000. Tandis que d'autres domaines de recherche majeurs, parmi lesquels l'*History of Cartography Project* inspirée par Brian Harley et de David Woodward (1992-94), plongent encore leurs racines dans la fin du XIXe siècle, les avancées technologiques considérables des trente dernières années ont littéralement révolutionné la cartographie, par le biais des SIG et de ce qui les entoure, et l'ont ouverte vers le XXIe siècle.

En aparté, soulignons que malgré l'accent mis sur la télédétection comme principal pourvoyeur de données pour les SIG, ceux-ci permettent le développement d'approches analytiques totalement nouvelles, qui n'ont rien à voir avec une simple exécution plus rapide d'approches plus anciennes devenues traditionnelles. C'est ainsi qu'on peut juger le plus rigoureusement du progrès représenté par une nouvelle technologie. Un exemple éclatant est fourni par la *Geographical Analysis Machine* (« machine d'analyse géographique », GAM) de Stan Openshaw, utilisée d'abord pour étudier les concentrations d'enfants leucémiques autour de l'usine de retraitement nucléaire de Sellafield dans le nord de l'Angleterre (Openshaw *et al.*, 1988). En analysant les données par le biais d'un SIG, il a pu tester neuf millions d'hypothèses de concentration à de multiples échelles, pour établir le fait – très contesté initialement, mais sans succès, par des statisticiens embauchés par l'industrie nucléaire – qu'il existait bien des preuves que les densités élevées de cas de leucémie chez les enfants étaient liées à la proximité spatiale de l'usine de retraitement. Ce cas, comme ceux d'autres approches utilisant de manière créative et spéculative des bases de données énormes, fait des SIG une avancée méthodologique dont nul n'aurait osé rêver il y a seulement trente ans.

En fait, les techniques des SIG et leurs retombées se sont si rapidement imposées dans de nombreux domaines civils et universitaires qu'un nouveau centre, le *Center for Spatially Integrated Social Science* à Santa Barbara, a reçu d'importants financements. On peut penser que le rêve de réunir enfin toutes les sciences sociales peut se réaliser au moins en partie autour de la reconnaissance de la spatialité inhérente à tous les phénomènes humains. La géographie et l'espace, après avoir été négligés pendant un siècle, semblent être en train de prendre leur juste place aux côtés de l'histoire et du temps, avec de nouvelles opportunités et perspectives qui ouvrent sur le XXIe siècle.

Ces évolutions n'ont pas manqué d'être critiquées, notamment parce que certains des praticiens des SIG semblent peu conscients ou oublieux de leurs implications sociales, ou peu désireux d'y songer, et parce que des progrès considérés comme acquis sont susceptibles de créer leur propre « monde » intellectuel fermé à toute remise en cause (Schuurman, 2000). Le premier à prôner une position critique fut Brian Harley (1990), qui a mis en évidence ce qui demeurait implicite dans les cartes traditionnelles (notamment dans les atlas nationaux, pour ne pas dire nationalistes). Son penchant pour la « déconstruction de la carte » (1989) a été repris au sujet des SIG par John Pickles (1995), qui s'inquiétait que les implications sociales de l'explosion des systèmes d'information géographique ne soient pas examinées et pleinement évaluées. En particulier, il se souciait de ce que la soi-disant possibilité de « démocratisation » des SIG, la chance qu'ils offraient à « tous » (c'est-à-dire aux relativement riches disposant d'ordinateurs personnels) d'accéder à une information spatiale démultipliée, occultait le fait que la plupart des techniques et des bases de données étaient aux mains d'organisations peu ouvertes, agences du gouvernement ou centres de décision militaire. Un autre aspect dérangeant de la révolution des SIG, de plus en plus chargés de tout un attirail de réalité virtuelle, tient à ce qu'elle finit par rappeler « … les techniques de mise en scène du panorama, de la galerie marchande, de l'exposition universelle et de la vitrine du Paris impérial fin de siècle » (Pickles, 1999). En ce début du XXIe siècle, nous nous trouvons face à des possibilités considérablement accrues de re-présentation. On ne peut que souhaiter qu'elles soient utilisées avec discernement, prudemment et dans un souci de justice par ceux qui maîtrisent ces compétences dans des cadres institutionnels qui développent des techniques de représentation à des fins autres que la propagande.

La tradition non quantitative

Comme nous l'avons dit précédemment, les méthodes et approches quantitatives au sens large n'ont pas à elles seules modelé l'image générale de la discipline dans la seconde moitié du XXe siècle. Le dernier quart du siècle, en particulier, a vu émerger et se consolider progressivement nombre d'autres conceptions et pratiques en géographie humaine, parmi lesquelles trois qui seront évoquées dans cette avant-dernière section. Ce qui a contribué à ce que l'approche critique acquière un statut sans précédent en géographie humaine, c'est certainement le changement dans la manière de percevoir le politique, qui s'est dessiné vers la fin des années 1960, et plus précisément dans le contexte mondial d'agitation sociale de l'été 1968 (Wallerstein, 1991). Une des conséquences les plus importantes du tournant qui s'est produit, d'un point de vue scientifique, ce fut la mise en cause de la frontière qui séparait la science de la politique. Si, avant 1968, la plupart des chercheurs en sciences humaines et sociales s'accrochaient à l'idée que leur activité scientifique pouvait être assimilée à des pratiques « neutres » contribuant à un bien abstrait, cette croyance est progressivement devenue minoritaire après 1968. Ce que la plupart des géographes considèrent aujourd'hui comme la « construction sociale » de la science en général prend ses racines dans la politisation de la géographie humaine dans les années 1970.

Cette critique ne cherchait pas à opposer à une forme prétendument « objective » de la géographie humaine des approches plus subjectives. Si une telle réponse avait participé de la riposte « humaniste » apportée à la « révolution quantitative », on y voyait désormais de plus en plus une simple esquive, alors qu'une approche plus radicale s'imposait. Profitant de la multiplication des nouvelles revues comme *Antipode* et *Society and Space* aux États-Unis, *Hérodote, Espaces et Sociétés* et *Espaces-Temps* en France, de nouvelles formes de la théorie sociale commencèrent à transformer le paysage de l'épistémologie géographique. Nous avons déjà mentionné le « tournant marxiste » plus haut. Ces approches marxistes en géographie furent progressivement affinées pendant les années 1970, débouchant sur une convergence entre le courant marxiste et les préoccupations humanistes dans l'évaluation de la « théorie de la structuration» au cours des années 1980 (Thrift,

1983). Ce progrès a été d'autant plus remarquable qu'il incorporait un courant de théorie proprement géographique issu de la géographie scandinave. La *time geography* (« géographie temporelle ») a été considérée par beaucoup, à l'époque, comme une solution permettant de rendre plus géographiques des assertions théoriques relatives à la société (Carlstein, Park et Thrift, 1978 ; Pred, 1981) ; de plus, sa façon de tisser l'espace et le temps semblait offrir une clé pour tirer la géographie de son impasse chorologique (Hannah, 1997). Un motif semblable a peut-être animé un second courant de progrès dans la géographie marxiste : l'immense intérêt suscité par l'œuvre d'Henri Lefèbvre et sa notion de « production de l'espace » (Merrifield, 1993 ; Unwin, 2000).

Mais la géographie marxiste ne fut pas la seule à répondre à l'appel en faveur d'une forme « progressiste » et « engagée » de la recherche géographique ; les travaux féministes, notamment, ont entendu l'appel et ont développé leur propre mode de théorisation en géographie. Si la géographie féministe eut d'abord une influence parce qu'elle appelait à inclure plus largement et critiquait des pratiques concrètes au sein de nombreuses sous-disciplines (Monk et Hanson, 1982), elle développa ensuite ses propres préoccupations théoriques. Il s'agissait, parmi d'autres questions et thèmes, de ré-interpréter les usages et les structures de lieux spécifiques (Massey, 1984 ; England, 1993), de réévaluer les méthodologies de la géographie humaine (Hodge *et al.*, 1995) et de mettre en cause les hypothèses implicites à la théorie géographique en tant que telle (Rose, 1993).

Sous-tendant nombre d'avancées et de propositions théoriques de cette époque, on trouve une orientation vers des formes de « géographie du quotidien ». Ce fut particulièrement visible dans la réévaluation de la « culture » comme thème englobant de nombreux travaux géographiques au cours des années 1980 et 1990, mais cela se marqua par la suite dans l'évolution en cours de nombreuses autres positions théoriques. La façon dont de nombreux courants théoriques déjà mentionnés plus haut ont fini par converger autour d'aspects de plus en plus restreints et approfondis de la réalité sociale, qu'il s'agisse du « quotidien » ou du « récit de vie » (géographie temporelle ; Dyck, 1990), de « performances » (géographie humaniste; Craig, 1994), de préférences sexuelles spécifiques (Valentine, 1993) ou du « corps » (géographie féministe; McDowell et Court, 1994), relève de ce désir de « fonder » empiriquement des affirmations théoriques sur des expériences concrètes. Il n'y a donc pas lieu de s'étonner que cette réduction de fait de l'échelle analytique en géographie se soit accompagnée d'un accent nouveau mis sur le langage comme thème, comme ailleurs dans les sciences humaines et sociales (Pred, 1990). Ce « tournant linguistique » et la promotion concomitante du « discours » à une place centrale ont éclairé à la fois la nature textuelle du savoir (Curry, 1996; Barnett, 1998) et l'importance de la représentation en géographie humaine (Barnes et Duncan, 1992; Duncan et Sharp, 1993; Grant et Agnew, 1996).

Un changement similaire a affecté la pensée géographique dans son appréhension de la nature et de l'environnement. Là où, au siècle précédent, on postulait une « nature » comme contexte essentiellement constant, le tournant vers les modes d'explication culturels a fait que les facteurs environnementaux sont de plus en plus analysés par le biais des discours et des contestations. La « nature » apparaît là à la fois comme un construit social et comme façonnée par des formes particulières de représentation (Henderson, 1994; Willems-Braun, 1997). Il est intéressant d'opposer l'historicisation de l'appareil conceptuel sous-tendant des conceptions particulières de la « nature » (Fitzsimmons, 1989; Demeritt, 1994) à la notion de déterminisme environnemental pour évaluer la distance qui sépare la géographie humaine de la fin du xxe siècle de ses prédécesseurs, notamment parce que des notions de différence et de critique ont été introduites dans les discours sur l'environnement en général (Harvey, 1996a).

Ces changements ont peut-être abouti à une géographie qui établit moins de liens de causalité dans de nombreux contextes, mais, selon nous, la discipline a également gagné en ampleur topologique et en profondeur d'analyse des réalités géographiques. C'est à cela, entre autres, qu'apparaît l'importance du mode de « pensée spatiale », consubstantiel à la géographie humaine, qui s'illustre le mieux non pas par de grandes constructions théoriques mais par les éclairages portés sur les conditions de vie matérielles dans le monde. Des travaux de Harvey sur la situation des ouvriers de la filière viande dans le sud des États-Unis (Harvey, 1996b) aux travaux de Sibley et Cresswell sur les leviers spatiaux de l'exclusion dans les sociétés modernes (Sibley, 1995 ; Cresswell, 1996), de l'analyse de l'impact des lois sur le vie quotidienne (Chouinard, 1989 ; Blomley, 1994 ; Peters, 1997) aux études historiques des traits systémiques de l'impérialisme (Gregory, 1995), pour ne citer que quelques études géographiques récentes remarquables, la discipline semble très bien se porter. Une santé, hâtons-nous d'ajouter, qu'a renforcée encore l'explosion des possibilités méthodologiques dans la discipline. L'ancienne dichotomie entre les méthodes de recherche « qualitatives » et « quantitatives », implicite dans les débats autour de la révolution quantitative, a disparu pour de bon : de même que les SIG ont multiplié les possibilités offertes à ceux qui avaient la bosse des maths, les références pour les autres se sont élargies en empruntant des idées et des pratiques essentiellement ethnographiques (Katz, 1992 ; Cook et Crang, 1995), conduisant à une multiplication des choix pour tous ceux qui recherchent des pratiques scientifiques « alternatives » (Rocheleau, 1995 ; Sharp, 2000). Là encore, la reconnaissance du « langage » est à la pointe des évolutions (Tuan, 1991).

Le postmodernisme et le tournant relativiste

Les formes de critique que nous avons décrites dans la section précédente partagent une même préoccupation pour les négligences et les injustices de la société en général (de plus en plus mondialisée). Il importe peu que cette dernière soit décrite comme « capitaliste », « patriarcale » ou « colonialiste », voire les trois ; ce qui importe, c'est que ces considérations obéissent à un certain impératif normatif pour produire des connaissances qui allient utilité et posture critique. Il y a cependant un autre courant de la théorie géographique qui a essayé d'éclairer cette conjonction entre la « posture critique » et « l'utilité » et qui s'est fait connaître comme forme « postmoderne » de la démarche géographique. Mettant en cause les hypothèses habituelles quant à l'accessibilité de la réalité et les avantages de constructions théoriques stables, les idées « postmodernes » firent irruption avec fracas dans la géographie humaine au début des années 1980 (Dear, 1988 ; Claval, 1992) et ont, depuis, conduit à un vaste champ de recherches (Harvey, 1989) qui demeure mal défini et dont les limites sont floues (Benko, 1997). Bête noire de certains, à cause de ce qu'on considère comme son inaptitude à faire des distinctions nettes et son laisser-aller, la « géographie postmoderne » n'en a pas moins lancé tout un ensemble de pratiques radicalement nouvelles dans la discipline. Les plus connues sont sans doute les tentatives de redéfinition de certaines parties de la réalité sociale, comme « postmodernes » d'une façon ou d'une autre. Les zones urbaines, en particulier, semblent avoir attiré ce type d'analyse, en particulier avec Edward Soja, qui a proclamé Los Angeles archétype de la métropole « postmoderne », où de nouvelles formes d'urbanisme sont expérimentées en tous points différentes des formes « modernes », plus anciennes, d'aménagement (Soja, 1989, 2000 ; Dear et Flusty, 1998).

Dans un genre différent, il y a les « géographies postmodernes », qui n'avancent pas d'idées sur une nouvelle ère « post » moderne et ses caractéristiques supposées, mais qui tentent de construire une critique des approches scientifiques « modernes » de la réalité sociale. Lorsqu'elles sont servies par un esprit créatif, ces démarches débouchent souvent sur des aperçus saisissants quant au langage et à son rôle dans la production de la connaissance et de la pratique géographiques (Olsson, 1991 ; Doel, 1999). Le point commun aux deux courants, c'est une certaine idée de l'hétérogénéité de la vie humaine et de ce qu'on perçoit comme l'incapacité de l'investigation géographique traditionnelle à rendre compte de telles différences. Mais la conséquence la plus évidente du flirt entre la géographie et la postmodernité, c'est un changement d'attitude dans l'ensemble de la discipline. La « pluralité » des connaissances géographiques, qui servait autrefois à désigner des questions théoriques non résolues, est devenue la norme. C'est d'autant plus surprenant que les connaissances contradictoires sont de plus en plus acceptées et juxtaposées les unes aux autres. En bref, « la géographie » engendre « des géographies », souvent à l'intérieur même d'un article.

Cette diversification a conduit à une autre conséquence d'importance de l'influence « postmoderne » sur la discipline : la prise de conscience qu'il existe des « positions » souvent incompatibles qui

« situent » les connaissances dans des contextes culturels spécifiques (Rose, 1997). Il reste à voir jusqu'à quel point cette idée limite les degrés d'incompatibilité entre savoirs ; en tout cas, elle oblige la discipline à repenser les façons dont elle est parvenue à un certain degré de consensus par le passé. L'une de ces façons – le déploiement stratégique de « dualités » où l'on se sert de configurations théoriques stables comme « numérique » et « non numérique » ou « public » et « privé » pour valider le statut de la connaissance – avait déjà été remise en question par les géographes féministes. Cette pratique fructueuse s'est étendue à de nombreux domaines de la recherche géographique (Demeritt, 2000). On parle parfois de « déconstruction » à propos de la tentative pour déloger ces stratégies « modernes », et d'autres (Harley, 1989 ; Barnes, 1994), qui a peut-être produit les perspectives les plus prometteuses dans le champ en développement de la recherche géographique « postcoloniale » (Gregory, 1994 ; Barnett, 1997 ; Sidaway, 2000) ; cependant, dans quelle mesure cette stratégie peut être qualifiée de « postmoderne » est une question toujours débattue (Doel, 1999).

Ce qui est devenu incontestablement plus difficile, c'est la construction d'ensembles cohérents de connaissances géographiques. Actuellement, dans un monde universitaire en mutation rapide, le savoir s'apparente davantage à un jeu de mots croisés socialement construit où certains mots conviennent, mais pas d'autres, et dont personne ne maîtrise l'ensemble au début, plutôt qu'à la mise au jour de parties tangibles de la réalité (Haack, 1998 ; Curry, 1998). Si l'on accepte cette analogie, on peut encore déplorer que se poursuive la fragmentation des idées géographiques en grilles de mots croisés tributaires de traditions nationales spécifiques ; rares sont ceux qui veulent expliquer la construction des savoirs dans les autres pays. L'hégémonie mondiale de l'anglais comme moyen privilégié de communication des idées scientifiques a contribué dans une certaine mesure à dépasser ce problème ; mais, dans le même temps, elle a éliminé toute une série de pratiques (Beaujeu-Garnier, 1983). Les disciplines de synthèse comme la géographie sont particulièrement menacées par beaucoup de ces évolutions, car l'émiettement des préoccupations à l'intérieur comme à l'extérieur de la discipline conduit à un rétrécissement des publics (l'explosion du nombre des revues géographiques dans les années 1990 en témoigne). Mais, simultanément, on peut dire que la fragmentation des sciences humaines en général a conduit à accroître l'audience des connaissances géographiques dans des domaines aussi divers que les études culturelles ou de genre, les études régionales et urbaines ou dans le cadre de domaines d'ordre plus philosophique comme le postmodernisme ou le féminisme. Il reste à voir maintenant si la discipline dans son ensemble est susceptible de bénéficier de cette évolution.

En guise de conclusion

En dépit de l'image souvent disparate de la discipline, des questions épistémologiques clairement identifiables traversent les débats et les positions théoriques de divers praticiens de la géographie humaine. C'est de ces questions que traitera cette conclusion. Le premier des thèmes ou des problèmes communs, fort vénérable, a trait à la dichotomie « idiographique » / « nomothétique » qui partage et unit en même temps les sciences sociales. Point de conflit majeur, surtout dans l'ancien débat relatif à l'« exceptionalisme » en géographie (Schaefer, 1953), cet axe a dominé les sciences humaines et sociales depuis la *Methodenstreit* (controverse méthodologique) dans les *Staatswissenschaften* (sciences politiques) en Allemagne, pendant la seconde moitié du XIXe siècle (Strohmayer, 1997). La géographie est-elle une science qui s'intéresse à la spécificité, à la différence, et à l'unicité du ou des lieux ? Ou bien sa finalité est-elle de découvrir les structures ou lois qui s'appliquent sous certaines conditions et qui peuvent servir pour l'aménagement ou pour d'autres objectifs d'intérêt social ? La géographie humaine a trouvé beaucoup de réponses différentes à ces questions au cours du XXe siècle, et on a pu voir des configurations qui paraissaient stables se dissoudre de temps à autre dans un nouveau *Zeitgeist* (esprit du temps). Prenons par exemple la résurgence de l'intérêt pour la particularité dans le paradigme postmoderne ; était-ce un retour à une pratique géographique antérieure ou bien quelque chose de totalement nouveau et différent ?

Cette mention de la particularité doit nous rappeler de ne pas omettre un second axe qui a structuré les théories géographiques pendant le siècle écoulé. Souvent masquée par l'opposition « idiographique » / « nomothétique », la différence entre généralité et particularité est considérée par beaucoup comme son synonyme. Cependant, on peut parfaitement concevoir une approche nomothétique du particulier, de la même façon qu'il existe une approche idiographique du général. Dans cette différence, ce qui est implicite est rien de moins que le rôle de l'échelle (Marsden, 2000), un rappel que les géographies que nous observons changent en fonction du contexte, du cadre de référence et du point de vue.

Les deux axes que nous avons évoqués relèvent de questions épistémologiques en ce qu'elles nous proposent un choix entre des conceptualisations différentes du genre de science qu'est, et que devrait être, la géographie. Mais on peut identifier un troisième axe centré sur la causalité. Il s'agit ici de la dichotomie « structure » / « acteur ». Généralement implicite dans les hypothèses théoriques de la géographie humaine jusque dans les années 1970, cet axe a apporté aux géographes tout un ensemble de réponses à la question de savoir ce qui, ou qui, était responsable de la création et du maintien des réalités géographiques : étaient-ce les préférences de la population qui façonnaient l'espace, ou était-ce le contexte particulier, qui présidait à ces choix, qui était responsable des géographies que nous pouvons observer empiriquement ? Tant que la géographie s'est cramponnée à la mentalité « catalogue », évoquée plus haut dans ce chapitre, cette différence n'a pas semblé poser problème. Les choses ont commencé à changer, pourtant, avec l'élaboration de programmes de recherche davantage fondés en théorie : là, le choix de donner la priorité aux acteurs individuels sur la structure sociale, ou l'inverse, était souvent perçu comme revêtant une importance capitale.

Mais, que penser de ces axes ? Le changement réel dans la dernière décennie du xxe siècle tient à ce qu'on les considère moins comme des choix essentiels et mutuellement exclusifs, et qu'on mesure mieux la façon dont ils se construisent mutuellement. Il nous faut ici encore reconnaître l'importance des débats autour de la théorie de la structuration à la fin des années 1970 et tout au long des années 1980, qui ont forgé le discours théorique au sein de la discipline (Harris, 1991 ; Chouinard, 1997). Ce fut dans ces débats, parallèles aux développement de la géographie féministe, que la nature interdépendante de ce qu'on tenait pour des opposés a d'abord été reconnue : ce qui, jusque-là, s'était présenté comme un choix entre des positions mutuellement exclusives ou entre des filiations théoriques, était de plus en plus considéré et théorisé comme un champ dans lequel des éléments mutuellement constitutifs les uns des autres engendraient des réalités géographiques (Thrift, 1993 ; Gregory, 1994). En fait, pendant les dernières années du siècle qui vient de s'achever, on a enregistré une multiplication d'articles qui analysaient en termes de leur instabilité et de leur nature construite les catégories qui avaient servi initialement à fabriquer des axes (souvent polarisés) (Gibson-Graham, 1996 ; Battersbury *et al.*, 1997 ; Whatmore, 1999). Dans le monde « hybride », en réseaux, qui émerge, la génération de géographes à venir trouvera sans doute beaucoup de questions et de conflits anciens irrésolus, peut-être même insolubles (voir Thrift, 2000). Nous aimerions terminer en formulant le souhait, sans doute peu réaliste, qu'une géographie du XXIe siècle n'ait plus à nier la nature contestée de ses catégories et s'oriente vers des formes de débat et de discours tolérantes et posées.

Annexe 1

Principaux périodiques – Revues « généralistes », parmi les plus appréciées au niveau international (en ordre alphabetique)

Annales de géographie, (Paris, A. Colin, depuis 1891)

Annals of the Association of American Geographers, (Oxford, Blackwell, depuis 1911)

Antipode, (Oxford Blackwell, depuis 1969)

Cultural Geographies, (Londres, Arnold. A succédé en 2001 à *Ecumene*, publié depuis 1994 par le même éditeur)

Economic Geography, (Worcester, MA., Clark University, depuis 1925)

Environment and Planning A, (Londres, Pion, depuis 1969)

Environment and Planning D ; Society and space, (Londres, Pion, depuis 1983)

L'Espace géographique, (Paris, Belin, depuis 1972)

Espaces et Sociétés, (Toulouse, Erès, depuis 1970)

Espaces-Temps, (Paris, Espaces-Temps, depuis 1975)

European Urban and Regional Studies, (Londres, Longman, depuis 1994)

Geoforum, (Amsterdam, Elsevier, depuis, 1970)

Geographical Analysis, (Columbus, Ohio State University, depuis 1969)

Géographie et Cultures, (Paris, L'Harmattan, depuis 1992)

Géographie, Économie, Société, (Paris, Lavoisier, depuis 1999)

GeoJournal, (Dordrecht, Kluwer, depuis 1977)

International Journal of Urban and Regional Research, (Oxford, Blackwell, depuis 1977)

Journal of Historical Geography, (New York, Londres, Academic Press, depuis 1975)

Political Geography (Oxford, Elsevier, depuis 1992)

Progress in Human Geography, (London, Arnold, depuis 1977)

Regional Studies, (Abingdon, Oxfordshire, Carfax, depuis, 1967)

Social and Cultural Geography, (Londres, Routledge, depuis 2000)

Social Geography, (Katlenburg-Lindau, Copernicus, depuis 2003)

Transactions of the Institute of British Geographers, (Oxford, Blackwell, depuis 1976, nouvelle série)

Urban Geography, (Columbia, MD, Bellwether, depuis 1980)

Urban Studies, (Abingdon, Carfax, depuis 1964)

Annexe 2

Tableau synoptique de l'évolution de la géographie (pensée, méthodes, débats) depuis 1900

Les principaux ouvrages et articles

1876-94 – E. Reclus : *Nouvelle Géographie universelle*

1882-91 – F. Ratzel : *Anthropogeographie*, 2 vols.

1902 – H. J. Mackinder : *Britain and the British Seas*

1903 – P. Vidal de la Blache : *Tableau de la géographie de la France*

1904 – H. J. Mackinder : *The Geographical Pivot of History*

1906 – O. Schlüter : *Die Ziele der Geographie der Menschen*

1908 – J. Sion : *Les Paysans de Normandie orientale*

1908 – L. Gallois : *Régions naturelles et nom de pays*

1910 – J. Bruhnes : *La Géographie humaine. Essai de classification positive : principes et exemples*

1911 – E. C. Semple : *Influences of Geographic Environnement : on the Basis of Ratzel's System of Anthropo-Geography*

1911 – R. Blanchard : *Grenoble, étude de géographie urbaine*

1921 – H. J. Mackinder : *Geography as a Pivotal Subject in Education*

1921 – P. Vidal de la Blache : *Principes de géographie humaine*

1923 – H. H. Barrows : *Geography as Human Ecology*

1925 – C. Sauer : *The Morphology of Landscape*

1925 – C. Vallaux : *Les Sciences géographiques*

1926 – J. K. Wright : *A Plea for the History of Geography*

1930 – H. J. Mackinder : *The Content of Philosophical Geography*

1933 – W. Christaller : *Central Places in Southern Germany*

1939 – R. Hartshorne : *The Nature of Geography*

1948 – H. Bobek : *Stellung and Bedeutung der Sozialgeographie*

1948 – M. Sorre : *Fondements de la géographie humaine*

1949 – G. K. Zipf : *Human Behavior and the Principle of Least Effort*

1952 – E. Dardel : *L'Homme et la terre. Nature de la réalité géographique*

1952 – J. Gottmann : *La Politique des États et leur géographie*

1953 – F. K. Schaeffer : *Exeptionalism in Geography : A Methodological Examination*

1953 – T. Hägerstrand : *Innovationsforloppet ur Korologisk Synpunkt. (Innovation Diffusion as a Spatial Process)*

1953 – W. Hartke : *Die sizial Differenzierung der Agrarlandschaft im Rhein-Maingebiet*

1956 – C. Sauer : « The education of a geographer », *Annals of the Association of American Geographies*

1958 – E. A. Ackerman : *Geography as a Fundamental Research Discipline*

1961 – D. Lowenthal : *Geography, Eexperience and Imagination : Toward a Geographical Epistemology*

1962 – W. Bunge : *Theoretical Geography*

1964 – B. Berry : *Approaches to Regional Analysis : a Synthesis*

1965 – P. Haggett : *Locational Analysis in Human Geography*

1965 – R. J. Chorley et P. Haggett : *Models in Geography*

1967 – B. Berry : *Geography of Market Centers and Retail Distribution*

1967 – P. Claval : *Géographie et profondeur sociale*

1968 – B. Berry et D. F. Marble : *Spatial Analysis. A Reader in Statistical Geography*

1968 – G. Törnqvist : *Flows of Information and the Location of Economic Activity*

1969 – D. Bartels : *Der Harmoniebegriff in der Geographie*

1969 – D. Harvey : *Explanation in Geography*

1971 – J. Beaujeu-Garnier : *La Géographie : méthodes et perspectives*

1971 – M. Chisholm : *Research in Human Geography*

1971 – R. Adler, J. Adams et P. Gould : *Spatial Organization. The Geographer's View of the World*

1972 – P. Claval : *La Pensée géographique*

1973 – D. Harvey : *Social Justice and the City*

1973 – G. Hard : *Die Geographie. Eine wisschaftstheoritische Einführung*

1974 – P. Gould et R. White : *Mental Maps*

1974 – Y.F. Tuan : *Topophilia*

1977 – M. F. Ciceri, B. Marchand et S. Rimbert : *Introduction à l'analyse de l'espace*

1978 – D. Gregory : *Ideology, Science, and Human Geography*

1978 – D. Ley et M. Samuels : *Humanistic Geography*

1979 – R. J. Johnston : *Geography and Geographers*

1979 – S. Gale et G. Olsson : *Philosophy in Geography*

1980 – H.-D. Schultz : *Die deutschsparchige Geographie von 1800 bis 1970*

1980 – P. Claval : *Epistemologiy and the History of Geographical Thought*

1980 – P. Claval : *Les Mythes fondateurs des sciences sociales*

1980 – R. D. Sack : *Conceptions of Space in Social Thought. A geographic Perspective*

1984 – D. Massey : *Spatial Divisions of Labour*

1984 – M. Billinge, D. Gregory et R. Martin : *Recollections of a Revolution*

1985 – D. Gregory et J. Urry J : *Social Relations and Spatial Structures*

1985 – P. Gould : *The Geographer at Work*

1986 – D. R. Stoddart : *On Geography, and its History*

1986 – R. J. Johnston : *Philosophy and Human Geography*

1987 – B. Werlen : *Gesellschaft,Handlung und Raum. Grundlagen einer handlungtheoretischen Sozialgeographie*

1988 – M Dear : The Postmodern Challenge : Reconstructing Human Geography

1988 – P. et G. Pinchemel : *La Face de la Terre*

1988 – V. Berdoulay : *Des mots et des lieux. La dynamique du discours géographique*

1989 – D. Harvey : *The Condition of Postmodernity*

1989 – E. Soja : *Postmodern Geographies : The Reassertion of Space in Critical Social Theory*

1989 – J. A. Agnew et J. S. Duncan : *The Power of Place*

1989 – J. Wolch et M. Dear : *The Power of Geography. How Territory Shapes Social Life*

1989 – P. Jackson : *Maps of Meaning*

1990 – A. Pred : *Lost Words and Lost Worlds*

1990 – P. Haggett : *The Geographer's Art*

1990 – R. Brunet et O. Dollfus : *Mondes nouveaux*

1990 – A. Berque : *Mediance : de milieux en paysage*

1991 – G. Olsson : *Lines of Power, Limits of Language*

1991 – N. Entrikin : *The Betweenness of Place*

1991 – P. Cloke, C. Philo et D. Sadler : *Approching Human Geography. An Introduction to Contemporary Theoretical Debates*

1992 – D. Livingstone : *The Geographical Tradition*

1992 – T. Barnes et J. Duncan : *Writing Worlds : Discourse, Text, and Metaphor in the Representation of Landscap*

1993 – A. Buttimer : *Geography and the Human Spirit*

1993 – G. Rose : *Feminism and Geography*

1994 – D. Gregory : *Geographical Imaginations*

1995 – J. L. Piveteau : *Temps du territoire*

1995 – P. Claval : *La Géographie culturelle*, (2e édition 2003)

1996 – A. Berque : *Être humains sur la Terre*

1996 – N. Thrift : *Spatial Formation*

1996 – T. Cresswell : *In Place/Out of Place : Geography, Ideology and Transgression*

1997 – M Santos : *La Nature de l'espace*

1997 – O. Soubeyran : *Imaginaire, science et discipline*

1998 – R. Peet : *Modern Geographical Thougth*

1999 – J. Lévy : *Le Tournant géographique*

1999 – M. Doel : *Poststructuralist Geographies*

2000 – D. Mitchel : *Cultural Geography : A Critical Introduction*

2000 – A. Berque : *L'ecoumène*

2001 – J. F. Staszak : *Géographies anglo-saxonnes. Tendances contemporaines*

2001 – P. Claval : *Épistémologie de la géographie*

2001 – T. Barnes : *Lives Lived and Lives Told : Biographies of Geography's Quantitative Revolution*

2001 – J. Bonnemaison : *La Géographie culturelle*

2002 – P. Gould et F. Pitts : *Geographical Voices*

2002 – R. Symanski : *Geography inside out*

2003 – D. Cosgrove : *Apollo's canvas : A Cosmographic Geneology of Western Imaginings of the Globe and the Whole Earth*

2004 – D. Gregory : *The Colonial Present 2001*

Références

ABLER, R., 1999 : « Geography then and now. », *Annals of the Association of American Geographers* 89, 1, pp. 144-145.

ACKERMAN, E. A.,1958 : *Geography as a Fundamental Research Discipline*, Chicago, The University of Chicago, Dept. of Geography, Research paper n° 53.

ADLER, R., ADAMS, J. et GOULD, P., 1971 : *Spatial Organization. The Geographer's View of the World*, Englewood Cliffs, Printice Hall

AGNEW, J. A. et DUNCAN, J. S. eds., 1989 : *The Power of Place*, Londres, Unwin Hyman.

AJO, R., 1953 : *Contributions to « Social Physics » : a Programme Sketch with Special Regard to National Planning*, Lund Studies in Geography, Series B (Human Geography). Lund, C.W.K. Gleerup.

AJO , R., 1955 : *An Analysis of Automobile Frequencies in a Human Geographic Continuum*, Lund Studies in Geography, Series B (Human Geography). Lund, C.W.K. Gleerup.

ANON, 1963 : « An A is an A. », *Time Magazine*, February 22, p. 24.

BAILEY, T.C. and GATRELL, A.C., 1995 : *Interactive Spatial Data Analysis*, London, Addison Wesley Longman.

BALCHIN, W., 1987 : « United Kingdom geographers in the second world war », *The Geographical Journal* 153, pp. 159-180.

Bancroft Library Archive : Correspondance de Carl SAUER et John LEIGHLY et Richard HARTSHORNE.

BARNES, T., 1994 : « Probable writing : Derrida, deconstrution and the quantitative revolution in human geography », *Environment and Planning A* 26, pp. 7-35.

BARNES, T., 2001 : « Lives lived and lives told : biographies of geography's quantitative revolution », *Environment and Planing D, Society and Space*, 19, 4, pp. 409-429.

BARNES, T. and DUNCAN, J., 1992 : *Writing Worlds : Discourse, Text and Metaphor in the Representation of Landscape*, London, Routledge, pp. 1-17.

BARNES , T. HANNAH M., 2001 : « The place of numbers : histories, geographies, and theories of quantification », *Environment and Planing D,Society and Space*, 19, 4, pp. 379-383.

Barnett, C., 1997 : « "Sing along with the common people" : politics, postcolonialism and other figure », *Environment and Planning D, Society and Space* 15, pp. 137-154.

Barnett, C., 1998 : « Impure and worldly geography : the Africanist discourse of the Royal Geographical Society, 1831-1871 », *Transactions of the Institute of British Geographers* 23, pp. 239-251.

Barrows, H. H., 1923 : « Geography as human ecology », *Annals of the Association of American Geographers*, 13, pp. 1-14.

Bartels, D., 1969 : « Der Harmoniebegriff in der Geographie », *Die Erde*, 100, pp. 124-137

Battersbury, S. *et al*, 1997 : « Environmental trasformations in developing countries : hybrid research and democratic practices », *Geographical Journal* 163, pp. 126-132.

Beaujeu-Garnier, J., 1971 : *La Géographie : méthodes et perspectives*, Paris, Masson.

Beaujeu-Garnier, J., 1983 : « Autobiographical essay », in Buttimer, A. (dir.) *The Practice of Geography*, London, Longman, pp. 141-152.

Benko, G,. 1997 : « Introduction : modernity, postmodernity and the social sciences », in : Benko, G. B. & Strohmayer, U. (dir.), *Space and Social Theory*. Oxford, Blackwell, pp. 1-48.

Benko, G., ed., 1988 : *Les Nouveaux Aspects de la théorie sociale. De la géographie à la sociologie*, Caen, Paradigme.

Benko, G. et Strohmayer, U. eds., 1995 : *Geography, History and Social Sciences*, Dordrecht, Kluwer.

Benko, G. et Strohmayer, U. eds., 1997 : *Space and Social Theory. Interpreting Modernity and Postmodernity*, Oxford, Blackwell.

Berdoulay, V., 1981 : *La Formation de l'école française de géographie (1870-1914)*, Paris, Bibliothèque nationale.

Berdoulay, V., 1988 : *Des mots et des lieux. La dynamique du discours géographique*, Paris, éd. du CNRS.

Berlin, I., 1999 : *The Roots of Romanticism*, Princeton, Princeton University Press.

Berque, A., 1990 : *Mediance : de milieux en paysage*. Montpellier, Reclus.

Berque, A., 1996 : *Être humains sur la Terre*, Paris, Gallimard.

Berry, B., 1966 : *Essays on Commodity Flow and the Spatial Structure of the Indian Economy*, Chicago, University of Chicago, Department of Geography Research Paper, n° 3.

Berry, B., 1967 : *Geography of Market Centers and Retail Distribution.* Englewood Cliffs, NJ, Prentice-Hall.

Berry, B. and Garrison, W. M., 1958a : « Functional bases of the central place hierarchy », *Economic Geography* 34, pp. 145-154.

Berry, B. and Garrison, W. M., 1958b : « A note on central place theory and the range of a good », *Economic Geography* 34, pp. 304-311.

Berry, B. J. L., 1964 : « Approaches to regional analysis : a synthesis », *Annals of the Association of American Geographers*, 54, pp. 2-11.

Berry, B. J. L. et Marble, D. F. eds., 1968 : *Spatial Analysis. A Reader in Statistical Geography*, Englewood Cliffs, N.J., Prentice-Hall.

Billinge, M., Gregory, D. et Martin, R. (Dir.), 1984 : *Recollections of a Revolution*, London, MacMillan.

Bingham, N., 1996 : « Objections : From technological determinism towards geographies of relations », *Environment and Planning D, Society and Space* 14, pp. 635-658.

Blanchard, R., 1911 : *Grenoble, étude de géographie urbaine*, Paris, A. Colin.

Blomley, N., 1994 : *Law, Space and the Geographies of Power*, New York, N.Y., Guilford.

Boaz, F., 1928 : *Anthropology and Modern Life*, New York, Norton.

Bobek, H., 1948 : « Stellung and Bedeutung der Sozialgeographie », *Erdkunde*, 2, pp. 118-125.

Bonnemaison, J., 2001 : *La Géographie culturelle*, Paris, CTHS.

Borchert, J., 1961 : « The Twin Cities urbanised area : Past, present and future », *Geographical Review* 51, pp. 47-70.

Brewer, C. (ed.), 1999 : « The state of U.S. cartography », *Journal of the American Congress of Surveying and Mapping* 26/3.

Brewer , C. et McMaster, R., 1999 : « The state of academic geography », in Brewer, C. (dir.), *The Journal of the American Congress on Surveying and Mapping* 26/3, pp. 215-234.

Brunet, R. et Dollfus, O., 1990 : *Mondes nouveaux*, Paris, Hachette/Belin, (Géographie universelle, vol. 1).

Brunhes, J., 1910 : *La Géographie humaine. Essai de classification positif*, Paris, Alcan.

Brunhes, J., 1910 : *La Géographie humaine. Essai de classification positive : principes et exemples*. Paris : Alcan. English transl. 1920 : *Human Geography : An Attempt at a Positive Classification – Principles and Example.*

BUNGE, W., 1962 : *Theoretical Geography*, Lund, Department of Geography.

BUTTIMER, A., 1971 : *Society and Milieu in the French Geographic Tradition*, Chicago, Rand McNally and Co./The Association of American Geographers

BUTTIMER, A., 1974 : *Values in Geography*. Washington D.C., Association of American Geographers Resource, Paper n° 24.

BUTTIMER, A., 1983 : *The Practice of Geography*, London, Longman.

BUTTIMER, A., 1983b : *Creativity and Context*, Lund, Lund Studies in Geography/University of Lund.

BUTTIMER, A., 1993 : *Geography and the Human Spirit*, Baltimore, The Johns Hopkins University Press.

BUTTIMER, A., 2001 : *Sustainable Landscapes and Lifeways : Scale and Appropriateness*, Cork, Cork University Press.

BUTZER, K., 2002 : « Center, periphery and back », in Gould, P. & Pittts, F. (eds.), *Geographical Voices*, Syracuse, Syracuse University Press.

CARLSTEIN, T., PARKS, D., THRIFT, N. (dir.), 1978 : *Timing Space and Spacing Time*, 2 Volumes. London, Arnold.

CHISHOLM, M., 1971 : *Research in Human Geography*, London, Heinemann.

CHISHOLM, M., 1982 : *Modern world Development : A Geographical Perspective*, London, Hutchinson.

CHORLEY, R., 1995 : « Haggett's Cambridge : 1957-1966 », in CLIFF, A., GOULD, P., HOARE, A. & THRIFT, N. (dir.), *Diffusing Geography : Essays for Peter Haggett*. Oxford, Blackwell, pp. 354-374.

CHORLEY, R. J. et HAGGETT P. eds., 1965 : *Models in Geography*, London, Methuen.

CHOUINARD, V, 1989 : « Transformations in the capitalist state : the development of legal aid clinics in Canada », *Transactions of the Institute of British Geographers* 14, 3, pp. 329-349.

CHOUINARD, V, 1997 : « Structure and agency : contested concepts in human geography », *Canadian Geographer* 41, pp. 363-377.

CHRISTALLER, W., 1966 [1933] : *Central Places in Southern Germany*, trans.C. W. Baskin, Englewood Cliffs, NJ, Prentice Hall.

CICERI, M. F., MARCHAND, B. et RIMBERT S., 1977 : *Introduction à l'analyse de l'espace*, Paris, Masson.

CLAVAL, P., 1967 : « Géographie et profondeur sociale », *Annales, Économies, Sociétés, Civilisations*, 7, 1/2, pp. 173-199.

CLAVAL, P., 1972a : *La Pensée géographique*, Paris, SEDES.

CLAVAL, P., 1972b : « La réflexion théorique en géographie et les méthodes d'analyse », *L'Espace géographique*, 1, 1, pp. 7-22.

CLAVAL, P., 1976 : *Essai sur l'évolution de la géographie humaine*, Paris, Les Belles Lettres.

CLAVAL, P., 1977 : *La Nouvelle Géographie*, Paris, PUF.

CLAVAL, P., 1980 : « Epistemologiy and the history of geographical thought », *Progress in Human Geography*, 4, 3, pp. 371-384.

CLAVAL, P., 1980 : *Les Mythes fondateurs des sciences sociales*, Paris, PUF.

CLAVAL, P., 1981 : « Methodology and geography », *Progress in Human Geography*, 5, 1, pp. 97-103.

CLAVAL, P., 1984 : *Géographie humaine et économique contemporaine*, Paris, PUF.

CLAVAL, P., 1992 : « Postmodernisme et géographie ,» *Géographie et Cultures* 4, pp. 3-24.

CLAVAL, P.,. 1995 : *La Géographie culturelle*, Paris, Nathan. (2e édition 2003, A. Colin).

CLAVAL, P.,. 1996 : *La Géographie comme genre de vie. Un itinéraire intellectuel*, Paris, L'Harmattan.

CLAVAL, P., 1998 : *Histoire de la géographie française de 1870 à nos jours*, Paris, Nathan.

CLAVAL, P., 2001 : *Épistémologie de la géographie*, Paris, Nathan.

CLAVAL, P., 2003 : *Causalité et géographie*, Paris, L'Harmattan.

CLIFF, A. et ORD, K. 1973 : *Spatial Autocorrelation*, New York, Methuen.

CLOKE, P. PHILO, C. et SADLER, D., 1991 : *Approching Human Geography. An Introduction to Contemporary Theoretical Debates*, London, Paul Chapman.

COLLIGNON, B. et STASZAK, J.-F. eds., 2004 : *Espaces domestiques*, Paris, Bréal.

COOK, I. et CRANG, M., 1995 : *Doing Ethnographies*, Norwich, Geo Books.

COSGROVE, D., 2003 : *Apollo's canvas : A Cosmographic Geneology of Western Imaginings of the Globe and the Whole Earth*, Baltimore, Johns Hopkins University Press.

CRANG , P., 1994 : « It's showtime : on the workplace geographies of display in a restaurant in South East England », *Environment and Planning D, Society and Space* 12, pp. 675-704.

CRESSWELL, T., 1996 : *In Place/out of Place : Geography, Ideology and Transgression*, Minneapolis, University of Minnesota Press.

Curry, L., 1966 : « Chance and landscape », in *Northern Geographical Essays in Honour of G.H.J. Daysh*. Newcastle-upon-Tyne, Oriel,pp. 40-45.

Curry, L., 1998 : *The Random Spatial Economy and Its Evolution*, Aldershot, Ashgate.

Curry, M., 1996 : *The Work in the World. Geographical Practice and the Written Word.* Minneapolis, University of Minnesota Press.

Dardel, E., 1952 : 1990, *L'Homme et la terre. Nature de la réalité géographique*, Paris, CTHS.

Dear, M., 1988a : « The postmodern challenge : reconstructing human geography », *Transactions of the Institute of British Geographers* 13, pp. 262-274.

Dear, M. et Flusty, S., 1998 : « Postmodern urbanism », *Annals of the Association of American Geographers* 88, 1, pp. 50-72.

Dear, M. J. et Flusty, S. eds., 2002 :*The Spaces of Postmodernity. Readings in Human Geography,* Oxford, Blackwell, p. 486.

Dear, M. J., 1988b : « La reconstruction de la géographie humaine », *in* Benko G., ed., *Les Nouveaux Aspects de la théorie sociale. De la géographie à la sociologie*, Caen, Paradigme, pp. 55-75.

Dear, M. J., 2000 : *The Postmodern Urban Condition*, Oxford, Blackwell, p. 337.

Demeritt, D., 1994 : « Ecology, objectivity and critique in writings on nature and human societies », *Journal of Historical Geography* 20, pp. 20-37.

Demeritt, D., 2000 : « Social theory and the reconstruction of science and geography », *Transactions of the Institute of British Geographers* 21, pp. 484-503.

Doel, M., 1999 : *Poststructuralist Geographies,* Edinburgh, University of Edinburgh Press.

Duncan, N. et Sharp, J., 1993 : « Confronting representation(s) », *Environment and Planning D, Society and Space* 11, pp. 473-486.

Dyck, I., 1990 : « Space, time and renegotiating motherhood : an exploration of the domestic workplace », *Environment and Planning D, Society and Space* 8, pp. 459-483.

England, K., 1993 : « Suburban pink collar ghettos : the spatial entrapment of women », *Annals of the Association of American Geographers* 83, pp. 225-242.

Entrikin, N., 1991 : *The Betweenness of Place,* Londres, Macmillan.

Fisher, A. et Mackenzie, W., 1922 : « The correlation of weekly rainfall », *The Quarterly Journal of the Royal Meteorological Society* 48, pp. 234-245.

Fisher, P., 1993 : « Visualizing uncertainty in soil maps by animation », *Cartographica* 30/2 and 3, pp. 20-27.

Fisher, P. et Wishart, J., 1930 : « The arrangement of field experiments and the statistical reduction of results », *The Imperial Bureau of Soil Science, Technical Communication* 10.

Fisher, R., 1958 : *Statistical Methods for Research Workers*, New York, Hefner.

Fisher, R. et Eden T., 1929 : « Studies in crop variation. V1 Experiments on the response of the potato to potash and nitrogen », *The Journal of Agricultural Science* 19, pp. 201-213.

Fitzsimmons, M., 1989 : « The matter of nature », *Antipode* 21, pp. 106-20.

Gale, S. et Olsson, G. (Dir)., 1979 : *Philosophy in Geography*, London, Reidel.

Gallois, L., 1908 : *Régions naturelles et nom de pays*, Paris, A. Colin.

Garrison, W., 1999 : Lettre à P. Gould, 19 mai.

Gauthier, H., 1968 : « Transportation and the growth of the Saõ Paulo economy » *Journal of Regional Science* 8, pp. 77-94.

Gibson-Graham, J. K., 1996 : *The end of Capitalism (as we knew it)*. Oxford, Blackwell.

Godlund, S., 1956 : *Bus Service in Sweden*, Lund Studies in Geography Series B (Human Geography), n° 17.

Gottmann, J., 1952 : *La Politique des États et leur géographie*, Paris, A. Colin.

Gould, P., 1975 : *People in Information Space : The Mental Maps and Information Surfaces in Sweden*, Lund, Lund Studies in Geography.

Gould, P., 1985 : *The Geographer at Work*, London, Routledge.

Gould, P., 1970 : « *Is Statistix Inferens* the geographical name for a wild goose ? », *Economic Geography* 46, pp. 439-448.

Gould, P., 1979 : « Geography in the Augean Period » *Annals of the Association of American Geographers* 69, pp. 139-151.

Gould, P., 1999 : *Becoming a Geographer*, Syracuse, Syracuse University Press.

Gould, P., 1999 : « Do Foraminifera assemblages exist – at least in the Persian Gulf », in *Becoming a Geographer*. Syracuse, Syracuse University Press, pp. 289-299.

GOULD, P. et PITTS, F., 2002 : *Geographical Voices*, Syracuse, Syracuse University Press.

GOULD, P. et WHITE, R., 1974 : *Mental Maps*, London, Allen and Unwin, (2e édition, 1986).

GRANT, R., AGNEW, J., 1996 : « Representing Africa : The geography of Africa in world trade, 1960-1992 », *Annals of the Association of American Geographers* 86, 4, pp. 729-744.

GREGORY, D., 1978 : *Ideology, Science, and Human Geography*, London, Hutchinson.

GREGORY, D., 1994 : *Geographical Imaginations*, Oxford, Blackwell.

GREGORY, D., 1995 : « Between the book and the lamp : imaginative geographies of Egypt », *Transactions of the Institute of British Geographers* 20 (NS), pp. 29-57.

GREGORY, D., 2004 : *The Colonial Present*, Oxford, Blackwell.

GREGORY, D. et URRY, J. eds., 1985 : *Social Relations and Spatial Structures*, London, Macmillan, p. 440.

HABERMAS, J., 1998 : « Kant's idea of perpetual peace : At two hundred years' historical remove », in CRONIN, C. & DE GREIFF, P. (Dir.) *The Inclusion of the Other : Studies in Political Theory*, Cambridge, Massachusetts, MIT Press, pp. 165-201.

HÄGERSTRAND, T., 1949 : « Flyttningarna till och från Simrishamn under 1900-talet », in HELGE Nelson *et al.* : *Simrishamn med omland*, Lund, Ehrnberg & Sons Läderfabrik.

HÄGERSTRAND, T., 1952 : *The Propagation of Innovation Waves*, Lund, Gleerup (Lund Studies in Geography, n° 4).

HÄGERSTRAND, T., 1953 : *Innovationsforloppet ur Korologisk Synpunkt*. Lund, Gleerups (Meddelanden från Lunds universitets geografiska institution, n° 25), translated by Allan Pred as *Innovation Diffusion as a Spatial Process*, Chicago, University of Chicago Press, 1967.

HÄGERSTRAND, T., 1982 : « Diorama, path and project », *Tijdschrift voor Economische en Sociale Geografie* 73, pp. 322-356.

HÄGERSTRAND, T,. 1983 : « In search for the sources of concepts », in BUTTIMER, A. (ed.), *The Practice of Geography*. London, Longman, pp. 238-256.

HAGGETT, P., 1968, 1973 : *L'Analyse spatiale en géographie humaine*, Paris, Armand Colin.

HAGGETT, P., 1990 : *The Geographer's Art*, Oxford, Blackwell.

HAGGETT, P. CHORLEY, R. J., 1969 : *Network Analysis in Geography*, London, Edward Arnold.

HAGGETT, P., 1965 : *Locational Analysis in Human Geography.* London, Arnold.

HALL, S., 1993 : *Mapping the Next Millennium : How Computer-Driven Cartography is Revolutionizing the Face of Science*, New York, Routledge.

HANCOCK, C., 2003 : *Paris et Londres au XIXe siècle*, Paris, CNRS Éditions.

HANNAH, M., 1997 : « Imperfect Panopticism : envisioning the construction of normal lives », in BENKO, G. & STROHMAYER, U., (dir.), *Space and Social Theory.* Oxford, Blackwell, pp. 344-359.

HANNAH , M. et STROHMAYER, U., 1992 : « Domesticating Postmodernism », in *Antipode*, 24, 1, 1992, pp. 29-55.

HANNAH , M. et STROHMAYER, U., 1995 : « The Artifice of Conviction, or, Towards an Internal Geography of Responsibility », in *Geographical Analysis*, 27, 4, 1995 , pp. 339-359.

HANSON, S., 1999 : « Isms and schisms : healing the rift between the nature-society and space-society traditions in human geography », *Annals of the Association of American Geographers* 89, 1, pp. 133-143.

HARD, G., 1973 : *Die Geographie. Eine wisschaftstheoritische Einführung*, Berlin, de Guyter.

HARLEY, B., 1989 : « Deconstructing the map », *Cartographica* 26/2, pp. 1-20.

HARLEY, B., 1990 : « Cartography, ethics and social theory », *Cartographica* 27/2, pp. 1-23.

HARLEY, B., et WOODWARD, D. (dir.), 1992-94 : *History of Cartography* (2 volumes), Chicago, University of Chicago Press.

HARRIS, R. C., 1991 : « Power, modernity and historical geography », *Annals of the Association of American Geographers* 81, pp. 671-683.

HARTKE, W., 1953 : « Die sizial Differenzierung der Agrarlandschaft im Rhein-Maingebiet », *Erdkunde*, 7, pp. 11-27.

HARTSHORNE, R., 1939 : *The Nature of Geography*, Washington, D.C., The Association of American Geographers.

HARVEY, D., 1969 : *Explanation in Geography*, London, Edward Arnold.

HARVEY, D., 1973 : *Social Justice and the City*, Baltimore, Johns Hopkins University Press.

HARVEY, D., 1982 : *The Limits to Capital*, Chicago, University of Chicago Press.

HARVEY, D., 1984 : « On the history and present condition of geography », *Professional Geographer* 36, pp. 1-11.

HARVEY, D., 1989 : *The Condition of Postmodernity.* Oxford Blackwell.

HARVEY, D., 1996a : « The domination of nature and its discontents », *Justice, Nature and the Geography of Difference*, Oxford, Blackwell, pp. 120-149.

HARVEY, D., 1996b : « Class relations, social justice, and the political geography of difference », *Justice, Nature and the Geography of Difference*, Oxford : Blackwell, pp. 334-365.

HARVEY, D., 2000 : « Cosmopolitanism and the banality of geographical evils », *Public Culture* 2, pp. 529-564.

HARVEY, D., 2000 : *Space of Hope*, Edinbourgh, Edinbourgh University Press.

HARVEY, D., 2001 : *Space of Capital. Towards a Critical Geography*, Edinburgh, Edinburg University Press, p. 429.

HELMFRID, S., 1999 : « A hundred years of geography in Sweden », in ÖHNGREN, B. (dir.), *Swedish Research in Human Geography*, Uppsala, Swedish Science Press, pp. 19-54.

HENDERSON, G., 1994 : « Romancing the sand : constructions of capital and nature in arid America », *Ecumene* 1, pp. 235-255.

HERSKOVITS, M., 1962 : *The Human Factor in Changing Africa*, New York, Alfred Knopf.

HETTNER, A., 1927 : *Die Geographie, ihre Geschichte, ihre Wesen, und ihre Methoden*, Breslau, Hirt.

HINCHLIFFE, S., 1996 : « Technology, power and space – the means and ends of geographies of technology », *Environment and Planning D, Society and Space* 14, pp. 659-682.

HOLT-JANSEN, A., 1988 : *Geography : History and Concepts : A Student's Guide*, London, Paul Chapman.

HUMBOLDT, A. von, 1847 : *Cosmos : Sketch of a physical description of the universe*, London, Longman.

ISARD, W., 1956 : *Location and Space Economy*, Cambridge, Ma., MIT Press.

JACKSON, P,. 1989 : *Maps of Meaning*, London, Unwin Hyman.

JOHNSTON, R. J., 1979 : *Geography and Geographers*, London, Edward Arnold.

JOHNSTON, R. J., 1986 : *Philosophy and Human Geography*, London, Edward Arnold.

KANT, I., 1970 : « Perpetual peace », in *Kant's Political Writings*, Cambridge, Cambridge University Press, also *Werke XI*. Frankfurt am Main, Suhrkamp, 1977.

KATZ, C., 1992 : « All the world is staged : intellectuals and the projects of ethnography », *Environment and Planning D, Society and Space* 10, pp. 495-510.

KOOPMANS, T. et BECKMANN, M., 1957 : « Assignment problems and the location of economic activities », in KOOPMANS, T., *Three Essays on the State of Economic Science.* New York, McGraw Hill, pp. 165-220.

KUHN, T. S., 1962 : *The Structure of Scientific Revolutions*, Chicago, University of Chicago Press.

LACOSTE, Y., 1977 : *La géographie, ça sert, d'abord, à faire la guerre*, Paris, Maspéro.

LÉVY, J. et LUSSAULT, M. (eds.), 2000 : *Logiques de l'espace, esprit des lieux*, Paris, Belin.

LÉVY, J., 1995 : *Egogéographies*, Paris, L'Harmattan.

LÉVY, J., 1999 : *Le Tournant géographique*, Paris, Belin.

LEY, D., 1974 : *The Black Inner City as Frontier Outpost : Images and Behavior of a Philadelphia Neighborhood*, Washington, Association of American Geographers.

LEY, D. et M. SAMUELS (eds.), 1978 : *Humanistic Geography : Problems and Prospects*, London, Croom Helm.

LIVINGSTONE, D., 1992 : *The Geographical Tradition : Episodes in the History of a Contested Enterprise*, Oxford, Blackwell.

LIVINGSTONE, D., 1992 : *The Geographical Tradition*, Oxford, Blackwell.

LÖSCH, A., 1954 [1941] : *The Economics of Location*, New Haven, Yale University Press.

LOWENTHAL, D., 1961 : « Geography, experience and imagination : towards a geographical epistemology », *Annals of the Association of American Geographers*, 51, pp. 241-260.

LUKERMANN, F., 1983 : Texte revu d'une table ronde, in BUTTIMER, A. (ed.) *The Practice of Geography*, London, Longman, pp. 196-208.

LUKERMANN, F., 1989 : *The Nature of Geography* : Post hoc, ergo propter hoc, in ENTRIKIN, J. N., BRUNN, S. (dir.), *Reflections of Richard Hartshorne's « The Nature of Geography »*, Washington, D.C., Association of American Geographers.

MACEACHREN, A., 1994 : « Visualization in modern cartography : Setting the agenda », in MACEACHERN, A. & TAYLOR, D. (dir.) *Visualization in Modern Cartography*. Tarrytown, N.Y., Elsevier Science, pp. 1-12.

MacEachren, A. et Kraak, M.-J,. 1997 : « Exploratory cartographic visualization : advancing the agenda », *Computers and Geosciences* 24/3, pp. 335-345.

Mackinder, H. J., 1902 : *Britain and the British Seas*, London, William Heineman.

Mackinder, H. J., 1904 : « The geographical pivot of history », *Geographical Journal*, vol. 23, pp. 412-437.

Mackinder, H. J., 1921 : « Geography as a pivotal subject in education », *Geographical Journal*, 57, pp. 376-384.

Mackinder, H. J., 1930 : « The content of philosophical geography », *Proceedings of the 12th International Geographical Congress*, Cambridge, 1928, Cambridge, Cambridge University Press, pp. 305-312.

Mantel, N., 1967 : « The detection of disease clustering using a generalised regression approach », *Cancer Research* 27, pp. 209-220.

Marsden, S., 2000 : « The social construction of scale », *Progress in Human Geography* 24, pp. 219-242.

Marsh, G., 1864 : *Men and Nature, or Physical Geography as Modified by Human Action.*

Marsh, G., 1874 : *The Earth as Modified by Human Action.*

Martin, G., 1998 : « The emergence and development of geographic thought in New England », *Economic Geography*, pp. 1-13.

Massey, D., 1984 : *Spatial Divisions of Labour*, London, Methuen.

May, J., 1970 : *Kant's Concept of Geography and Its Relation to Recent Geographical Thought*, Toronto, Toronto University Press.

May, J., 1972 : « A reply to Professor Hartshorne », *Canadian Geographer* 16, pp. 79-81.

MacDowell, L. et Court, G., 1994 : « Performing work : bodily representations in merchant banks », *Environment and Planning D, Society and Space* 12, pp. 727-750.

Merrifield, A., 1993 : « Place and space : a Lefebvrian reconciliation », *Transactions of the Institute of British Geographers* 18 (NS), pp. 516-531.

Mitchell, D., 2000 : *Cultural Geography. A Critical Introduction*, Oxford, Oxford University Press.

Mitchell, D., 2000 : *Cultural Geography : A Critical Introduction*, Oxford, Blackwell.

Moellering, H., 1991 : « Whither analytical cartography », *Cartography and Geographic Information Systems* 18/1, pp. 7-9.

Monk, J. et Hanson, S., 1982 : « On not excluding the other half from human geography », *The Professional Geographer*, 32, pp. 11-23.

Morrill, R., 1965a : *Migration and the Spread and Growth of Urban Settlement*, Lund, Gleerup.

Morrill, R., 1965b : « The negro ghetto : problems and alternatives », *Geographical Review* 55, pp. 339-361.

Morrill, R., 1970 : « The transportation problem and patient travel to physicians », *Annals of Regional Sciences*, 5, pp. 11-25.

National Aeronautics and Space Administration, 1966 : *Spacecraft in Geographic Research*, Washington, D.C., National Academy of Sciences – National Research Council.

Newman, R., 1992 : *Owen Lattimore and the « loss » of China*, Berkeley, University of California Press.

Olsson, G., 1991 : *Lines of power, limits of language*, Minneapolis, University of Minnesota Press.

Olsson, G., 1980 : *Birds in Egg. Eggs in Bird*, London, Pion.

Openshaw, S., 1988 : « Investigation of leukemic clusters by use of a geographical analysis machine », *Lancet*, pp. 272-273.

Peet, R., 1977 : *Radical Geography : Alternative Viewpoints on Contemporary Social Issues*, Chicago, Maaroufa.

Peet, R., 1998 : *Modern Geographical Thougth*, Oxford, Blackwell.

Peters, E., 1997 : « Challenging the geographies of "indianness" : the Batchewana case », *Urban Geography* 11, 6, pp. 566-585.

Pickles, J. (ed.), 1995 : *Ground Truth : The Social Implications of Geographic Information Systems*, New York, Guilford Press.

Pickles, J., 1999 : « Cartography, digital transitions, and questions of history », *International Cartographic Association*, address at Ottawa in response to Michael Goodchild's keynote presentation.

Pinchemel, P. et G., 1988 : *La Face de la Terre*, Paris, Armand Colin.

Piveteau, J.-L., 1995 : *Temps du territoire*, Genève, Zoe.

Popper, K., 1959 : *The Logic of Scientific Discovery*, New York, Basic Books.

Pred, A., 1981 : « Social reproduction and the time-geography of everyday life », *Geografiska Annaler* 63B, pp. 5-22.

Pred, A., 1990 : *Lost Words and Lost Worlds : Modernity and the Language of Everyday Life in Late Nineteenth-Century Stockholm*, Cambridge, Cambridge University Press.

RATZEL, F., 1882-1893 : *Anthropogeographie, oder Grundzüge der Anwendung der Erdkunde auf die Geschichte*, 2 vols. Stuttgart, Engelhorn.

RECLUS, E., 1876-94 : *Nouvelle Géographie universelle*, 19 vols., Paris, Hachette.

ROBBINS, J., 1999 : « High-tech camera sees what eye cannot », *New York Times*, September 19, D5.

ROCHELEAU, D., 1995 : « Maps, numbers, text and context : mixing methods in feminist political ecology », *The Professional Geographer*, 47, pp. 458-466.

ROSE, G., 1997 : « Situated knowledges : positionality, reflectivities and other tactics », *Progress in Human Geography* 21, pp. 305-320.

ROSE, G., 1993 : *Feminism and Geography*, Minneapolis, University of Minnesota Press.

SAARINEN, T., 1966 : *Perception of Draught Hazard on the Great Plains*, University of Chicago, Department of Geography, Research Paper n° 106.

SACK, R. D., 1980 : *Conceptions of Space in Social Thought. A Geographic Perspective*, London, Macmillan.

SANDNER, G. et RÖSLER, M., 1994 : « Geography and Empire in Germany, 1871-1945 », in *Geography and Empire*, GODLEWSKA, A. & SMITH, N. (dir.), Oxford, Blackwell.

SANTOS, M., 1989 : *Espace et Méthode*, Paris, Publisud.

SANTOS, M., 1997 : *La Nature de l'espace*, Paris, L'Harmattan.

SAUER, C., 1925 : « The Morphology of landscape », *University of California Publications in Geography*, n° 2, pp. 19-54.

SAUER, C., 1956 : « The education of a geographer » *Annals of the Association of American Geographers* 42, pp. 287-299.

SAUER, C., 1963 [1925]: *The Morphology of Landscape. Land and Life*, A Selection from the Writings of Carl Ortwin Sauer, Berkeley, University of California Press.

SAUER, C. O., 1956 : « The education of a geographer », *Annals of the Association of American Geographers*, 46, pp. 287-299.

SCHAEFFER, F. K., 1957 : « Exceptionalism in geography : a methodological examination », *Annals of the Association of American Geographers* 43, pp. 226-249.

SCHLÜTER, O., 1906 : *Die Ziele der Geographie der Menschen*, Munich et Berlin, Oldenbourg.

Schultz, H.-D., 1980 : *Die deutschsparchige Geographie von 1800 bis 1970*, Berlin, Selbstverlag des Geographischen Instituts der Freien Universität Berlin.

Schuurman, N., 2000 : « Trouble in the heartland : GIS and its critics in the 1990s », *Progress in Human Geography* 24, 4, pp. 569-590.

Seamon, D., 1979 : *A Geography of the Lifeworld : Movement, Rest and Encounter*, London, Croom Helm.

Semple, E. C., 1911 : *Influences of Geographic Environnement : on the Basis of Ratzel's System of Anthropo-Geography*, New York, Henry Holt.

Sharp, J. P., 2000 : « Towards a critical analysis of fictive geographies »,*Area* 32, pp. 327-334.

Short J. R., 1998 : *New Worlds, New Geographies*, Syracuse, N.Y., Syracuse University Press.

Sibley, D., 1995 : *Geographies of Exclusion*, London, Routledge.

Sidaway, J. D., 2000 : « Postcolonial geographies : an exploratory essay », *Progress in Human Geography* 24, 4, pp. 591-612.

Simonett, D., 1964 : *Possible Uses of Radar for Geoscience Purposes from Orbiting Spacecraft*, Lawrence, Kansas, National Aeronautics and Space Administration, Report CRQ 61-2, pp. 1-13.

Simonett, D. et Brown, D., 1965 : *Possible Uses of Radar on Spacecraft in Contributing to Antarctic Mapping, Crevasse, Sea Ice, and Mass Budget Studies*, Lawrence, Kansas, Center for Research in Engineering Science, Report 61-64, pp. 1-18.

Sion, J., 1908 : *Les Paysans de Normandie orientale*, Paris, A. Colin.

Smith, N., 1979 : « Geography, science and post-positivist modes of explanation ». *Progress in Human Geography* 3, pp. 356-383.

Soja, E., 1989 : *Postmodern Geographies : The Reassertion of Space in Critical Social Theory*, London, Verso.

Soja, E., 1996 : *Thirdspace*, Oxford, Blackwell.

Soja, E., 2000 : *Postmetropolis. Critical Studies of Cities and Regions*, Oxford, Blackwell.

Sorre, M., 1948 : « Fondements de la géographie humaine », *Cahiers Internationaux de sociologie*, 5, pp. 21-37.

Soubeyran, O., 1997 : *Imaginaire, science et discipline*, Paris, L'Harmattan.

Spethmann, H., 1928 : *Dynamische Länderkunde*, Breslau, Hirt.

Spethmann H., 1936 : *Das Ruhrgebeit im Wechselpiel von Land und Leuten, Wirtschaft, Technik und Politik*, Berlin, Schmit.

Staszak, J.-F., 1995a : « Geography before Geography : Pre-Hellenistic Meteors and Climates », in Benko, G. & Strohmayer, U. (dir) *Geography, History and Social Science*, Dordrecht, Klüwer, pp. 57-70.

Staszak, J.-F. (ed.), 1997 : *Les Discours du géographe*, Paris, L'Harmattan.

Staszak, J.-F. 1995b : *La Géographie d'avant la géographie*, Paris, L'Harmattan.

Staszak, J.-F., 2001b : « La géographie », *in* Berthelot J.-M., (ed.), *Epistémolohie des sciences sociales*, Paris, PUF, pp. 77-116.

Staszak, J.-F., 2003 : *Géographie de Gauguin*, Paris, Bréal.

Staszak, J.-F. (ed.), 2001a, *Géographies anglo-saxonnes. Tendances contemporaines*, Paris, Belin.

Stoddart, D. R., 1986 : *On Geography, and its History*, Oxford, Blackwell.

Strohmayer, U., 1993 : « Beyond theory. The cumbersome materiality of shock », in *Environment and Planning D, Society and Space*, 11, 3, pp. 323-347.

Strohmayer, U., 1997 : « The displaced, deferred or was it abandoned middle : another look at the idiographic-nomothetic distinction in the german social sciences », *Revue of the Fernand Braudel Center* 10, 3/4, pp. 279-344.

Symanski, R., 2002 : *Geography inside out*, Syracuse, Syracuse University Press.

Symanski, R. et Agnew, J., 1981 : *Order and Skepticism : Human Geography and The Dialectic of Science*, Washington, D.C., Association of American Geographers.

Taylor, P., 1976 : « An interpretation of the quantification debate in British geography », *Transactions of the Institute of British Geographers* 1 (NS), pp. 129-142.

Taylor, P., 1985 : « The value of a geographic perspective », in Johnston, R. (ed.) *The Future of Geography*, London, Methuen, pp. 92-110.

Thrift, N., 1983 : « On the determination of social action in space and time », *Environment and Planning D, Society and Space* 1, pp. 23-57.

Thrift, N., 2000 : « Afterwords », *Environment and Planning D, Society and Space* 18, pp. 213-155.

Thrift, N., 1996 : *Spatial Formation*, London, Sage.

Thünen, H. von, 1826 : *Der Isolierte Staat im Beziehung auf Landwirtschaft und Nationaloekonomie*, Iéna, Fischer.

Tobler, W., 1962 : *Map Transformations of Geographic Space*, Seattle, University of Washington Ph.D. Dissertation.

TOBLER, W., 1966 : *Numerical Map Generalization and Notes on the Analysis of Geographical Distributions,* Ann Arbor, The Michigan Inter-University Community of Mathematical Geographers.

TOBLER, W., 1993 : *Three Presentations on Geographic Analysis and Modeling,* Santa Barbara, National Center for Geographic Information and Analysis.

TÖRNQVIST, G., 1968 : *Flows of Information and the Location of Economic Activity,* Lund, Gleerup.

TUAN, Y.-F., 1991 : « Language and the making of place : a narrative-descriptive approach », *Annals of the Association of American Geographers* 81, pp. 684-696.

TUAN, Y.-F., 2002 : « A life of learning », in GOULD, P. & PITTS, F. (eds.) *Geographical Voices,* Syracuse, Syracuse University Press.

TUAN, Y-F., 1974 : *Topophilia : A Study of Environmental Perception, Attitudes, and Values,* Englewood Cliffs NJ, Prentice Hall.

UNWIN, T., 1999 : « A waste of space ? Towards a critique of the social production of space », T*ransactions of the Institute of British Geographers* 25, pp. 11-30.

VALENTINE, G., 1993 : « (Hetero)sexing space : lesbian perceptions and experiences of everyday spaces », *Environment and Planning D, Society and Space* 11, pp. 395-413.

VALLAUX, C., 1925 : *Les Sciences géographiques,* Paris, Alcan.

VIDAL DE LA BLACHE, P., 1903 : *Tableau de la géographie de la France,* Paris, Hachette.

VIDAL DE LA BLACHE, P., 1921 : *Principes de géographie humaine,* Paris, A. Colin.

WALLERSTEIN, I., 1974 : *The Modern World-System I : Capitalist agriculture and the origins of the European World-Economy in the Sixteenth Century,* San Diego, Academic Press.

WALLERSTEIN, I., 1980 : *The Modern World-System II : Mercantilism and the consolidation of the European World-Economy, 1600-1750,* San Diego, Academic Press.

WALLERSTEIN, I., 1991 : « 1968, Revolution in the world-system », *Geopolitics and Geoculture,* Cambridge, Cambridge University Press, pp. 65-83.

WARNTZ, W,. 1965 : *Macrogeography and Income Fronts,* Philadelphia, Regional Science Research Institute.

WARNTZ, W,. 1984 : « Trajectories and co-ordinates », in BILLINGE, M., GREGORY, D. & MARTIN, R. (dir.) *Recollections of a Revolution,* London, MacMillan, pp. 134-149.

WEBBER, M. et RIGBY, D., 1996 : *The Golden Age Illusion : Rethinking Post-war Capitalism*, New York, Guilford Press.

WERLEN, B., 1987 : *Gesellschaft,Handlung und Raum. Grundlagen einer handlungtheoretischen Sozialgeographie*, Stuttgart, Steiner.

WHATMORE, S., 1999 : « Hybrid Geographies : Rethinking the "Human" in Human Geography », in MASSEY, D., ALLEN, J. & SARRE, P. (dir.) *Human geography today*, London, Macmillan, pp. 22-39.

WILLEMS-BRAUN, B., 1997 : « Buried epistemologies : the politics of nature in (post-)colonial British Columbia », *Annals of the Association of American Geographers* 87, pp. 3-31.

WOLCH, J. et DEAR, M. (eds.), 1989 : *The Power of Geography. How Territory Shapes Social Life*, Boston, Unwin Hyman.

WOLPERT, J., 1964 : « The decision making process in spatial context », *Annals of the Association of American Geographers* 54, pp. 537-58.

WRIGHT, J. K., 1926 : « A plea for the history of geography », *Isis*, 8, pp. 277-491.

ZIPF, G. K., 1949 : *Human Behavior and the Principle of Least Effort*, Cambridge, Mass., Addison-Wesley.

▪ Chapitre 2 ▪

La géographie sociale : la société dans son espace

Chris Philo et Ola Söderström

Introduction : saisir « le social » dans l'investigation géographique

> *« Nous, les géographes, récitons, chacun, notre credo dans notre propre langue. Nous avons beaucoup de choses à dire, mais nous les disons rarement en chœur ou à l'unisson. » (Kimble, 1951, p. 151).*

G. H. Kimble évoquait ici les propos des géographes relatifs au « concept régional », même si son observation s'applique également avec une force toute particulière à la cacophonie des affirmations concernant la géographie sociale, égrenées par les géographes tout au long du xxe siècle. On a dit quantité de choses sur la « géographie sociale » (*social geography, Sozialgeographie*), non seulement dans les différentes langues, mais à partir de postures très différentes quant à la nature de la géographie et (sans que cela ait été dit explicitement) au caractère de la société. Il est impossible d'en livrer une recension qui rendrait justice à cette diversité, et toute recension, y compris la nôtre, induira forcément a posteriori trop de cohérence et d'harmonie sur la manière dont fut pratiquée la géographie sociale au cours de certaines périodes et en certains lieux. En fonction de nos compétences linguistiques, nous nous attacherons principalement à la géographie sociale publiée en anglais et en français, et, en essayant de combiner nos réflexions sur les travaux anglais et français, nous parviendrons probablement à suggérer davantage de symétrie qu'on ne le croit de prime abord entre les éléments et les trajectoires dans les deux langues. Ce faisant, nous risquons de négliger des « histoires alternatives »[1], associées à la géographie sociale, qui se sont développées hors des pays anglophones et francophones, c'est pourquoi nous attachons une attention particulière aux différentes recensions qui ont pu être produites dans d'autres régions de l'Europe ou hors du monde occidental. Dernière observation, nous livrons une contribution qui va au-delà du texte d'interprétation ; elle se veut un argument sur les changements, les apports

[1] Nous sommes particulièrement reconnaissants à Angela Alaimo de nous avoir aidés à retracer l'évolution de la géographie sociale francophone.

et les appauvrissements de la géographie sociale au cours du siècle et choisit délibérément de privilégier le débat sur les contributions de certains auteurs, articles, livres et des projets particuliers, plutôt que de produire des listes fastidieuses de citations.

Une façon de concevoir notre objectif ici serait d'appliquer à la géographie, des concepts de la théorie sociale, de la sociologie et d'autres disciplines (l'histoire sociale, l'anthropologie sociale, la science politique) en montrant comment elles ont marqué l'évolution de la géographie humaine. Certains auteurs s'y sont déjà essayés, comme Derek Gregory (1978 ; 1994), alors que Peter Jackson et Susan Smith (1984) ont relevé les emprunts, observés en géographie sociale, faits aux sciences sociales et à d'autres disciplines. Ce qui est important dans ces exercices, c'est qu'ils risquent de décrire la géographie comme une discipline dominée par la théorie sociale et d'autres sciences sociales et d'en faire un importateur net de concepts. Le résultat brouille quelque peu les travaux des géographes qui essaient de donner du sens au « social » par leurs propres moyens, y compris leur propre *bricolage* d'éléments puisés, d'une façon qui n'est pas toujours consciente – il faut bien l'admettre –, à diverses sources de la théorie sociale, d'autres disciplines et de discours à la mode. Notre recension tente de s'attacher davantage aux géographes eux-mêmes, s'appliquant à montrer qu'ils ont essayé de « saisir » le social à partir de leur propre savoir, en le définissant d'abord (en le « construisant ») de différentes façons et, ensuite, en inventant ou en utilisant des concepts différents, ce qui les a amenés à créer plus ou moins délibérément diverses *géographies* du social (ou *plusieurs* géographies sociales). Au lieu de considérer une entité appelée *le* social comme allant de soi, nous retraçons les métamorphoses qu'a subies l'*idée* du social au sein de la géographie, et plus particulièrement la sous-discipline « géographie sociale », avec l'objectif de clarifier ce qu'a été le social en géographie et, inversement, ce qu'il n'a pas été et ce en quoi il est susceptible de se transformer dans l'avenir.

Anticipons un petit peu ; en nous appuyant sur le fait que les géographes n'invoquaient que des « faits sociaux » *matériels*, considérés comme étant les expressions visibles de fonctionnements internes de la société, et dans la mesure où ces phénomènes sociaux matériels étaient censés révéler des bases environnementales, des caractères régionaux ou des distributions spatiales, nous pensons qu'ils avaient, avant 1970, un sens du social qui s'apparentait à une « boîte noire ». Nous distinguons les différentes façons dont ces géographies sociales ont été conçues, autour de notions comme le paysage, l'organisation, la structure. Nous relevons également quelques exceptions à ces tendances générales, avec la tradition vidalienne notamment et une version anglo-américaine de la géographie sociale régionale. À partir de la fin des années 1960 jusqu'aux années 1980, nous pensons que les géographes ont entrepris d'élargir le sens substantiel et conceptuel qu'impliquait le social et, de cette manière, ils ont commencé à poser la problématique du terrain des groupes, des classes, des relations systémiques, des structures, des expériences, des luttes, etc., tout ce qui constitue le social et qui relie de façon tellement complexe de nombreux espaces mondiaux. L'intérêt s'est déplacé pour s'attaquer à la dynamique sociale *immatérielle* des rouages internes de la société ; ce fut l'occasion pour de nombreux géographes de réaliser pleinement qu'il leur fallait aller voir à l'intérieur de la « boîte noire » du social s'ils voulaient réellement comprendre ses associations géographiques. Nous faisons allusion, ici, à l'émergence, dans les années 1980, d'une approche plus sophistiquée pour comprendre l'articulation entre le social et le spatial, qui peut s'appliquer à l'ensemble de la géographie humaine, mais dont les implications sont particulières en géographie sociale. Pour finir, nous commentons brièvement ce qui a marqué les années 1990, une période au cours de laquelle le paysage intellectuel de la géographie humaine s'est tellement déformé et déchiqueté qu'il semble difficile de prendre appui sur ses nouvelles formes pour construire un commentaire, tout en mettant cependant en garde sur certains dangers d'une géographie sociale « ayant pris un tournant culturel » dans lequel le social lui-même risque de se dissoudre complètement.

À différentes époques et en des lieux divers, il semble que des traditions obéissant à une autonomie plus ou moins grande se soient manifestées dans la recherche en géographie sociale, engendrant des glissements dans la compréhension « du social » par les géographes. Comme l'essentiel du texte porte sur des travaux publiés en anglais et en français, venant d'Europe ou d'Amérique du Nord, on peut raisonnablement trouver des traditions alternatives en géographie sociale dans d'autres domaines linguistiques et dans d'autres parties du monde. Si nous devions nous pencher davantage sur ces géographies sociales « alternatives », il est probable que notre interprétation aurait besoin d'être amendée et recadrée de multiples façons. L'histoire de la géographie sociale dans le monde universitaire germanophone, par exemple, « s'écarte » certainement des éclairages particuliers que nous allons montrer dans ce qui va suivre (Bobek, 1948; Hartke, 1956; Werlen, 1995). L'histoire de la géographie sociale hors de l'Occident est vraisemblablement moins documentée et sans doute existe-t-il ici un champ historiographique riche à découvrir pour les historiens de la discipline, mais on peut supputer – compte tenu des origines européennes de la géographie universitaire (Livingstone, 1992, Stoddart, 1986) et de l'hégémonie, ô combien regrettable, des constructions intellectuelles dans l'institution à travers le monde – que le moule de la géographie sociale en se développant hors de l'Occident a représenté, en quelque sorte, une imitation des grandes tendances, des idées et des pratiques dominantes dans la géographie sociale des langues anglaise, française et allemande. Certains chercheurs ont maintenant commencé à explorer ce qu'ils appellent la « colonisation » de la recherche géographique, en Inde et en Afrique du Sud par exemple, par les orthodoxies qui dominent la géographie européenne et nord-américaine (Crush, 1994; Raza, 1972; Wesso, 1994), tout en se posant la question des orientations géographiques « indigènes » qui ont offert de temps à autre une alternative à ces prescriptions étrangères. En Afrique du Sud, à partir de 1980, un appel, émanant de certains cercles, a été lancé en faveur d'une « géographie humaine critique, "recolorée" et décolonisée », qui se poserait comme une « géographie des gens ordinaires » ou une « géographie historique du peuple », et la recherche conduite dans cette veine s'est adaptée aux expériences concrètes de lutte et de simple survie qu'ont vécu ceux qui avaient été marginalisés pendant l'apartheid (Crush, 1994, notamment pp. 339-346). Cette approche, reposant sur « une relation textuelle avec un groupe social particulier (les "gens ordinaires") » (Crush, 1994, p. 344) et parlant de nombreuses composantes de ce groupe, comme les vendeurs ambulants dans la ville de l'apartheid, se différenciait nettement par nombre d'aspects (sinon par tous), en tant que forme de la géographie sociale, de tout ce qui se faisait à la même époque en Europe et en Amérique du Nord.

Un petit nombre de géographes du tiers-monde, devenus célèbres en Occident, ont longtemps débattu du rôle de l'émancipation de la connaissance géographique dans leurs propres régions de la tutelle des discours occidentaux et, ainsi, ils ont ouvert une fenêtre sur des visions alternatives de la géographie sociale. Au Brésil, Milton Santos, qui était jadis à la recherche d'une théorie socio-spatiale viable applicable au sous-développement, a écrit :

> *« L'espace sous-développé » a un caractère spécifique; la priorité varie, même si les forces concernées sont identiques ; tout cela parce que leurs combinaisons et leurs effets sont différents. C'est une chose que les géographes occidentaux ont beaucoup de mal à comprendre. Pourquoi ne pourrions-nous pas alors recommencer l'expertise à partir des pays sous-développés eux-mêmes : développer des théories qui auraient un sens pour eux, à la fois en tant que géographes et citoyens ? Pour l'heure, la géographie « officielle » opère comme si l'Occident avait le monopole des idées.*
>
> (Santos, 1974, p. 4).

En tentant d'établir des liens entre les modes de production, les formations sociales et l'espace, il a très justement pointé, dans ses propres conceptualisations (par exemple Santos, 1977), de nouvelles possibilités prometteuses, très intéressantes pour la géographie humaine en général et la géographie sociale en particulier, tandis que sa pensée trouvait une assise plus solide (Santos, 1979) avec l'« économie duale » composée de deux circuits (l'un « supérieur », le circuit formel, l'autre « inférieur », le circuit informel) pour la production, les échanges et la vie sociale qui leur est associée. En entretenant encore ce que Richard Peet (1998, p. 127) appelle « une sorte de structuralisme dialectico-existentiel » empruntant à la fois à Karl Marx et à Jean-Paul Sartre, Santos a davantage reproduit une dépendance vis-à-vis des idées occidentales, que forgé un engagement véritablement sud-américain ou brésilien en géographie humaine et sociale. Ici, les questions épineuses sous-jacentes sont bien sûr celles qui émergent des débats de la théorie postcoloniale quant à la latitude dont disposerait la population de couleur à l'extérieur (et aussi à l'intérieur) de l'Occident pour s'affranchir complètement des constructions intellectuelles blanches et occidentales (qu'elles soient universitaires, populaires, littéraires ou poétiques) pour trouver leur propre « voix », distincte et à peu près intacte. Généralisons la célèbre question de Gayatri Chakravorty Spivak (1988) et demandons-nous : « Le géographe subalterne peut-il parler? » Y a-t-il et peut-il y avoir des géographies sociales réellement *autres* à prendre en considération et qui puissent concurrencer les principales géographies sociales *dominantes* et les diverses trajectoires en leur sein, telles que nous allons les commenter dans ce texte?

Les géographies sociales matérielles : du XIXe siècle aux années 1970 et au-delà

La plupart des travaux qui passaient pour être de la géographie sociale à la fin du XIXe siècle jusqu'aux années 1970, et au-delà, peuvent être regroupés sous l'appellation de « géographies sociales matérielles », les uns s'intéressant aux déterminants de l'environnement, aux différenciations régionales et aux distributions spatiales d'un spectre étroit de phénomènes *matériels* en relation avec le social : des phénomènes tangibles, directement observables, dénombrables, mesurables, pouvant être cartographiés, qui sont des expressions extérieures de la société humaine. D'emblée, nous aimerions signaler qu'en dépit de connexions compliquées entre le déterminisme environnemental et le matérialisme historique de Marx (voir Bassin, 1996), notre attitude critique vis-à-vis du tropisme matériel des géographies sociales jusqu'aux années 1960 ne doit pas s'appliquer à une géographie sociale marxienne fondée sur le matérialisme (voir plus bas) sauf, peut-être, à considérer certains aspects des travaux d'un géographe marxien français. Les premières références explicites à la « géographie sociale » remontent à la fin du XIXe siècle, surtout en Europe continentale et particulièrement dans les projets de l'école de Le Play; la prise en compte de ces références demande préalablement de fournir quelques éléments sur l'invention du social.

L'invention du social

Une première remarque, décevante, tient à ce que la constitution de la géographie sociale, en tant que sous-discipline, a demandé que soient forgés d'abord ses deux ingrédients : la géographie, comme science sociale, et le « social » comme catégorie de la pensée et de l'action. Ici, il nous suffira de traiter ce dernier point. Le terme de « société » prend son sens générique actuel au cours du XIXe siècle; auparavant, il lui était préféré, pour ceux qui fréquentaient les cours royales, les notions de « haute société » ou, pour les économistes du début de ce siècle-là, celle d'association constituée librement et contractuellement (Rabinow, 1989, p. 19). Ce dernier sens semble être apparu lors de l'étude scientifique d'un nouveau monde, une *terra incognita* (Topalov, 1991). Utilisant une observation directe de terrain, l'étude célèbre sur la condition ouvrière dans l'industrie textile de Louis-René Villermé de 1840, par exemple, a tenté d'importer des méthodes des sciences de la nature pour analyser la société (Perrot, 1972, p. 31).

Le social a donc commencé à se constituer au travers d'un ensemble de stratégies de la connaissance : les enquêtes médicales, les études sur l'économie et le logement ouvrier, les taxinomies sociales et les analyses statistiques (voir aussi Sion, 1908, un des plus beaux exemples d'une analyse sociale). Ce mouvement a entraîné la construction discursive de « totalités macrosociales » (Desrosières, 1993, p. 90), rendant possible une pensée nouvelle des groupes sociaux spécifiques et de leurs conditions, allant au-delà de la réalité des individus et de leur moralité personnelle. Les « statistiques morales », la mesure de normes, les habitudes et les comportements de secteurs particuliers de la population ont aidé à produire une perception dégagée des problèmes sociaux et un langage pour leur gestion rationnelle.

En France, l'école de l'ingénieur et sociologue français Frédéric Le Play a tenu le rôle le plus important au sein de ce processus. Étroitement lié au mouvement du catholicisme social, Le Play et ses successeurs ont développé un programme systématique d'étude du logement et de l'économie des familles de la classe ouvrière (Ewald, 1986), et le cœur du projet de réforme sociale préconisé par Le Play et ses disciples était le système du « patronage ». Dépendant de la responsabilité sociale du « patron », insistant sur la propriété privée des travailleurs et la recomposition de la cellule familiale, ce système paternaliste était supposé assurer le bien-être des ouvriers et, *in fine*, les relations harmonieuses entre les classes sociales (Kalaora et Savoye, 1989). Le Play a occupé des postes politiques élevés sous le second Empire et, en tant que fondateur de la Société d'économie sociale en 1856, il a lancé le journal *La Réforme sociale* en 1881, un an avant sa mort. Selon Gary Dunbar (1977), ce fut dans ce journal qu'a été employée pour la première fois l'expression de « géographie sociale » par Paul de Rousiers dans un commentaire sur *La Nouvelle Géographie universelle* d'Élisée Reclus, publiée entre 1875 et 1894. L'expression n'avait donc pas été inventée par les géographes eux-mêmes, mais par une école de sociologie empirique dans le cadre d'un projet de réforme sociale, même si la locution a été utilisée en fait pour commenter l'œuvre entreprise par un géographe, Reclus, dont la place dans l'histoire de la géographie sociale mérite un bref commentaire. Si, selon des critères méthodologiques, Reclus ne fut pas un révolutionnaire, il a accordé beaucoup d'attention au phénomène urbain et au rôle de l'organisation sociale dans l'utilisation des ressources naturelles, anticipant ainsi les études de géographie sociale qui allaient émerger quelques décennies plus tard (Errani, 1984, p. 34). Pourtant, pour de multiples raisons qui tiennent notamment à son existence nomade (Chardak, 1997), les voies intellectuelles ouvertes par Reclus n'ont pas été réellement exploitées. À ce titre, la géographie sociale embryonnaire de Reclus fut, comme nous le verrons, l'un des nombreux « faux départs » dont a souffert la sous-discipline en France (Lévy, 1996 ; Raffestin, 1983).

Nier le social : les géographies sociales environnementales

Ce fut dans une contribution présentée lors de la rencontre de York de l'Association britannique en 1906 que quelque chose ressemblant à une formulation claire de ce qu'était la « géographie sociale » apparut pour la première fois dans la littérature anglo-saxonne. L'auteur de l'article, G.W. Hoke, de l'Ohio, hésitait entre les découvertes des géographes explorateurs du XIXe siècle et les théories du déterminisme environnemental, dans un exposé du champ, qui avait des accents modernes :

> « *La discussion à venir se fondera sur la proposition suivante : la géographie sociale étudie de la distribution des phénomènes sociaux dans l'espace, et on peut décrire son programme de recherche comme étant la description de la succession de leurs facteurs, et de leur importance relative, dont les influences se traduisent par la localisation dans l'espace d'un ensemble de phénomènes sociaux qu'on a choisi d'étudier.* »
>
> (Hoke, 1907, p. 64).

Le point de départ était donc la « localisation dans l'espace » d'une variété de phénomènes sociaux étudiés, leur concentration dans des lieux concrets, et l'étape suivante consistait à déterminer quels facteurs se combinaient pour influencer, pour dominer l'agglomération des phénomènes considérés. Les forces associées aux différents facteurs devaient être établies dans le processus, de même que le moment où entraient en jeu certains « facteurs », dans leur succession chronologique, et le stade auquel ils exerçaient leur propre influence de localisation. Il ne serait pas bien difficile alors de voir dans ces suggestions une sorte d'esquisse pour développer des géographies sociales spatiales que nous allons voir plus loin.

Pourtant, à d'autres égards, l'article de Hoke était un « canular » (Philo, 1991a) quand il en venait à spécifier une géographie sociale caractéristique, dans la mesure où il n'avançait aucune conception claire de ce que devaient contenir les phénomènes sociaux à étudier par cette (sous-)discipline. Voyez cette observation :

> *« Lorsqu'un individu achète une ferme ou implante une usine, les principaux problèmes rencontrés relèvent de la distribution, et ce sont, jusqu'à un certain point, des problèmes géographiques. Déterminer le site d'une ville, tracer une ligne de chemin de fer, effectuer le règlement de différends territoriaux de même que de nombreuses autres activités humaines importantes, font appel à la géographie sociale sous toutes ses formes. »*
>
> (Hoke, 1907, p. 65).

En utilisant la géographie sociale comme une expression fourre-tout à l'instar de la géographie humaine, l'attention de Hoke a été attirée par des phénomènes comme les fermes, les usines et les voies ferrées, censés relever, le plus souvent, de la géographie économique, ou par des phénomènes comme les conflits territoriaux, habituellement rattachés à la géographie politique. De plus, il s'intéressait davantage aux choses matérielles – les bâtiments, les frontières, les villes et d'autres matérialisations dans le paysage – et il semblait les parer d'un caractère social, uniquement en vertu du fait qu'il s'agissait d'artefacts. Sa conception du social était donc sous-développée, et nous devons supposer que Hoke considérait comme acquis, ou implicite, le fait qu'il n'y avait pas lieu de parler de ce que cela recouvrait avant d'en cartographier les manifestations extérieures.

L'échelle à laquelle le canular fonctionnait était régionale (voir plus bas), comme le prouvaient ses références aux mondes des « montagnards des Appalaches », ou des « cavaliers des steppes » balkaniques, et le moule environnementaliste de sa géographie sociale transparaissait lorsqu'il évoquait les « facteurs » dont il disait qu'ils influençaient ces régions. Il parla donc des « conditions physiques du terrain » dans des régions données (les montagnes, les forêts, les plaines) et il parla du terrain comme de l'élément de contrainte à la fois actif et dominant dans la vie des groupes comme ceux des « Indiens » d'Amérique (*Ibid.*, p. 65). Pourtant, il n'était pas un déterministe purement environnementaliste, puisqu'il reconnaissait que « l'influence du milieu est profondément modifiée par le statut social de la population », et qu'il notait aussi le rôle joué par certains éléments comme l'histoire (de la civilisation), la psychologie (du peuple) et les aptitudes techniques d'une population donnée (*Ibid.*, pp. 66-67). À ce titre, il restait proche de l'orthodoxie attachée au pionnier de la géographie française, Vidal (voir plus bas), qui reconnaissait cinq ans auparavant que « dans certains cas, la répercussion des causes sociales l'emporte sur la géographie » (Vidal de la Blache, 1902, p. 21). Cependant, Hoke a tout de même dévoilé les contours d'une géographie sociale environnementale dont on a retrouvé des échos dans de nombreuses contributions jusqu'aux tout premiers frémissements de la sous-discipline à la veille des années 1930.

Dans la littérature anglo-américaine, Percy Maud Roxby (1930) a tracé les grandes lignes d'un programme vaguement environnementaliste pour la géographie humaine tout entière, dans lequel il identifiait quatre voies principales suivies par les êtres humains pour « s'adapter » aux caractéristiques physiques ou naturelles de régions données : raciales, économiques, politiques et sociales. Curieusement, il se livrait à des spéculations :

> « *La géographie économique répond à l'une de ses fonctions les plus élevées lorsqu'elle est étroitement liée à d'autres aspects de l'adaptation de l'homme à l'environnement physique, aspects qui ont reçu jusqu'à présent peu d'attention. Parmi ceux-ci, l'un des plus intéressants et importants est celui que, par défaut, nous appelons habituellement la géographie sociale.* »
>
> (Roxby, 1930, p. 285).

Le potentiel d'une géographie sociale environnementale était évidemment mis en exergue et il devait être repris par la suite dans le Royaume-Uni par Gilbert et Steel (1945). Quelques années plus tôt, l'adresse présidentielle en 1922 de l'Association des géographes américains, qui fut publiée en 1923, comportait une déclaration peu différente. Ce fut l'appel de Barrows pour recadrer la géographie humaine en une « écologie humaine », appel qui, malgré l'usage du terme « *human ecology* » si étroitement associé aux sociologues de l'école de Chicago (voir *infra*), ignorait apparemment leurs travaux et livrait un manifeste fortement environnementaliste pour la discipline. En effet, Barrows a déclaré que la géographie devait « mettre au jour les relations existant entre les milieux naturels et la répartition de l'homme et de ses activités [*sic*] » et qu'elle devrait chercher à « montrer les interactions entre l'homme et un complexe naturel particulier » (il faut entendre par là les modelés, le climat, la végétation, etc.). Barrows dénombrait trois volets de l'interaction homme/environnement : l'économique, le politique, le social, mais c'est au premier qu'il attachait le plus d'importance et au dernier, le moins. Dans le compte rendu de *Ten divisions of systematic geography*, il remarquait :

> *« Il existe, au moins théoriquement, un champ défini pour la géographie sociale qui devrait étudier les connexions qui peuvent exister entre la vie sociale des peuples et leurs milieux naturels. Mais les faits de la vie sont intangibles, et, dans leur majorité, les peuples entrent en relation avec leur milieu naturel à travers des faits consubstantiels à « leur qualité d'êtres vivants » […] L'ensemble de ces relations semble former un champ potentiel pour la géographie, plutôt que constituer un champ en soi. »*
>
> (Barrows, 1923, pp. 7-8 ; nous soulignons).

Dans le cadre environnementaliste de Barrows, la géographie sociale était, de façon patente, une sous-discipline mineure, dans la mesure où le social était censé regrouper les « faits de la vie » qui marquent peu le paysage sensible, lui seul étant significativement lié aux conditions naturelles, environnementales, à travers les activités économiques de production, le commerce et le transport. C'était cette négation du social que Roxby contestait, bien sûr, mais la position de Barrows, indiquant que l'emprise environnementaliste sur l'ensemble de la discipline à ce moment-là (*cf.* Matless et Philo, 1991) faisait obstacle à toute vision du social qui aurait pu servir de base à une géographie *sociale*, mérite d'être relevée.

On avance souvent que le social a aussi été négligé par l'école vidalienne en France, ce qui peut s'expliquer par la conception qu'elle avait de la relation entre les individus et leur environnement. Récemment, on a affirmé que ce qui fut appelé la géographie française « classique » adhéra dès l'origine à un environnementalisme lamarckien (Lévy, 1999). Dans l'environnementalisme de Jean-Baptiste de Lamarck, l'adaptation à l'environnement était le fruit de l'histoire, plutôt que de la sélection (darwinienne), et l'usage dans la tradition vidalienne du terme « milieu » comme alternative à celui de « société » était totalement en accord avec cette conception. L'école vidalienne, qui a dominé si longtemps dans les régions de langue française, peut être qualifiée de « science naturelle des modes de vie », une science avant tout, dans laquelle l'attention accordée aux questions sociales était inévitablement secondaire. Au tournant du siècle, la géographie humaine française restait une discipline jeune où considérer quelque chose comme relevant spécifiquement de la géographie sociale eût paru comme un exercice passablement exotique. Même lorsque le terme était utilisé par des auteurs comme Émile Levasseur ou Camille Vallaux, il y avait, comme dans le débat britannique mentionné plus haut, une tendance à établir une quasi-équivalence entre la géographie sociale et la géographie humaine (Racine et Raffestin, 1983, p. 305). Où se trouvait le social et qu'était-ce dans la géographie française classique ? La réponse était l'occasion de controverses dans le monde universitaire entre Émile Durkheim et Paul Vidal de la Blache. La fin de la querelle – d'après les on-dit – a conduit à une solution de compromis scellée par une division du travail entre la géographie, qui allait s'occuper de la Terre et des lieux, et la sociologie, qui s'occuperait de la population et de la société. Selon les propres termes de Vidal, « la géographie est la science des lieux et non des hommes » (Vidal de la Blache, 1913, p. 297), et chez l'historien Lucien Febvre (1922), « la géographie a pour objet la Terre et non la société ». Souvent décrite par les géographes comme un exemple de l'impérialisme de la sociologie, cette « affaire célèbre » est peut-être sensiblement plus compliquée qu'il n'y paraît.

Vidal devint lecteur à l'ENS en 1877, puis professeur à la Sorbonne en 1889. En 1891, il créa la revue *Annales de géographie* et entra à l'Académie des sciences morales et politiques en 1906. Il y eut une confrontation indirecte entre Durkheim et lui à la suite de critiques que celui-là formula à l'encontre de l'*Anthropogeographie* de Friedrich Ratzel et de la déclaration rappelée ci-dessus de Vidal concernant les relations entre la géographie et la société (Vidal de la Blache, 1902). Pourtant, l'histoire des relations entre Durkheim, le fondateur de la sociologie universitaire, et l'école vidalienne va bien au-delà du récit d'une confrontation. Plusieurs offres de collaboration ont été faites par des durkheimiens, conformes à une vision de la sociologie en deux branches qu'avait leur chef de file : d'une part, la *morphologie sociale* (comprenant des disciplines comme la démographie et la géographie) et, de l'autre, la *sociologie* (divisée en plusieurs objets d'étude : la religion, le droit la famille) à proprement parler (Durkheim, 1909). Ces propositions de collaboration ont été rejetées par Vidal sous prétexte qu'il était nécessaire de parvenir à une division du travail en traçant des frontières claires entre la sociologie et la géographie. Quelques années plus tard, la confrontation entre les deux écoles se raviva. En 1906, Marcel Mauss et Henri Beuchat publièrent un article dans l'*Année sociologique,* qui partait de la discussion de Ratzel faite par Durkheim et qui critiquait au passage la géographie, laquelle considérait les relations entre les hommes et la nature comme directes, négligeant ainsi le rôle de médiation de la société. Dans un compte rendu sur plusieurs monographies régionales produites par les vidaliens, François Simiand (1910) finit par conclure que la géographie humaine manquait de précision dans ses concepts et de fondement épistémologique, et qu'elle aurait intérêt à se limiter aux phénomènes physiques[2].

Les revendications territoriales et le contrôle des frontières dans le monde académique n'étaient cependant pas les seules choses qui occupaient les vidaliens et les durkheimiens pendant cette période, et Antoine Vacher et Albert Demangeon ont franchi la frontière qui séparait la géographie de la sociologie à partir de 1905, lorsqu'ils collaborèrent à l'*Année sociologique* et à des recherches sur des thèmes comme les budgets familiaux (Mucchielli, 1998, pp. 406-407). Plusieurs thèmes d'intérêt géographique se sont rapprochés davantage de ceux qu'étudiaient les sociologues : les environnements artificiels et urbains devinrent des objets d'étude légitimes ; l'idée des régions éco-

[2] Ce jugement apparut aussi, et c'est significatif, dans l'*Année sociologique.*

nomiques venait s'ajouter à celle de la région naturelle ou du *pays*; le fonctionnement quotidien de la région – et non pas seulement son « âme » – faisait l'objet de recherches. L'un des héritiers de l'enseignement de Vidal, Jean Brunhes, professeur en Suisse et en France, a été une figure de premier plan de la géographie sociale environnementale qui fit son apparition dans le monde francophone. Brunhes commença sa carrière en Suisse en 1896, dans la ville de Fribourg, où l'université servit d'incubateur aux principes du catholicisme social, Brunhes contribuant, pour sa part, à propager le *Rerum Novarum* de 1891 du Vatican. Cette association avec les principes de réforme sociale, en sus des relations entre l'école de Le Play et Fribourg, explique certainement en partie la propre inclination de Brunhes à accorder la plus grande attention au fonctionnement interne de la vie sociale, au lieu de s'en tenir aux *genres de vie* naturalisés. Pour Brunhes, la société n'était pas une entité transparente placée entre l'individu et le *milieu*, comme c'était le cas dans d'autres formes de géographie française classique, mais une composante de la géographie humaine : « tout fait géographique renferme et implique un problème social » (Brunhes, 1913, p. 3). La géographie sociale était explicitement désignée par Brunhes : c'était l'une des quatre composantes de la géographie humaine, et sa principale tâche consistait à retrouver l'influence de l'organisation sociale et des habitudes sur l'adaptation des hommes à l'environnement[3]. Il voyait son influence en termes de « connexions » et non pas de « causalité » :

> *« Entre les faits d'ordre physique, il existe parfois des relations de causalité; entre les faits de la géographie humaine, il n'y a rien de plus que des relations de connexion. Imposer pour ainsi dire une relation entre des phénomènes revient à faire de la pseudoscience, et il sera très utile d'user d'esprit critique pour identifier les nombreux cas où la relation est très différente de la causalité. »*
>
> (Brunhes 1956, p. 296).

Une telle déclaration démarquait Brunhes d'une définition naturaliste de la géographie, tout comme son intérêt pour les dimensions immatérielles du social « le facteur psychologique dans les relations entre les phénomènes naturels et l'activité humaine » (*Ibid.*, p. 298)

---

3 Les quatre composantes étaient : « la géographie élémentaire des nécessités premières ; la géographie de l'exploitation de la terre ; la géographie sociale ; la géographie historique et politique » (Brunhes, 1906, p. 558).

qu'il considérait être à l'origine des faits géographiques. Cela explique, comme l'a observé Annette Buttimer (1971), qu'il y eut toujours un décalage marqué entre les principes théoriques qu'énonçait Brunhes et sa pratique de la géographie ; cette dernière continuant à être limitée par la division du travail (tacitement acceptée) entre la sociologie et la géographie. La contribution de Brunhes démontre néanmoins que la géographie française classique était loin d'être monolithique dans sa négligence ou, pire, sa négation du social.

Il est intéressant de remarquer qu'après une période de rejet, dans les années 1970 et 1980, la géographie française classique a fait l'objet d'une réévaluation récente. Sauver Vidal du vidalisme semble être le projet implicite dans lequel la finesse épistémologique des propres textes de Vidal a été redécouverte par certains historiens de la géographie française (Robic, 1991). Au passage, si nous considérons l'impact durable du paradigme classique sur la géographie humaine de langue française au xxe siècle, et non pas sur la seule géographie de Vidal, on a l'impression que son environnementalisme particulier a été, en fait, un obstacle au développement d'une géographie sociale à part entière. Après 1914, la géographie sociale française est entrée dans un profond sommeil que rien n'est venu troubler pendant trente ans jusqu'à l'avènement de la géographie sociale marxienne de P. George, ou soixante ans jusqu'à la crise du paradigme classique, selon la manière dont nous considérons la géographie sociale française de l'après-guerre (cf. Frémont, 1984 ; Lévy 1999).

Nicher le social dans les régions : les géographies sociales régionales

Comme nous l'avons déjà noté, la géographie sociale a habituellement pris une forme régionale dans les premières années du siècle ; elle étudiait les caractères des phénomènes considérés comme sociaux à l'intérieur de portions du monde qui pouvaient être délimitées et nommées. La tradition vidalienne était enfermée dans cette vision de la géographie sociale régionale, comme nous allons le voir, tout en gardant le point de vue environnementaliste que nous venons d'examiner. Pourtant, une approche régionale légèrement différente, où la question des influences environnementales s'estompait, apparut au milieu du siècle. C'est ce que l'on retrouve dans les revendications de Richard Hartshorne (1939 ; 1959), un géographe américain qui passait plusieurs années en Allemagne, lorsqu'il livra sa conception de la géographie comme étant l'étude de la différenciation spatiale. Pour Hartshorne, le grand projet de la géographie revenait à identifier la différenciation des régions de la Terre, l'hypothèse étant qu'il est possible d'identifier des variations flagrantes d'une région à l'autre, qui matérialisent réellement la division spatiale de la surface du globe. Il ne supposait pas que de telles régions fussent comparables aux divisions administratives et politiques, même si cela a pu être le cas ; il insistait plutôt sur l'objectif consistant à examiner les variations dans (et les covariations entre) les différentes « aires » réelles – qu'elles soient physiques, économiques ou politiques – dans la quête d'unités et de frontières régionales que seul le chercheur est capable de discerner (voir aussi Jones III, 1995). Il croyait que « l'intérêt de la géographie pour chacun des multiples traits qui contribuaient à la différenciation [spatiale] est proportionnel aux relations qu'ils entretiennent avec l'ensemble » (Hartshorne, 1939, 399) et il s'attendait à ce que certaines catégories de phénomènes soient plus décisifs que d'autres dans la discrimination régionale. Une emprise environnementaliste pesait encore sur ses travaux puisque « les différences marquées dans l'environnement naturel des régions du monde et leur dépendance par rapport aux traits culturels majeurs de l'environnement physique » (*Ibid.*) signifiaient que les phénomènes physiques – et donc la géographie physique – étaient en général considérés comme les principaux marqueurs du caractère distinctif régional.

Les phénomènes économiques et (dans une moindre mesure) politiques, donc la géographie économique et politique, étaient aussi considérés comme des sources importantes de différenciation spatiale. Or on observe un glissement sensible dans le raisonnement lorsqu'il aborda les phénomènes sociaux et la contribution possible de la géographie sociale (ou, comme il l'appelait la « géographie sociologique ») :

> « *Si l'on considère le champ théoriquement possible de la géographie sociologique du point de vue que nous avons adopté, on peut douter que la poursuite d'investigations dans ce domaine puisse contribuer de façon déterminante à la géographie. Dans les régions primitives* [sic] *du monde, on pourrait étudier la géographie du vêtement et de l'outil, ou encore des us et*

coutumes, ainsi que des religions. Pour les principales régions [sic] *cependant, de telles études présenteraient peu d'intérêt géographique. Les hommes portent des chapeaux à Chicago, ce qui fait que leurs oreilles gèlent parce que les hivers ne sont pas froids à Londres.* »

(Hartshorne, 1939, pp. 404-405).

Cette dernière remarque souligne que la population de Chicago pouvait acheter des chapeaux fabriqués à Londres, ou des chapeaux imitant la mode londonienne, tout en observant que ces chapeaux n'étaient pas adaptés aux hivers rigoureux de Chicago : l'argument général étant que ces chapeaux – et par extension les autres phénomènes « sociologiques » – sont fondamentalement universels, qu'ils ne présentaient pas une relation nécessaire suffisante avec une partie du monde et sont donc presque inutiles comme indicateurs des différences « réelles » entre les régions. En dépit de la référence terriblement séduisante à de telles choses immatérielles comme les attitudes, les coutumes et les religions, on a l'impression que Hartshorne cherchait des choses plus matérielles (ayant une certaine corporéité) qu'il pouvait qualifier de « sociales » et dont il pouvait étudier la contribution à la différenciation spatiale. Comme on pouvait s'y attendre, une fois le social cristallisé autour de phénomènes comme celui des chapeaux, sa « géographie sociologique » devenait un exercice trivial qui contribuait peu à l'effort plus global de la géographie. Tout comme Hoke, Barrows et d'autres, il ne voulait pas surévaluer des phénomènes immatériels, insaisissables dans une économie sensible (cf. Jones III, 1995), et, ici, des liens trop forts s'établissaient entre une compréhension figée de la géographie et des conceptions étroites du social et de la géographie sociale.

Il y eut pourtant une tentative de développement d'une géographie sociale régionale plus étoffée, suivant la différenciation spatiale de Hartshorne, et on la doit à J. Wreford Watson (1951), un géographe écossais qui travailla quelque temps au Canada. Wreford Watson (1951, p. 482) partit de l'hypothèse résolument hartshornienne selon laquelle « les choses véritablement importantes [...] ne sont pas les phénomènes en soi, ni les interactions qu'ils développaient, mais la façon dont ils confèrent un caractère distinctif aux régions où ils se déploient ». Là où il se distinguait de Hartshorne, c'est en considérant que toutes sortes de phénomènes, matériels et immatériels, pouvaient conférer aux régions leur caractère distinctif :

« *[…] il est impossible de s'en tenir au concret. Le facteur humain ne se réduit pas à ce qui est fait par l'homme. Il inclut les idéologies au même titre que les techniques. Et, bien souvent, c'est la force* immatérielle *qui est l'élément vraiment important dans la géographie d'une région, qui lui donne ce caractère distinctif, et la différencie des autres.* »

(*Ibid.*, p . 468 ; nous soulignons).

En dépassant la peur virtuelle de l'immatériel, qui affectait les autres géographes de l'époque – certainement des géographes anglo-américains –, Wreford Watson lançait un appel aux géographes « capables de traiter des facteurs sociaux immatériels sur la scène géographique » (*Ibid.*, p. 469) et en débouchant ainsi aussitôt sur l'examen de tout un panorama de phénomènes sociaux qui, loin d'être immédiatement tangibles, avaient laissé d'autres chercheurs tellement silencieux. Partant d'une définition initiale de la géographie sociale comme « l'identification de différentes régions de la surface terrestre en fonction des associations entre les phénomènes sociaux et tout l'environnement » (*ibid.*, p. 482), il déclarait :

« *La géographie sociale, comme son nom l'indique, se limitera aux configurations sociales, c'est-à-dire à celles que forment des groupes constitués ; aux distributions de la population du peuplement des institutions et des organisations sociales. […] Aucune n'est évidente a priori. Elles ne s'expriment pas toutes par des matérialisations dans le paysage. Cependant ce sont les maisons, les granges, les usines, les villages, les villes, les communications qui sont d'abord notées. Il est peut-être possible ensuite de recueillir des données statistiques sur la population, les ethnies, les langues et les religions et de les intégrer. Pour finir, l'étude des groupes sociaux et de leurs activités est réalisée puis incorporée à l'ensemble.* »

(*Ibid.*, p. 481).

Cet extrait traduisait la conviction qu'a l'auteur d'un dialogue possible entre géographes et sociologues, parce qu'il existait « une bonne raison de mettre sur un pied d'égalité la géographie sociale et les aspects sociologiques de la géographie » (*Ibid.*, p. 484), et de bonnes dispositions pour prendre en considération les éléments fondamentaux de l'analyse sociologique comme « les groupes sociaux (résidentiels, de travail, de jeu et de culte) ainsi que les institutions sociales et leur fonctionnement » (*Ibid.*).

Wreford Watson a mis en pratique ces notions en reconstruisant ce qu'il appelait « la géographie sociale d'une ville » appliquée à Hamilton (Ontario). Il a cherché à identifier des « régions sociales » d'Hamilton, réalisant une géographie régionale à l'échelle intra-urbaine en affirmant que la ville était constituée de « configurations de structures spatiales changeantes et d'interactions mouvantes entre les groupes » (*ibid.*, pp. 488-489). Il commença à ordonner la manière dont ces structures et ces interactions créaient une ville, subdivisée en un ensemble de localités (de « régions sociales ») associées à différents groupes sociaux présents dans la hiérarchie de la société d'Hamilton, et l'on peut même dire qu'il a proposé un traitement socio-géographique des classes (voir plus bas) bien qu'il livrât des classes des catégories descriptives telles que « classe ouvrière stable » plutôt que de recourir à des termes plus analytiques (postérieurs à Marx). Honnêtement, il est impossible de *voir* les classes, même si l'on peut inférer leurs effets dans le paysage sensible, or Wreford Watson ne doutait pas que la classe – à l'instar des autres fondements des groupes sociaux, comme le caractère ethnique – se trouvait derrière la multiplicité des différences régionales d'Hamilton. De surcroît, son étude parlait de « contrastes sociaux » ; il considérait le paradoxe selon lequel le centre-ville possédait de nombreux clubs, logements, églises et des équipements culturels, fréquentés par des gens aisés de banlieue, mais pas par les plus pauvres, souvent des familles immigrées qui pouvaient habiter juste à côté. Cela l'a amené à écrire, à propos de ces équipements, qu'ils étaient « socialement éloignés de ceux qui étaient géographiquement proches, mais socialement près de ceux qui étaient géographiquement éloignés » (*ibid.*, p. 487), et il a construit un diagramme pour illustrer cet enchevêtrement spatial paradoxal entre la richesse et la « respectabilité » d'un côté, et la pauvreté et le « dénuement » de l'autre. Si on prend en compte des dimensions plus subjectives de l'esprit des habitants pauvres du centre-ville d'Hamilton, qui avaient édifié un « Himalaya social » qui les séparait des équipements spatialement proches – « la "distance sociale" modifie la distance géographique » (*ibid.*) –, la démarche présente nombre de parallèles avec des travaux plus récents de géographie sociale qui abordent à la fois les bases « objectives » du handicap dans la ville et les expériences « subjectives » des gens qui l'affrontent (voir plus bas).

Des préoccupations similaires – la différenciation régionale économique et sociale, les relations entre la géographie et la sociologie – étaient au cœur de la géographie francophone au milieu du XXe siècle. L'intérêt pour les villes et la prise en compte des régions économiques au cours des dernières années de la vie de Vidal (il mourut en 1918) rompaient avec une orthodoxie strictement environnementaliste et ouvraient, même timidement, sur une géographie manifestement plus sociale. Cette ouverture a fini par être complètement exploitée après 1945, dans le cadre de la reconstruction de l'après-guerre, des succès électoraux de la gauche et de l'influence grandissante du marxisme chez les intellectuels français. C'est de cette époque que date l'utilisation de nouveaux termes pour définir le « social » : « organisation » et « structure » firent leur apparition dans le vocabulaire de géographes comme Pierre George ou Abel Chatelain, avec des connotations nouvelles, montrant que la société possédait une « épaisseur » conceptuelle qu'elle n'avait pas dans la géographie vidalienne classique. Le social tendit à devenir une entité articulée et à produire activement de nouvelles géographies ; ce n'était donc plus une simple « chose » supposant une transparence continue entre le *milieu* et l'individu. George fut une figure centrale, pour avoir notamment introduit les catégories marxiennes d'analyse en géographie, introduction qui fut réalisée bien plus tard dans la géographie anglo-saxonne (voir infra). Déjà, dans sa *Géographie économique et sociale de la France* publiée en 1938, il utilisait les termes de « prolétariat industriel » et d'« exploitation capitaliste » (Frémont *et al.*, 1984) et, chez lui, l'inégalité – la différenciation sociale des genres de vie – revêtait un rôle primordial. De plus, c'est une question qu'il considéra comme essentiellement économique – « nulle part le social ne peut être séparé de l'économie » (George, 1946, p. 6) – et l'on est donc en droit d'affirmer qu'il plaçait l'économisme marxien au-dessus de l'environnementalisme vidalien. Comme il s'agissait probablement du premier ouvrage français traitant explicitement et exclusivement de géographie sociale, George (*ibid.*) a proposé une classification du monde en régions sociales, classification fondée sur les différents modes de production. Il a identifié les régions où les « sociétés rurales traditionnelles » dominent (le cas le plus fréquent), les régions correspondant aux « sociétés complexes » d'Europe (qu'elles soient urbaines ou rurales), et les régions des « sociétés du futur » (les États-Unis, la Russie, le Japon). Chaque région se caractérisait par une structure sociale (*ibid.*, p. 45) et un processus social (notamment l'urbanisation et l'industrialisation). Selon cette formulation, la géographie sociale devint une description de la mosaïque constituée par la structure sociale, et les données sur la production industrielle, la densité de population, les tonnes d'engrais dans l'agriculture d'une région, etc., devinrent partie intégrante dans le discours de la discipline. La surface de la terre était donc vue non plus comme un seul produit naturel, mais comme un produit social. Ces adjonctions au paradigme classique, en termes de mesure et de quantification firent de la géographie française une discipline plus « utile », au moins potentiellement, et cette évolution préparait le terrain pour des connexions entre la géographie et l'aménagement en France dans les années 1960 (voir plus bas).

C'est en cela que la contribution de George à l'analyse du fait social en géographie est capitale ; cependant, en dépit de sa terminologie nouvelle, parlant de structure et d'organisation, et de quelques de formulations générales – « la société est la forme d'organisation humaine pour exploiter des ressources » (George, 1946, p. 4) – il reste difficile, bien des années plus tard, d'apprécier ce qui, pour lui, se cachait dans la « boîte noire » de la société. George a certainement été davantage influencé par l'économisme de Marx que par son humanisme, et ses représentations sociales comme l'« idéologie » par exemple (une importante catégorie marxienne) n'étaient jamais évoquées. C'est sans doute pourquoi un autre géographe de la même époque, Chatelain (1946), a plaidé, dans un commentaire qu'il faisait de l'ouvrage de George, pour une géographie sociale plus complexe reposant sur deux piliers : une géographie de classe et une géographie de la vie sociale. Relevant l'absence d'une géographie sociale sérieuse de la ville de Paris, et se demandant « quand aurons-nous une géographie sociale sérieuse de la bourgeoisie française ? », Chatelain exhortait les géographes de multiplier les travaux empiriques (« les grandes synthèses peuvent attendre ») (*Ibid.*, p. 270). À l'exception de ses propres recherches et de travaux occasionnels réalisés par d'autres, comme la thèse d'Étienne Juillard sur l'évolution et la crise de la vie rurale en Alsace (Juillard 1953), l'appel de Chatelain resta pratiquement sans réponse. Une des raisons à ce silence, dans les années de l'immédiat après-guerre, venait de ce que les frontières entre la sociologie et la géographie, telles qu'elles avaient été tracées par Vidal, Fèbvre et Durkheim, demeuraient hermétiques et hégémoniques, comme l'ont montré les discussions sur ces relations entre la sociologie et la géographie dans les années 1950 et 1960. Max Sorre en 1957 et George en 1966 y ont consacré des ouvrages, mais ils se plaçaient dans une définition régionaliste et environnementaliste large, où l'on attendait des géographes qu'ils développent des synthèses d'entités régionales tandis que les sociologues étaient supposés faire des analyses approfondies sur « la nature et l'origine des phénomènes sociaux » (Sorre, 1957, p. 8). George (1966, p. 8) ajoutait à cette distinction une dimension méthodologique : la géographie qui s'intéresse à ce qui est visible et tangible (à la fois *contre* Brunhes et Wreford Watson) devrait utiliser des méthodes quantitatives et empiriques, tandis que la sociologie, qui n'a pas les mêmes contraintes, pourrait être plus spéculative et donc recourir à des méthodes qualitatives. En d'autres termes, ni Sorre ni George ne remettent fondamentalement en cause l'ancienne séparation de Fèbvre.

Il n'est sans doute pas neutre qu'il revînt à une géographe, Renée Rochefort, de briser cette orthodoxie. Menant des travaux pour sa thèse de doctorat en Sicile à la fin des années 1950, elle finit par considérer intenable la séparation entre les phénomènes sociaux et physiques. Comme elle l'explique dans un passage souvent cité :

> « *J'ai compris que l'irrigation, un progrès technique incontestable, un élément remarquable pour le bon fonctionnement des paysages géographiques, était, pour cette raison même, un moyen de chantage, de menace, de l'exploitation de l'homme par l'homme. Il était impossible par exemple de pénétrer, sans même essayer de comprendre pourquoi, dans un labyrinthe de lois et de réseaux de forces sociales.* »
>
> (Rochefort, 1963, p. 21).

Choisir « le travail » comme thème de recherche en Sicile était en soi un indicateur des innovations introduites par Rochefort dans la discipline, dans la mesure où le travail était une catégorie abstraite, inhabituelle dans le cadre de la géographie française de l'époque. Englobant forcément le monde social et le monde naturel, le thème fédérait effectivement la notion traditionnelle de *genre de vie* et ce que l'auteure appelait « les notions plus modernes [...] de classe, de catégorie sociale et de niveaux de vie » (Rochefort, 1961, p. 3). Autrement dit, le travail était une « notion transitionnelle » pour Rochefort. Il contribuait à attirer l'attention sur des problèmes sociaux centraux : « nous en savons davantage sur l'exportation des noisettes siciliennes vers la Suède que sur le chômage [sur l'île] » (*ibid.*, p. 5), observait-elle. La notion de travail a permis de sortir la géographie du paradigme vidalien et elle donnait un objectif explicite : « garder la géographie vivante et éviter qu'elle se transforme en un catalogue de réflexions contemplatives, un classeur cartographique que le non-spécialiste désire parfois, trop rapidement peut-être, oublier » (*ibid.*, p. 2). Pour cette raison, et contrairement à ce que Sorre et George écrivaient à la même époque, il était indispensable de pénétrer la genèse même des choses. Bien que Rochefort n'attaquât pas directement la géographie française classique, un tenant vidalien pouvait voir, dès l'introduction à son travail, un catalogue de blasphèmes : les hommes, et non pas l'espace, devaient être au centre de la géographie; la géographie devait être prédictive et non pas seulement descriptive; elle accordait de l'importance à l'existence de zones d'interférence entre les disciplines et dans l'hétérogénéité des espaces du monde réel. Cela dit, elle récupérait certains des aspects les plus intéressants de l'école française lorsque, par exemple, elle insistait sur l'importance des *mentalités*, contrairement à George, et sur la nécessité de collaborer avec les ethnologues et les anthropologues. Elle se référait à la littérature (Pirandello et Tommaso di Lampedusa), soulignait l'importance du travail de terrain et désirait exprimer à travers son texte l'humeur du « cantonnier de Vulcano en hiver, qui s'ennuie à mourir sur son île désertique » (*ibid.*, p. 6). Malgré toutes ces innovations, Rochefort a été encore un faux départ pour la géographie sociale française : sa voix est restée solitaire. Son engagement en faveur des questions de vie quotidienne, d'injustice, de pauvreté, et de ce que les gens pensaient de ces difficultés explique sans doute pourquoi les autres géographes se sentirent incapables d'intégrer les innovations qu'elle proposait dans leur propre recherche. Plutôt empiriste engagée et subtile que théoricienne, elle n'a pas créé d'école de pensée avec des disciples, et le fait qu'il s'agissait d'une femme a certainement joué, compte tenu du poids de la masculinité dans la discipline, en France comme ailleurs.

Le travail ethnographique de terrain comme celui qu'encourageait Rochefort a continué à être très marginal et il le demeure aujourd'hui dans les pays francophones. Il était bien pratiqué jusqu'à un certain point dans les années 1940 et 1960 par ce qu'on appelait « l'école tropicale » puisque, pour le chef de file de cette école, Pierre Gourou (1971 ; 1973), le travail de terrain était nécessaire pour empêcher que la géographie ne se réduise aux régions naturelles et aux paysages sensibles : « la civilisation n'est pas dans le paysage », mais elle agit sur lui et peut donc être directement étudiée (Gourou, 1971, p. 107 ; voir aussi Gallais, 1976). Quoique souvent négligée, une autre contribution de l'école tropicale à la géographie sociale est l'importance toute particulière accordée à la technique (thème auquel Gourou consacra son enseignement au Collège de France en 1968-1969). Non seulement il explorait une médiation majeure entre la société et l'espace, par l'importance accordée à la technique, mais il refusait aussi de séparer les dimensions matérielles de la technique (les artefacts) de ses dimensions culturelles (les institutions, les statistiques). Même si, là encore, cela restait une géographie exotique (à tous les sens du terme) pour les géographes classiques.

L'une des raisons de l'isolement de Rochefort et du caractère marginal de l'école tropicale venait probablement de l'existence en France d'un contrat tacite entre les géographes et l'État : les géographes s'étaient vu attribuer une position solide dans le système éducatif (la discipline était présente tout au long des douze années d'enseignement primaire et secondaire de l'éducation publique) en contrepartie de leur engagement à ne pas aborder de points théoriques abstraits ni de questions sociales sensibles (Lévy, 1999, p. 9). Ce contrat entre l'État français et les géographes revêtit une forme légèrement différente pendant les années 1960, compte tenu de la place grandissante de la géographie appliquée à côté de l'enseignement. Au cours de cette période, l'aménagement régional (l'aménagement du territoire) a offert aux géographes de nouvelles opportunités d'emploi et de contrats, et la géographie appliquée a connu un développement spectaculaire, notamment sur les questions urbaines. Vu les « besoins » de l'État, les géographes finirent donc par être non seulement des acteurs clés en réalisant une description culturaliste de la « personnalité de la France » (Vidal, 1903), mais aussi, à la faveur de développements amorcés un peu sans le savoir par le géographe marxien George, en contribuant utilement à la recherche de stratégies d'aménagement économiques et physiques. Ce nouveau lien entre la communauté des géographes et l'État n'a pas davantage encouragé la recherche critique que le lien antérieur, même si les géographes au cours des années 1960 – qui commençaient à travailler comme des spécialistes de l'espace – se sont mis à faire des recherches sur des questions sociales importantes comme les sans-abri, la pauvreté et les effets de l'immigration, bien plus que leurs prédécesseurs.

Le social en tant que « géométrie des solides » : les géographies sociales spatiales

La définition de la géographie sociale, aux accents très modernes, que donne Hoke « l'étude de la distribution dans l'espace des phénomènes sociaux » (Hoke, 1907, p. 64) a ouvert la voie à l'essor d'une géographie sociale fondée sur la science spatiale, à partir des années 1950 jusqu'aux années 1970. Ce fut la période pendant laquelle la géographie régionale subit de sérieuses attaques et où la thèse « exceptionnaliste » d'Hartshorne, qui faisait de la géographie (et aussi de l'histoire) une discipline idiographique des différences (spatiales) a été sérieusement mise à mal par ceux qui (tels Burton, 1963 ; Haggett, 1965 ; Harvey, 1969 ; Schaefer, 1953) voulaient ramener la géographie dans le giron des sciences « nomothétiques », qui ont pour objectif de découvrir et d'appliquer des lois supposées générales. Ce fut une transition qui a vu l'établissement de liens entre la géographie et des courants de pensée plus vastes tant dans les sciences naturelles que sociales, tout en ouvrant la discipline à une variété de formes d'explication positivistes et fonctionnalistes qui n'avaient jusqu'alors bénéficié que d'une présence cachée dans la discipline.

Ce fut un moment de l'histoire de la discipline qui a certainement marqué la géographie sociale, et l'on pourrait dire que les géographies sociales régionales ont été éclipsées par des géographies sociales spatiales, dont le principal objectif consistait à organiser les distributions spatiales des phénomènes sociaux afin d'établir les lois fondamentales, (ou au moins les régularités et les tendances) sous-tendant la « géométrie » de ces distributions. Cet exercice pouvait se cantonner à spécifier des lois spatiales apparemment fondamentales comme la tendance qu'a un phénomène particulier à la concentration ou à la dispersion ; il était possible d'essayer de mettre en relation une distribution spatiale (comme les épidémies de tuberculose) avec une autre (par exemple l'insalubrité des logements), en inférant peut-être une relation causale à travers laquelle un phénomène particulier détermine l'autre (et ses configurations) ; on pouvait s'interroger sur les mécanismes à l'œuvre dans de telles relations causales, et sur le caractère licite de la mobilisation de notions plus sociologiques concernant les éléments imbriqués du social (par exemple la maladie, la pauvreté, le logement) ; ou bien, on pouvait même faire allusion à l'action de forces et de processus encore plus profonds, jusqu'à recourir à des notions sociales plus théoriques concernant la société, ses systèmes et ses structure et son articulation avec l'économie, la politique et la culture. Diverses conceptions du social commencèrent à pénétrer les géographies sociales spatiales, mais, en pratique, peu d'études allèrent au-delà des deux premières étapes rappelées ici et elles laissèrent donc largement implicite leur compréhension du social (et ses emprunts à la sociologie et à la théorie sociale). Selon Gregory (1982), l'analyse spatiale du social s'est souvent cantonnée à la description d'une « géométrie des solides » énonçant les lois supposées autonomes de l'espace. Le social était pour ces géographes une forme solidifiée et non pas un processus en constante évolution. Comme l'a observé Gunnar Olsson (1980), le problème que pose l'hypothèse de la « séparabilité » de la société et de l'espace venait de ce que différents processus peuvent engendrer la même forme, et, en conséquence, une telle analyse éclaire peu sur la dynamique sous-jacente des géographies sociales.

Un certain nombre d'études spécifiques pourraient illustrer les géographies sociales spatiales, comme l'importante recherche de Frederick Boal sur la territorialité des groupes confessionnels de part et d'autre de la frontière Shankhill-Falls à Belfast, en Irlande du Nord (voir Boal, 1969), mais le corpus le plus représentatif était ce que Ceri Peach (1975a) a appelé la « sociologie spatiale », qui s'était fixé l'objectif de détecter, d'énumérer et tirer des conclusions à partir de configurations spatiales des quartiers résidentiels, associées aux différents groupes « ethniques » dans la ville. Prenons deux études au hasard : la reconstitution des géographies « ethniques » du quartier de Globesville à Denver par D. Doeppers (1967) retraçant les diverses structures résidentielles à différentes époques, en tenant compte de la variété des immigrants européens et de leurs descendants, et la reconstitution que l'on doit à John Western (1973) de la vie confinée des Cajuns français dans la ville d'Houma en Louisiane, et qui explorait à la fois les structures résidentielles statiques et les réseaux d'activité plus dynamiques. Dans son travail sur Cap Town, il a su mettre en relation la morphologie urbaine et la ségrégation éthnique (Western, 1996). Ces deux études montraient que la recherche géographique sur le caractère ethnique ne devait pas se centrer uniquement sur des groupes de population ayant la peau « plus sombre » – il était trop souvent admis que les Noirs notamment présentaient un caractère ethnique, contrairement aux Blancs –, mais il est vrai que nombre d'études réalisées dans cette veine ont mis en lumière les « problèmes » du « ghetto noir », aux États-Unis le plus souvent, mais pas seulement, et ont accordé une attention particulière à la polarisation évidente exprimée spatialement des « Noirs » et des « Blancs » (voir Morrill, 1965). Doeppers et Western ont aussi fait preuve d'une sensibilité pour les questions de culture et de politique locale, pratiquement absentes des versions les plus extrêmes de la sociologie spatiale, telles celles qui s'entêtèrent à recourir aux « indices de ségrégation » statistiques pour mesurer la (dis)similarité spatiale dans les distributions résidentielles des différents groupes ethniques (voir notamment de nombreux chapitres de Peach, 1975b; Peach, Robinson et Smith, 1981). Comme l'a rapporté Peter Jackson, dans ce courant, le travail consistait à « décrire les configurations spatiales de la concentration de la minorité, en tentant de les expliquer en termes de « choix » et de « contraintes », supposant ainsi l'équilibre entre des forces poussant les groupes à être ségrégés (la pauvreté, les marchés du logement, la discrimination) et des décisions prises consciemment par les groupes à rechercher la ségrégation (pour préserver leur identité, leur religion, leur langue, voire leur sécurité). Il continuait en disant que ces travaux « pos[ai]ent peu de questions sur la signification ou l'importance de la ségrégation » et qu'on pouvait même avancer qu'ils péchaient par un « empirisme étroit » au mieux, et par un « apologue socioculturel » en faveur de la ségrégation au pire. Ces études présentaient l'avantage d'ouvrir la réalité des questions sociales abordées dans le cadre de la géographie – sensibilisant les géographes aux différents groupes sociaux constituant la société, à leurs interrelations socio-spatiales et, par conséquent, à leur imbrication dans une politique spatialisée de l'identité –, mais leur tentative ne permit pas d'aller suffisamment loin pour aborder les sens plus profonds du social, pour avoir une réflexion plus poussée sur le caractère ethnique et les races (sans même parler de classe et de genre) et sur leur constitution dans et à travers l'espace (cf. S. J. Smith, 1989). Les goûts de Ceri Peach (voir 1996 ; 1999) l'ont conduit à produire une sociologie spatiale de grande qualité, incluant des éléments qui atténuent quelque peu la prise des critiques immédiates que l'on vient de souligner. Cependant ces géographies sociales spatiales – sous leur forme originale – devraient sans doute être traitées avec précaution.

Le point important ici était la dette que les chercheurs en géographie sociale spatiale avait contractée envers les sociologues des années 1920 et 1930 de l'école de Chicago, dont les recherches sur la société et les espaces du Chicago du début du XXe siècle avaient donné un modèle possible de ce que les géographes qui vinrent ultérieurement cherchaient à réaliser. (Il conviendrait de mentionner aussi que ce fut en géographie urbaine que l'influence de l'école de Chicago a été la plus patente et la plus reconnue). Suggérer, à l'instar de Robert Park, que les relations sociales (« les distances sociales ») pouvaient être lues dans les structures spatiales (« les distances physiques ») – comme Jackson et Smith (1984, pp. 66-86) en débattent – a été considéré comme un axiome fondamental par ces géographes, puisque les célèbres cartes de E. W. Burgess (1924) représentant des « anneaux concentriques » (des classes) et des « secteurs » (le caractère ethnique) dans Chicago ont servi de matière première aux manuels de géographie sociale. Les propres dires de Burgess sur la façon dont ces distributions urbaines reflètent les lois sous-jacentes de l'organisation (désorganisation) sociale dans une métropole en croissance rapide sont rarement cités de nos jours, ce qui nous amène à formuler un argument important relatif à la partialité des spécialistes de la géographie sociale spatiale qui ont fait des emprunts à l'école de Chicago. Il saute aux yeux qu'ils se sont inspirés des traitements statistiques et des techniques cartographiques de l'« écologie humaine » de Chicago et qu'ils développèrent toute une série d'outils de cartographie statistique, comme cela apparaît dans la célèbre « analyse spatiale sociale » de Los Angeles de E. Shevky et W. Bell, pour réaliser des « écologies factorielles » sur de gigantesques tableaux de données sociales urbaines (voir Carter, 1976, chap. 9 et 11; Herbert, 1972, chap. 6). Les résultats obtenus ont mis en évidence des dimensions potentiellement intéressantes de la géographie sociale de la ville, dévoilant des « structures » plus profondes dans les données numériques qui peuvent, sans doute, nous fournir des informations sur certaines régularités que révèlent les phénomènes sociaux, voire selon quelles lois ils s'interconnectent dans l'espace urbain. Pourtant, de tels exercices s'apparentent davantage à des descriptions avec force détails, à des tentatives de classification – qu'appelons-nous les « facteurs » ou les « composantes »? – plutôt qu'à une élaboration théorique (Carter, 1976, p. 271) et la nature souvent incertaine de la « magie » statistique utilisée voulait dire que beaucoup se montraient sceptiques face aux régularités et aux interrelations mises au jour.

De surcroît, ces exercices perdaient de vue les repères théoriques qui avaient stimulé les sociologues de Chicago, abandonnant ainsi les veines d'une pensée féconde qui avait permis à des Burgess, Park et à beaucoup d'autres moins célèbres de réfléchir à la fois sur l'économie politique de la société urbaine et sur les dimension de la vie quotidienne (une revendication centrale chez Jackson et Smith, 1984, chap. 4; voir aussi infra). Les géographes n'ont pas réussi à saisir la variété des idées concernant le social qui *avaient* passionné Burgess *et al.* Et la seule chose peut-être que les géographes ont retenue des sociologues était le concept simpliste selon lequel la vie sociale de la ville était régulée par des principes semblables à ceux qui régissaient la dynamique des distributions (colonisations, successions) des communautés végétales et animales. Ils ne retinrent que les affirmations les plus étroitement « écologiques », et leurs propres moments théoriques tendaient plutôt à s'attacher aux « forces écologiques *infra*-sociales de la compétition » (Carter, 1976, p. 175 et aussi pp. 189-190 : nous soulignons) qu'à explorer les forces *sociales* plus évidentes et combien plus importantes (pour des recensions voir Grafmeyer et Joseph, 1979 et Chapoulie, 2001). Il existait un risque supplémentaire pour ces géographes comme pour les chercheurs en sciences sociales :

> « *[...] (ils) transformaient la vie urbaine en un destin naturaliste immuable dans lequel étaient engagés les êtres humains, un peu comme les planètes sont entraînées mécaniquement dans leur mouvement autour du Soleil. Ainsi, la pauvreté urbaine, les bidonvilles et la ségrégation sociale n'étaient pas considérés comme des phénomènes* socialement imposés *(et donc susceptibles de réversibilité), mais comme l'expression inéluctable de l'environnement qu'engendre la métropole elle-même.* »
>
> (Scott 1980, p. 71 : nous soulignons).

On peut se risquer à affirmer qu'il y avait une sorte de répugnance persistante à s'attaquer aux relations immatérielles qui unissaient et déchiraient le monde social, comme les classes, le pouvoir, les races et les préjugés, et que l'on préférait « matérialiser » ce monde sous des formes plus gérables, moins menaçantes, des formes comme des statistiques et des cartes ou encore considérer la ville comme une mosaïque écologique semblable à celle du règne végétal ou animal au sein d'une forêt. Ainsi, en dépit des avancées précédemment relevées, les versions de la géographie sociale qui avaient cours à cette époque continuaient à assimiler une acception très étroite du social.

Les géographes francophones ainsi que les Allemands et les autres Européens embrassèrent plus tardivement et avec moins d'enthousiasme l'analyse spatiale que ne le firent les universitaires anglo-américains et scandinaves. L'hégémonie de l'école classique, le fait que l'analyse spatiale ne s'est véritablement développée qu'au cours des années 1970, mais aussi l'intérêt que de nombreux acteurs de cette réforme mirent dans la philosophie et l'épistémologie expliquent pourquoi les géographes français se montrèrent circonspects sur le potentiel de ce qu'on a appelé la « nouvelle géographie ». Comme il arrive souvent, cette évolution s'est accompagnée de la création d'une nouvelle revue L'*Espace géographique* en 1972. Marquant sa différence par rapport à la géographie de Vidal (un « esprit » ou un « pli de l'intelligence »), l'éditorial du premier numéro affirmait que la géographie était « un champ scientifique bien défini et non pas un art de décrire ou une manière de voir » (*Espace géographique*, p. 6). Dans la géographie sociale française, l'écologie factorielle devint alors un important instrument « à la mode » pour étudier la différenciation socio-spatiale ; la thèse de Jean-Bernard Racine (1973) sur Montréal a été l'une des plus ambitieuses contributions de cette première tentative pour écrire des géographies spatiales du social. Son analyse mettait en évidence la structure des relations entre les variables sociales et physiques qui caractérisaient les banlieues de Montréal, et elle annonçait une série de géographies sociales de la ville, dans les pays francophones, qui allaient s'attacher aux structures intra-urbaines. Ces contributions ont mis au jour des différenciations subtiles entre les *milieux* urbains, après une longue période de recherches régionales dans lesquelles les relations (externes) entre les villes avaient été privilégiées. Au milieu des années 1980, avec le géographe genevois Claude Raffestin, Racine a développé une critique acerbe de ces géographies sociales spatiales, affirmant que l'analyse spatiale avait souvent pris au pied de la lettre les catégories du recensement officiel : « un "social" construit par le pouvoir » (Racine et Raffestin, 1983, p. 309).

En dépit de ces critiques, les analyses spatiales du social ont gagné en importance depuis les décennies 1960 et 1970, et, aujourd'hui encore, elle représentent une partie importante de la production géographique francophone. Des modèles de plus en plus sophistiqués, inspirés par la théorie des catastrophes de René Thom, par les « bifurcations » d'Ilya Prigogine et « les fractales » de Benoît Mandelbrot, ont été introduits dans une quête continue des principes de l'organisation spatiale sous-tendant le social. L'équipe PARIS (à Paris, « Pour l'avancement des recherches sur l'interaction spatiale ») autour de Denise Pumain et Thérèse Saint-Julien et la Maison de la géographie, créée à Montpellier par Roger Brunet, sont devenues au cours des années 1980 et 1990 les centres majeurs d'innovation théorique et de travail empirique minutieux (Brunet, 1990-1996 ; Pumain et Saint-Julien, 1978 ; Pumain, 1989), même si le premier a opté pour un point de vue quelque peu sectaire et dogmatique de la création de la connaissance en géographie. Ces évolutions, qui comprennent des modèles inspirés par la biologie et la physique contemporaines, ont enrichi une imagination qui, antérieurement, s'inspirait surtout de la géométrie : ils ont rendu le social plus fluide, traitable et transformable (voir ce que dit Doreen Massey [1992 ; 1999] sur les évolutions dans la géographie anglo-américaine). Cependant, cette façon d'aborder la géographie sociale a perpétué la naturalisation du social, en manifestant de la réticence à prendre en compte des caractéristiques « subjectives » humaines, complexes. En conséquence, le social est demeuré comme une sorte de « boîte noire », ce qui explique que les géographies spatiales du social restent encore la cible des critiques de géographes plus intéressés par les nombreuses facettes de caractère immatériel du social.

Les géographies sociales immatérielles : les années 1970, 1980 et au-delà

Depuis les années 1970 et la décennie 1980, la géographie sociale a produit des « géographies sociales immatérielles », lesquelles se sont intéressées aux structures de l'inégalité, aux expériences vécues et aux intersections entre agence et structure, rapportées à des phénomènes sociaux bien plus vastes qu'auparavant. Les géographes concernés ont considérablement élargi leur perception du social, en s'attachant aux relations internes de la société, aux subjectivités des groupes sociaux et aux connexions qui existaient entre les deux et, à chaque fois, aux implications dans l'espace. Ces changements se sont produits dans la géographie américaine surtout, alors que la géographie européenne continentale connaissait indépendamment d'importantes adaptations, réflexions et inventions. En Italie, en France et en Suisse, notamment, plusieurs groupes de géographes ont entamé des travaux sur la perception, puis sur les représentations de l'espace. L'« espace vécu » (Frémont, 1976), le monde « caché » de la vie quotidienne, comme l'ont théorisé Henri Lefebvre (1974) et Michel de Certeau (1984), sont devenus des préoccupations majeures comme nous allons bientôt l'aborder (voir aussi Bertrand, 1978).

Le social comme structure et différence à la fois : les géographies sociales radicales

Vers la fin des années 1960, un certain nombre de géographes donnèrent de plus en plus de la voix pour critiquer les échecs de la science spatiale pour traiter les questions de l'inégalité sociale et de l'injustice sociale, dénonçant l'accent mis sur des objets matériels (que l'on peut facilement identifier, compter, mesurer, mettre en graphique, et cartographier) et les réticences à prendre en compte les relations, les pouvoirs et les structures de nature immatérielle, etc. Il y avait un désir de rendre la discipline socialement plus consciente et plus pertinente. Un signe de cette évolution était l'atmosphère qui régnait à la rencontre annuelle de l'Association des géographes américains de Boston en 1971, lorsque les géographes professionnels commencèrent à adopter *en masse* un programme prenant des accents davantage sociaux qu'auparavant. David Smith (1971; pp. 153 et 155), un géographe britannique présent à cette manifestation, a bien résumé cette évolution vers ce qu'il a appelé « une géographie "radicale" naissante » et une « révolution de la responsabilité sociale » embryonnaire, suggérant, par exemple, que les atlas des États-Unis complètent leurs cartes montrant la répartition des « dindes, des poulets et des porcs » par d'autres planches illustrant la diversité des « conditions sociales ». Les références récurrentes de Smith à la réalité *sociale* sont instructives, puisque son principal objectif qui reflète celui de beaucoup d'autres participants à la rencontre de Boston était de faire admettre une acception plus étendue du social dans l'ensemble de la géographie humaine.

> *«Quelle que soit la manière dont nous définissions la géographie […] il y a maintenant (et sans doute y a-t-il toujours eu) une justification logique pour étudier de nombreux phénomènes* sociaux *que, traditionnellement, nous avions coutume d'ignorer. Ils pourraient inclure la ségrégation raciale, la pauvreté, la faim, la mortalité infantile, la morbidité, la dépendance aux drogues, la maladie mentale, le suicide, la conception hors mariage, la déviance sexuelle, les services sociaux, les services de santé, la délinquance, la justice, les zones et régions défavorisées, etc. Nombre de ces phénomènes affichent une variabilité spatiale extrême et représentent des critères de différenciation spatiale plus forts que certains autres phénomènes physiques et économiques auxquels nous avons eu l'habitude d'attacher tellement d'importance. »*
>
> (Smith 1971, p. 156 : nous soulignons).

Dans la dernière partie de la citation, Smith se fait l'écho de la modification que Wreford Watson a apportée à Hartshorne, laissant entendre que les phénomènes sociaux immatériels, plus que les phénomènes physiques et économiques, pourraient être des indicateurs majeurs des différences entre les régions. En prenant en compte les composantes du social, Smith insufflait un élan considérable et l'on pourrait y voir le squelette de la nouvelle géographie humaine « socialisée », plaçant d'emblée la sous-discipline de la géographie *sociale* au cœur du projet d'ensemble de la géographie humaine.

À chaque phénomène social, cité par Smith, il est possible de faire correspondre des travaux ultérieurs de géographie sociale, qui ont analysé minutieusement ces phénomènes ; on pourrait aussi mentionner ses efforts remarquables pour créer une « géographie du bien-être » justifiant l'inégale géographie de ce qui est « bon » et de ce qui est « mauvais » dans la société, non seulement empiriquement, mais aussi théoriquement, en recourant à l'économie du bien-être (voir Smith, 1974 ; 1977 ; 1979 : cf. Smith, 1994a). Ce n'est pas un hasard si Smith est revenu ultérieurement sur les premières formulations de la géographie du bien-être :

> « *Dans la géographie du bien-être, la préoccupation initiale qui était de l'ordre de la description a maintenant cédé la place à une investigation, centrée davantage sur les processus, pour élucider* comment *apparaît l'inégalité. La formulation abstraite des problèmes de bien-être, fondée sur* l'économie néoclassique, *a révélé son incapacité à servir de base à une analyse explicative, tandis que d'autres courants comme* l'économie marxienne *sont devenus des sources d'inspiration utiles.* »
>
> (Smith, 1994b, p. 526).

Le fait que Smith reconnaisse un glissement vers le corpus de la théorie marxienne est significatif, parce que la principale manifestation de cette radicalisation de la géographie humaine, et plus spécifiquement de la géographie sociale, tient à l'introduction d'idées qui étaient à la fois explicitement marxistes et plus indirectement marxiennes (politico-économiques), capables d'expliquer comment les inégalités sociales (au moins au sein du capitalisme) s'impriment systématiquement dans les espaces de la société. Dans le monde de la géographie anglophone, cela équivaut à une redécouverte de ce que les géographes français comme George et Chatelain avaient déjà découvert plus de vingt ans auparavant. Finalement, les géographes s'emparèrent d'un ensemble de concepts – relatifs aux classes, à la lutte des classes, au capital et au travail, aux relations sociales capitalistes, à l'appropriation de la plus-value, etc. – qui élargissaient l'important programme social de Smith et offraient une possibilité de couper conceptuellement dans le cœur des rouages du social (indéfectiblement liés à l'économique et au politique).

Comme figure tutélaire, on peut citer David Harvey, un géographe britannique qui a enseigné en Amérique du Nord, et dont la biographie intellectuelle montre une rupture avec une première image de spatialiste (par exemple Harvey, 1969) pour se transformer en un géographe marxiste intransigeant affirmant des ambitions révolutionnaires tant aux plans intellectuel que politique. Nombre d'écrits insistent sur l'importance de la contribution de Harvey, et nous nous contenterons de souligner la portée qu'a eue son marxisme, la référence qu'il représentait, son intérêt pour des géographies sociales de l'oppression et des conflits. Dans un article révolutionnaire de 1972, que l'on peut considérer comme le coup d'envoi d'une géographie marxiste du monde développé dans la littérature anglophone, il déclarait :

> « *L'objectif immédiat n'est ni plus ni moins que la construction consciente d'un nouveau paradigme pour la pensée géographique* sociale *à travers une critique en profondeur de nos construits analytiques existants. […] Notre tâche consiste donc à mobiliser nos capacités de pensée pour formuler des concepts et des catégories, des théories et des arguments que nous pourrons appliquer au processus de transformation sociale pour l'humanité.* »
>
> (Harvey, 1972, pp. 10-11 : nous soulignons).

Sans doute Harvey a-t-il voulu dire que « géographie sociale » et « géographie humaine » étaient interchangeables dans cette phrase, reprenant ainsi cette interversion fréquente des qualificatifs que nous avons déjà notée. Il est vraisemblable que sa pensée ait été aussi directement influencée par l'attention particulière qu'il portait à la précarité des groupes sociaux marginalisés dans les villes occidentales (avec un intérêt sociogéographique spécifique). Dans l'article de 1972, il ne s'est pas contenté d'introduire le concept clé de plus-value tiré du vocabulaire marxiste, il a attaqué les explications écologiques de la « ghettoïsation » en se référant à la description de la pauvreté du centre-ville de Manchester dans les années 1840 qu'avait faite Engels. Reprenant les termes mêmes d'Engels, Harvey fait surgir sous nos yeux la géographie sociale de cette ville industrielle, rappelant comment les boutiques qui bordent les principales voies publiques « suffisent à cacher aux yeux des hommes et des femmes bien portants, ayant à la fois un bon estomac et des nerfs fragiles, la misère et la crasse qui formaient le pendant de leur richesse » (dans Harvey, 1972, p. 7). Comme l'illustre l'utilisation par Harvey de cette phrase de Engels, une théorisation marxiste du Manchester du XIXe siècle – valable pour n'importe quelle ville occidentale – devrait faire ressortir les relations « structurales », les relations sociales inégales, qui existent entre « richesse » et « misère », lesquelles sont sans doute endémiques dans une société capitaliste. Telle était la plate-forme choisie par Harvey pour sceller une alliance qu'il voulait toujours plus étroite entre géographie et marxisme, alliance qui débute avec son ouvrage *Social Justice and the City* (1973 : l'ouvrage inclut une version remaniée de l'article de 1972), qui se veut une charte pour la géographie sociale, sous la forme d'un appel aux armes destiné à l'ensemble de la géographie humaine et qui s'est poursuivi tout au long de ses ouvrages (Harvey, 1982 ; 1985a ; 1985b ; 1989 ; 1996), lesquels renvoient tous à un problème particulier de la géographie sociale des inégalités dans les villes ou les régions capitalistes.

Il serait aisé de citer de nombreux travaux marxistes ou marxiens en géographie sociale sur les classes, la pauvreté et l'oppression. Les tentatives de Richard Peet (1975) pour fonder une « théorie géographique marxiste » de la pauvreté pourraient en faire partie, tout comme l'examen minutieux de Neil Smith portait aux mouvements du capital, des classes, et à la production de l'embourgeoisement et des sans-abri à partir desquels « [une] nouvelle géographie sociale de la ville était en train de naître » (Smith, 1996, p. 29 : voir aussi Smith, 1979 ; 1982 ; 1987), ou encore les essais de Richard Harris (1984 ; 1989) pour mettre en « pratique » une « synthèse marxiste » sur l'étude des conditions, des politiques, des structures résidentielles des communautés et des quartiers urbains. Il faudrait aussi mentionner les divers apports aux géographies sociales radicales, issus des différentes déclinaisons du marxisme, de l'économie politique, de l'anarchisme ainsi que de la « géographie militante » de William Bunge dans les rues de Detroit et de Toronto ; mais peut-être est-il davantage justifié de mettre l'accent sur l'apport primordial qu'a représenté l'irruption d'approches féministes dans la géographie universitaire (et de noter la place accordée aux arguments féministes dans les évolutions de la discipline à travers tous les chapitres de l'ouvrage). Nous n'avons pas grand-chose à dire concernant l'enchevêtrement des théories et des politiques qui marquent l'émergence de la géographie féministe au début des années 1970 (voir McDowell, 1999; Rose, 1993), sauf à relever les efforts de quelqu'un comme Jacquie Tivers, dont l'article de 1978 « Comment vit l'autre moitié » constitue la première déclaration féministe où elle expose pourquoi les femmes *en tant que femmes* devaient être prises davantage au sérieux qu'elles ne l'avaient été jusqu'alors dans les recherches géographiques. Tivers faisait entendre qu'elle désirait combler une absence criante de l'utilisation et de l'expérience des espaces sociaux par les femmes dans la géographie sociale, en raison de la « transparence » de leur activité; en 1981, elle remarquait quasi explicitement que « c'est l'impact des idées féministes sur la géographie *sociale* qu'elle a pour sa part étudié » (Tivers, 1981, p. 4 : nous soulignons). Elle a mené une étude approfondie sur 400 femmes ayant des enfants qui n'avaient pas encore atteint l'âge de la scolarisation dans le quartier londonien de Merton, à partir d'une enquête par questionnaire et d'une analyse de leur budget temps pour mettre en évidence ce qu'elle considérait être une certaine « pauvreté » des mondes spatiaux de ces femmes : une géographie de contraintes, les obligeant à des contorsions dans l'espace-temps, dans la mesure où elles essayaient de concilier la garde des jeunes enfants, le travail à temps partiel et le travail domestique, les corvées des courses et des soins médicaux, *sans* utiliser de voiture le plus souvent (Tivers, 1985, 1988). De plus, c'était aussi une géographie qui offrait trop rarement des opportunités aux femmes d'occuper un emploi présentant des perspectives intéressantes ou d'accéder aux services de loisirs, de formation, etc. Tivers expliquait cette géographie bornée par les relations que cette dernière entretenait avec une « idéologie conservatrice sur le rôle des sexes », laquelle prescrivait les tâches à accomplir par de nombreuses femmes défavorisées et en déterminait donc les espaces, en opposition notamment avec les rôles et les espaces alloués à leurs compagnons masculins lorsqu'elles en avaient.

Tivers mérite d'être reconnue en tant que pionnière de la géographie sociale féministe, au même titre que Suzanne Mackenzie (1988, 1989), une géographe canadienne dont la persévérance pour rendre « visibles » les histoires des femmes vivant dans le Brighton d'après-guerre, en Angleterre, a été exemplaire. Cela dit, leur approche au travers de la « géographie des femmes » prenait appui sur une géographie féministe bien plus militante – pouvant même être en butte à ses critiques –, qui commençait à insister, avec la publication du texte phare *Geography and Gender*, sur « une géographie qui [prenait] explicitement en compte la structure de genre de la société, socialement créée » (WGSG, 1984, p. 21). Le genre devenait donc le point central, ou plutôt il représentait l'élément structurant systématique de l'inégalité des relations entre les sexes au sein d'un ordre social « patriarcal » dans le but de montrer comment les inégalités entre les hommes et les femmes se traduisaient – et la manière dont elles se renforçaient – en termes de pouvoir, de statut, de ressources et de maîtrise des moyens de production et de reproduction dans une organisation sexuelle de l'espace (de l'échelle domestique, à l'échelle de la ville, de la région et de l'État-nation). Dans un article marquant, « Gender division of urban space », Linda McDowell (1983) affirme que la division des sphères publique et privée relevait fondamentalement des sexes, et que les hommes étaient considérés comme les habitants « naturels » de la première, tandis que les femmes l'étaient de la seconde ; elle a ensuite montré que cette partition était intimement liée aux divisions spatiales dans la ville occidentale entre les quartiers du travail salarié à temps plein, du service public et de l'engagement politique, et les quartiers résidentiels, avec les écoles, les cliniques, les parcs et autres extensions de la maison et du jardin. À l'instar de ce que l'on fait avec un modèle, McDowell ne pouvait offrir qu'une image partielle, passant sous silence certaines réalités de la fin de xxe siècle, puisque beaucoup de femmes travaillent maintenant à plein temps loin de chez elles, alors que de nombreux hommes subissent le chômage et sont contraints à rester à la maison. Il n'en reste pas moins que cet article était un témoignage important d'une version féministe de la géographie sociale radicale qui a fait évoluer fortement notre sens de la société, mettant en lumière les dimensions hommes/femmes, qui avaient été complètement laissées de côté jusqu'alors. En outre, les idées féministes ont permis aux géographes de commencer à s'intéresser à quantité de questions que pose le rôle de l'espace et du lieu dans la construction des identités (Keith et Pyle, 1993), dans la prise en compte des corps et leur comportement (Kenworthy Tether, 1999), dans l'expression et l'encouragement de l'hétérosexualité, l'homosexualité et la bisexualité (Bell et Valentine, 1995), dans l'extension des acceptions de la « féminité » (Laurie *et al.*, 1999) et dans la domination d'un savoir, d'un regard et d'un pouvoir « phallocrates » qui traversaient toutes les couches de la société, du jardin d'enfants à l'université (Rose, 1993). Toutes ces questions ont eu des répercussions considérables sur la géographie sociale et sur l'ensemble de la géographie humaine.

Il est moins facile de parler de géographies sociales radicales dans les pays francophones. Pour des raisons évidentes – Mai 68, la crise économique, l'avènement d'un discours critique dans les sciences sociales – on assista, au cours des années 1970, à un retour de la géographie sociale marxienne et à son recadrage, à la faveur desquels le social était de plus en plus décrit en termes de « structures » qui se situaient entre le matériel et l'immatériel. George avait déjà utilisé le terme pendant les années 1940, avec un sens très concret à l'époque, alors que trente ans plus tard il était empreint par le structuralisme français, notamment par les précisions du marxisme structuraliste de Louis Althusser (voir notamment Castells, 1973). Tout au long de ce processus, on a commencé à voir dans la structure quelque chose de plus abstrait, un principe d'ordonnancement séparant la société en « différentes sphères » : la production, la circulation et la consommation. Les géographes marxiens ont cherché à identifier les divisions spatiales dans un pays, une région ou une ville, qui, d'une certaine façon, correspondaient à ces sphères structurales. Ainsi, la géographie historique de la Thaïlande proposée par Michel Bruneau, Alain Durand-Lasserve et Marie Moline (1977) concrétisait plusieurs tentatives de développer une géographie sociale dans un cadre marxiste structuraliste. La description et l'explication génétique de la différenciation spatiale, en termes de domination, à travers l'échange inégal, fut l'objectif premier de leur analyse, et cela a permis d'aboutir à un tableau complexe où chaque ensemble d'espaces, parmi les sept identifiés, se caractérisait par : les « conditions de production et d'échange »; les « relations de production et d'échange »; les superstructures contemporaines (politiques, idéologiques, culturelles et juridiques); leur expression spatiale, etc. (Bruneau *et al.*, 1977). L'« expression spatiale » donnait une synthèse sommaire de la logique élémentaire de cette recherche où la géographie de la Thaïlande était dépeinte comme le reflet de sa formation sociale, un produit social historique, portant la trace des différents modes de production qui s'étaient succédé au cours du temps. Pour Bruneau et ses coauteurs, les traces matérielles ne constituaient pas seulement une

« géométrie des solides », mais la réalisation visible des structures sous-jacentes, tout comme l'organisation du village bororo qu'a étudié Claude Lévi-Strauss (1958) était considérée comme la signature d'une organisation à la fois sociale et symbolique.

Il y eut de nombreuses réactions à ce renouveau de la géographie marxienne dans la France de l'après-68. Dans le monde universitaire, ce fut une période de forte turbulence, et les débats polémiques du milieu des années 1970 étaient dominés par des questions universitaires (les revendications territoriales d'une nouvelle génération de géographes) qui se mêlaient aux questions politiques (l'opposition traditionnelle droite/gauche) et aux questions théoriques (l'opposition libéralisme/marxisme). En 1976, Maurice Le Lannou écrivit un article dans *Le Monde* « Les géographes contre la géographie » pour critiquer l'iconoclastie des jeunes fondateurs de la revue *EspacesTemps*. La réponse de Christian Grataloup et de Jacques Lévy, le mois suivant dans le même journal, portait un titre révélateur : « Des géographes pour une autre géographie ». Paul Claval, l'un des principaux géographes de l'après-guerre, tint un rôle important dans ces débats (Claval, 1977 ; 1987 ; cf. Claval, 1967) puisqu'il a développé toute une critique des géographies marxiennes et qu'il a proposé une géographie sociale alternative. Pour Claval, les géographies marxiennes revenaient trop souvent à une « mécanique de classe » et reposaient entièrement sur un réductionnisme économique intenable et cette critique alimentait son dessein de refonder la géographie sociale. Dans un essai théorique dense, en 1973, il lançait un appel pour une théorie générale des relations entre l'espace et la société, faisant de la géographie sociale (telle qu'elle devrait être) l'une des deux principales branches de la géographie humaine, l'autre étant la géographie écologique (qui correspondait grosso modo, au legs vidalien). La géographie sociale était donc, selon Claval, une sous-discipline qui se recomposait avec des aspects économiques, politiques et culturels. Sa principale innovation fut l'introduction du comportement et des représentations – Claval se qualifiait lui-même de néo-humaniste (voir plus bas la discussion sur l'humanisme) – s'appuyant sur une lecture exhaustive des travaux de recherche behavioristes de la géographie anglo-saxonne. Contrairement à d'autres géographes français de l'époque, qui se contentaient habituellement, pour le social, de définitions assez vagues et attrape-tout, il s'efforça d'en définir les différentes dimensions et de les articuler : l'« architecture du social », les « systèmes sociaux » et les « relations sociétales ». L'étude de l'« architecture sociale » (la morphologie des groupes sociaux et les représentations que se font les individus de ces groupes) était considérée comme l'objectif premier des géographes sociaux : c'était à travers cette analyse qu'ils pouvaient affiner les dimensions profondes de la société et y découvrir les « relations [de la morphologie sociale] avec les manières de vivre, de ressentir, de penser » (Claval, 1973, p. 256). On pourrait même dire que Claval recherchait une théorie englobante alternative (non marxiste) pour réunir ce que nous appellerions aujourd'hui structure et agence (voir le chapitre 2). La contribution de Claval est très originale et fut alimentée par l'intérêt qu'il portait à la psychologie et aux *mentalités* de l'école française, faisant ainsi écho à Brunhes, et elle annonçait aussi un tournant interprétatif qui allait se produire plus d'une décennie plus tard (si tant est qu'elle se soit effectivement produite dans la géographie de langue française). Claval dans son ouvrages *Les Principes* (1973) essaie de faire fond sur la sociologie de Weber, sur les recherches sur la sociologie des organisations d'Amitai Etzioni et sur les travaux d'un anthropologue belge, Jacques Maquet, et de montrer que l'outil géographique le plus performant pour analyser une réalité socio-spatiale n'est pas la notion de classe, mais celle de système de relations institutionnalisées, celle d'organisation.

C'est ailleurs qu'il faut aller chercher la contribution théorique la plus importante à la géographie sociale non anglophone, au cours des années 1970 et 1980 : dans les travaux du géographe suisse Claude Raffestin. Il était difficile de faire entrer sa géographie sociale, vu son caractère plutôt idiosyncrasique, dans les cadres bien définis qu'on utilisait pour décrire la géographie anglophone (par des termes comme l'analyse spatiale, la géographie humaniste et la géographie radicale). À la fin des années 1970 et au début des années 1980, Raffestin a élaboré une théorie originale et personnelle de la « territorialité ». Cette théorie mobilisait des éléments issus de différentes traditions : la théorie (« radicale ») du pouvoir de Michel Foucault, l'école de sémiotique de Tartu (Lotman, 1985), l'écologie humaine et aussi l'anthropologie culturelle (voir Raffestin et Bresso, 1979 ; Raffestin, 1981). Raffestin était l'un des rares exemples, parmi les géographes de langue française, à mêler sa voix au concert plus ample des « sciences humaines » et non pas à demeurer à l'extérieur : à vrai dire, jusqu'à une date très récente, des auteurs comme Foucault, Deleuze, Baudrillard et Bourdieu étaient superbement ignorés[4]. On pourrait dire que Raffestin était l'auteur d'une « théorie ambitieuse », autre fait rare dans la géographie francophone du siècle dernier, dont l'objectif était de comprendre l'« écogenèse territoriale » : le pourquoi et le comment de la territorialisation, de la déterritorialisation et de la re-territorialisation (Raffestin, 1986, p. 91). Cette théorie prenait appui sur « l'étude de[s] [nos] relations avec l'extériorité et l'altérité en vue d'atteindre la plus grande autonomie possible, compatible avec les ressources du système » (*ibid.*, p. 92). En mettant en avant les notions de « territoire » (expression juridique de l'espace), la « territorialité » (la somme des relations existant entre les individus appartenant à une collectivité et leur environnement) et la « territorialisation » (le processus par lequel s'établissent ces relations), Raffestin a redéfini la géographie en rejetant à la fois la tradition vidalienne et l'analyse spatiale. Grâce à lui et à quelques autres auteurs, le territoire est devenu une notion essentielle dans les (re)configurations récentes de la géographie sociale francophone, et il s'est développé chez un nombre important de chercheurs de la communauté francophone (mais aussi italienne) au point de faire sortir la géographie sociale des « géométries des solides » et à l'inclure dans les recherches sur l'action humaine. Le territoire a fini par faire référence à une définition de l'espace qui n'était ni newtonienne, ni kantienne, mettant dans le terme *espace* ce qu'il ne contient pas (l'action, l'appropriation, les représentations, etc.), et il est intéressant de noter que les mêmes glissements théoriques dans les pays anglophones n'ont pas abouti au même changement lexical. Le territoire recelait donc une autre notion importante de transition dans la « tradition française » dans le sens où il a été, et demeure encore, un point de ralliement pour des géographes qui critiquent l'analyse spatiale : placer ses travaux sous la bannière du *territoire* a généralement voulu

[4] Ironie de l'histoire lorsqu'on sait l'influence qu'ont eue la philosophie et les sciences sociales françaises sur la géographie sociale anglophone pendant les deux dernières décennies du XXe siècle.

dire : être sensible à des positions radicales et humanistes. La « radicalité » de Raffestin était de type traditionnel – c'est-à-dire inspirée principalement par la philosophie allemande (de Karl Marx à Georg Simmel et Martin Heidegger) – à l'instar de celle de nombreux autres intellectuels de la même génération, de langue française. C'est pourquoi la réification (de la vie humaine) aussi bien que la marchandisation (de la société) ont été des *leitmotive* de la géographie de Raffestin (voir Raffestin, 1994).

Le social sous ses aspects personnels et intersubjectifs : les géographies sociales humanistes

Tandis qu'émergeait, depuis la fin des années 1960, une critique radicale de la science spatiale, un second chœur de voix de géographes se mit à critiquer les échecs de la science spatiale quand elle abordait les expériences vécues des gens en tant qu'êtres sensibles, pensants et agissants (et non pas seulement en tant qu'« atomes » mus en tous sens par des lois spatiales soufflant « dans leur dos »). Il en résulta ce qu'on a parfois appelé « la géographie humaniste » ; les travaux qu'elle recouvrait portaient généralement sur le « sens du lieu » (Relph, 1976) avec l'objectif de mettre à nu les relations intimes – d'amour, de haine ou d'indifférence – qui se développent, souvent de façon invisible, entre les individus et de nombreux lieux (allant des bâtiments aux pays) où ils vivent, travaillent, jouent et voyagent (Tuan, 1974, 1979). C'était une autre façon d'introduire l'immatériel dans la discipline, et cette géographie s'est rapidement inspirée de plusieurs « philosophies de la signification » (Ley, 1981) comme la phénoménologie, l'existentialisme et de leurs variantes (Cloke *et al.*, 1991, chap. 3). Il ne s'agit pas ici de faire une recension exhaustive de la géographie humaniste et de ses fondements philosophiques (par ex. Entrikin, 1976 ; Ley, 1981), mais il est bon de souligner qu'elle ne se montrait pas *a priori* prometteuse pour la géographie sociale. Cela tenait à ce que les géographes concernés avaient tendance à penser soit en termes de « Personne universelle », avec un « P », soit en termes de « personne comme individu », sans jamais introduire le *social*. La tendance initiale a été de supposer que tous les gens, à l'origine, quels que soient leur milieu et leurs capacités, nouaient, de façon fondamentalement identique, des relations d'implication, d'installation, d'entretien et de responsabilité avec les lieux constituant leur monde. C'est à ce moment-là que les emprunts à la phénoménologie de Husserl et à l'existentialisme de Heidegger ont pu détourner l'attention des géographes des contextes sociaux, y compris des collectifs sociaux, au sein desquels les gens vivent et développent leur « sens des lieux » et peut-être y réfléchissent. Dans cette seconde phase, la tendance, comme un miroir de la première, fut de supposer que tous les gens étaient irrémédiablement différents les uns des autres, uniques dans leur personnalité, leur biographie et leurs conceptions, à un point tel que nous ne pouvions que célébrer la spécificité des relations de chaque individu avec les lieux de son monde. Peu d'études aboutirent à cette extrémité, même si quelques-unes (par ex. Rodaway, 1988 ; Rowles, 1978) y parvinrent presque compte tenu de leur marotte consistant à plaquer toutes sortes de généralisations sur les sujets humains de leur recherche, même si ces derniers ne représentaient qu'une poignée d'individus, apparemment semblables (des personnes âgées d'un quartier du Midwest aux États-Unis ou les habitants d'un petit village autrefois minier). Une fois encore, les dimensions sociales d'une situation donnée étaient quasi absentes de l'appréhension immédiate.

Un chercheur s'est distingué de ce point de vue : David Ley, un Britannique qui vint enseigner au Canada et qui s'est minutieusement appliqué à la fin des années 1970 à établir des passerelles entre la géographie humaniste et la pratique de la géographie sociale. Reconnu en tant qu'expert de la théorie humaniste (Ley, 1981 ; Ley et Samuels, 1978), il insistait sur sa pleine participation à la géographie sociale et ses articles de 1977 et de 1978 comportaient l'un et l'autre « géographie sociale » dans leur titre. Sa lecture humaniste de la géographie sociale apparut dans ses travaux de thèse, au début des années 1970, où il disait (voir Ley, 1974 et aussi Ley, 1988) avoir adopté la posture d'un « explorateur » en « expédition » dans le centre-ville de Philadelphie, s'étant efforcé de découvrir des éléments de la vie menée par les gens ordinaires luttant pour « s'en sortir », dans ce lieu « épuisant », souvent épouvantable. Il a notamment construit une image de l'« espace existentiel » (Ley, 1974, p. 219) propre aux gangs des rues, à leur sentiment d'appartenance et de sécurité, qui relevait des « chasses gardées » s'étendant à un certain nombre de blocs, et il a noté comment des actes tels que dessiner des graffiti obscènes aux confins des territoires des gangs ainsi que se livrer à des agissements plus agressifs s'apparentaient généralement à une identification aux territoires et à la défense des chasses gardées. En s'appuyant sur cette géographie sociale du centre-ville, et surtout sur les gangs de rue à Philadelphie, Ley a essayé de combiner ce qu'il avait trouvé « dans les rues » avec les propos souvent abstraits et obscurs des philosophies de la signification. En bref, il lui paraissait évident qu'il ne fallait pas s'en tenir au niveau de l'individu unique pas plus qu'il ne pourrait jamais combler l'écart existant avec les affirmations universalisantes de la phénoménologie et de l'existentialisme dans leur mise à nu des domaines mentaux et corporels très éloignés des « préoccupations » plus terre-à-terre mobilisant la tête des gens (leurs pensées, espoirs et craintes de tous les jours). Il consulta donc la « phénoménologie constitutive » d'Alfred Schütz, un philosophe qui avait été déçu par la quête d'Edmund Husserl sur les « essences » cachées des phénomènes dans le domaine de la réflexion transcendantale et qui « contesta la démarche quasi obsessionnelle et exclusive de Husserl, qui consistait à dévoiler les "essences" des phénomènes sociaux et [il] proposa plutôt d'élucider comment elles se dissimulaient dans les écheveaux des significations sociales, tissées intersubjectivement » (Gregory, 1978, p. 126). Schutz s'est attaché aux significations qui animent réellement les pensées et les actions humaines telles qu'elles se construisent (« se constituent ») dans les routines, les interactions, les conversations et les pratiques quotidiennes des gens qui vivent, travaillent et jouent dans les groupes *sociaux* : ainsi l'accent de la recherche s'est déplacé des subjectivités singulières aux intersubjectivités plurielles. Pour Ley, cela voulait dire examiner l'assemblage des subjectivités propres aux différents membres de groupes identifiables, processus qui facilitait la fusion des significations partagées (Schutz parlait de « structures de signification » partagées) à la manière d'un magasin de ressources mises à la disposition de tous les membres du groupe pour leurs activités personnelles. Ces significations peuvent ne pas êtres toutes celles qui sont acceptées ou rejetées de manière consciente et Ley tout comme Schutz ont accentué leur caractère « allant de soi », autre terme qui apparaît dans le titre d'un des articles de Ley[5] à la fin des

---

[5] « Social geography and the taken-for-granted world », nous soulignons.

années 1970 (Ley, 1977). Puis il ajouta l'élément du lieu, reconnaissant toute simplement, mais de façon essentielle, que les groupes sociaux, comme les gangs, n'existent pas dans une sorte d'éther étrange, mais au contraire s'ancrent dans des lieux spécifiques bien réels, comme les gangs dans leurs chasses gardées. Ces lieux servent autant de supports matériels pour les groupes sociaux, de sièges où se produisent les interactions de routine que de points de repère plus immatériels d'identité des groupes et de leurs membres, de « maisons », lieux de repos spirituel, de ressourcement ou de répulsion, etc. Une telle conception tenait compte des conflits entre différents groupes dans les mêmes lieux, du fait que ces groupes se disputent l'utilisation de ces lieux et les symbolismes qui leur sont attachés ; ce qui revenait à dire que la position de Ley n'était pas tout à fait une géographie « étrange » qui ne portait aucune attention aux groupes sociaux, à leurs actions et à leurs conflits. De plus, on peut voir que les travaux de Ley introduisaient un point de vue nouveau dans les conceptualisations des géographes du social, nous invitant à embrasser des « mondes de vie » plus subjectifs, fruits de l'expérience, voire imaginatifs, qui recoupent et parfois fragmentent les espaces de la société.

Le texte majeur de Jackson et Smith *Exploring social geography*, de 1984, s'apparente à la littérature de la géographie humaniste quand il appelle à un « renouveau herméneutique », l'herméneutique étant l'interprétation de la signification : « un renouveau herméneutique dans lequel la géographie sociale ferait un retour en tant que mode d'exploration de la compréhension, pour donner une *interprétation* de l'expérience humaine dans son cadre social et spatial » (Jackson et Smith, 1984, p. 20). Par « renouveau », ils voulaient surtout dire un retour sur des aspects de la sociologie de l'école de Chicago, non pas sur les modèles écologiques, mais sur la recherche écologique plus engagée que certains de ces sociologues ont conduite dans les rues de Chicago, découvrant des communautés et des quartiers qui symbolisaient des repères « importants » pour la population locale dans sa vie de tous les jours ses expériences, et ses « définitions de la situation » fondées (*Ibid.*, notamment le chap. 4 ; voir aussi Jackson, 1984, 1985, 1988). Ley a aussi été influencé par les ethnographies de l'école de Chicago, et nous voyons là la géographie sociale qui se reconnecte aux traditions de la recherche qualitative intensive (l'observation participante, les interviews approfondies, les travaux d'enquêtes par questionnaire) d'une manière qui s'est révélée vitale dans le façonnement de la plupart des pratiques méthodologiques de la sous-discipline vers la fin du siècle (voir Cook et Crang, 1995; Eyles et Smith, 1988). Dans le même temps, cet appel à un « moment interprétatif » dans la géographie sociale qui a trouvé un écho chez David Smith (1988) et Ley lui-même (1988), a aussi entraîné l'adoption d'idées « sémiotiques » – tirées notamment de l'anthropologie culturelle (interprétative) de Clifford Geertz (1973, 1983) – attentive aux « écheveaux de signification » qui se tissent dans une situation sociale donnée, créant une description « dense » d'interprétations contextualisées faites par les participants et fournissant des informations sur la manière dont ils « se comportent » dans leurs relations avec le monde. Un tel glissement a suscité un regain d'intérêt pour la culture, comprise au sens geertzien « comme un ensemble de signes et de symboles qui transmettent la signification » (Jackson et Smith, 1984, p. 38), et c'est là qu'il faut chercher les origines de la fusion entre la géographie sociale et la géographie culturelle – commençant au Royaume-Uni, où la géographie culturelle n'a jamais possédé l'identité propre qu'elle a acquise en Amérique du Nord (voir le chapitre 5) – dont on peut dire maintenant qu'elle a favorisé un véritable « tournant culturel » à travers toute la géographie humaine. Nous reviendrons sur cette évolution dans notre conclusion, et ce que nous aimerions simplement ajouter ici est que cette géographie socioculturelle hybride, élaborée à partir de la géographie humaniste à travers les contributions de Ley, Jackson et Smith, et bien d'autres (voir aussi Cloke *et al.*, 1991, pp. 88-92), a fait considérablement évoluer notre conception du social : distinguer ce qui imprègne aussi le social, comme les éléments culturels intersubjectifs, les significations, les compréhensions et les interprétations (immatériels) qui parcourent les relations, les systèmes, les structures et les inégalités du social comme l'ont fait ressortir les géographies sociales radicales.

Il faut mentionner également la naissance de la revue *Society and Space (Environment and Planning D)*, fondée par Michael Dear en 1983, qui regroupait les géographes souhaitant développer leurs réflexions dans le domaine de la géographie sociale et théorique, et ont déployé un effort pour une intégration plus large de l'espace dans les sciences sociales contemporaine. Aujourd'hui, postmodernisme, postcolonialisme, *gender studies*, ont trouvé écho dans la revue animée par Gerry Pratt.

Le début des années 1980 en France a correspondu à une tentative consciente et organisée d'institutionnaliser la sous-discipline de la géographie sociale, au sein de laquelle les perspectives humanistes étaient centrales. La création de deux revues dans les années 1970 – autres que *L'Espace géographique* déjà mentionné – scellait l'aspiration de nombre de géographes francophones de situer la discipline dans les sciences sociales. *Espaces-Temps* (fondé par Jacques Lévy) redéfinissait l'objet de la géographie comme étant l'« espace social », tandis qu'*Hérodote* (fondé par Yves Lacoste) laissait entendre dans sa première livraison que comprendre l'espace, c'était comprendre le pouvoir. Le groupe constitué autour d'*Espaces-Temps* proposa de repenser la géographie autour de deux éléments : le premier était l'économie politique marxienne, tandis que le second était une vigilance particulière pour les relations entre espace objectif et « espace conçu, vécu, subjectif ». L'« espace social » et l'« espace vécu » étaient les deux concepts clés de ce mélange de géographie humaniste et de géographie radicale, tel qu'il a pris forme au début des années 1980. La relative popularité de la première notion (déjà utilisée par Sorre dans les années 1950) dans les cercles intellectuels de cette époque était le signe d'un regain d'intérêt pour l'espace, dans la sociologie française, qui prenait corps autour de la revue interdisciplinaire *Espaces et Sociétés* (créée par Henri Lefebvre et Anatole Kopp en 1970) et qu'illustraient les travaux d'auteurs comme Raymond Ledrut (Ledrut, 1977), Jean Rémy et Liliane Voyé (Rémy et Voyé, 1974). La seconde notion fut inventée par Armand Frémont (1976) et par un groupe de géographes autour de lui : « l'espace vécu » se rapportait aux dimensions de la pratique, des relations sociales, de la perception et de la représentation (voir Frémont, 1980). Il supposait – et là encore son influence était très claire – ce que Lefèbvre appelait, selon sa distinction très célèbre, « les espaces de représentation » par opposition aux « représentations de l'espace » (caractérisant une *conception* « réifiée », réductionniste et objectiviste de l'espace).

Ce groupe de géographes sociaux – Robert Hérin, Jacques Chevalier, Armand Frémont, André Vant, Guy Burgel – atteignit son objectif puisqu'ils réussirent finalement à institutionnaliser la géographie sociale comme sous-discipline de la géographie française. C'était l'aboutissement d'un long processus qui a comporté, en premier lieu, la création d'un groupe de recherches interdisciplinaires « Espaces vécus et civilisations » avec, à son actif, des recherches transculturelles sur l'expérience de l'espace et du lieu ; en second lieu, un programme de recherches sur le changement social lancé par le Centre national de la recherche scientifique à la fin des années 1970. Une grande conférence à Lyon en 1982, un livre collectif publié (Frémont *et al.*, 1984), puis une seconde conférence en 1984 (*Collectif français de géographie sociale et urbaine* 1984), sont autant d'initiatives qui, malgré les sarcasmes des « géographes traditionnels », ont réussi à établir solidement la géographie sociale dans le paysage universitaire français. « Pour la première fois, écrivait Frémont en 1984, au terme de ce processus, la géographie sociale devient un effort collectif » (*ibid.*, p. 10). L'importance de la contribution théorique de ces géographes est peut-être plus contestable, comme l'a observé Robert Hérin (1984, p. 23), parce que, « comme il arrive souvent dans la géographie humaine française, la pratique de la recherche précède la réflexion théorique, laquelle reste implicite ». Il faut donc s'interroger sur ce qu'est cette géographie sociale définie collectivement. Selon Frémont *et al.*, les géographes sociaux devraient explorer quatre dimensions du monde humain : les indicateurs sociaux, les questions sociales, les groupes sociaux et les combinaisons socio-spatiales (Frémont *et al.*, 1984, p. 121) ; la géographie sociale se définirait donc comme « l'exploration des interrelations établies entre les relations sociales [les relations entre les individus] et les relations spatiales [les relations entre les individus et les lieux], et plus généralement entre les sociétés et les espaces » (*ibid.*, p. 90). Le social et le spatial étaient conçus comme deux sphères distinctes entretenant « des relations dialectiques ». L'étude du premier relevait du domaine de la sociologie, celle du second, de la géographie, et la géographie sociale se trouvait à l'intersection des deux. Cette approche était donc bien une autre version du « séparatisme spatial » : au lieu de voir dans l'espace une dimension constitutive de la société, elle réhabilitait le fétichisme spatial de l'analyse spatiale. Une telle conception de la société et de l'espace, dominante dans la géographie sociale de langue française au cours des années 1980, et la conception de la géographie sociale qui en découle étaient symptomatiques d'une difficulté à aborder les questions théoriques fondamentales, comme : de quoi parlons-nous lorsque nous utilisons les notions d'espace, de société, d'action? L'espace n'est-il pas une partie constitutive de la société? Dans l'école de « l'espace vécu », par exemple, il n'y avait bizarrement bien peu de discussions sur la notion de « monde » (Lebenswelt) qu'avait élaborée la phénoménologie allemande. Il est également significatif que la contribution importante d'Éric Dardel en 1952 à une phénoménologie de l'espace, dans son ouvrage *L'Homme et la Terre*, n'ait été redécouverte et discutée qu'à la fin des années 1980. En d'autres termes, il n'y avait pas d'équivalent francophone à « l'infléchissement philosophique » observé dans la géographie anglo-américaine entre le milieu des années 1970 et les années 1980, ce qui aboutit à ce que les catégories de la théorie sociale – le pouvoir, l'interaction et la sociabilité – ont été utilisées de façon vague et souvent non convaincante tout au long des années 1980 (quant à savoir si cela était différent de ce qui se passait dans la littérature anglophone, c' est une autre histoire).

La disparition des géographies sociales ; le « tournant culturel »

Au cours des années 1990, le paysage de la géographie humaine a subi divers bouleversements. Si, d'un certain côté, ce fut réellement stimulant, de l'autre, les possibilités théoriques et les innovations méthodologiques multiples ainsi que l'émergence d'intérêts et de thématiques différents donnaient le vertige à quiconque voulait le dépeindre, ne serait-ce qu'à grands traits (voir aussi le chapitre 1). Les poussées radicales des années 1970 ont donné naissance à une multitude de rejetons tournés vers toutes sortes de débats sur le marxisme classique, le marxisme structuraliste et ses variantes, le marxisme non essentialiste, la théorie de la régulation, la théorie des régimes et les conceptions de la démocratie radicale. Nombre de géographes qui participaient peut-être timidement de cette « géographie postmarxiste » (Corbridge, 1993) se sont mesurés à ce qui, à leurs yeux, représente le spectre d'un postmodernisme, vide aux plans théorique, politique et éthique, qui renie tout sens de la totalité et de la cohérence, au profit d'une mentalité relativiste de « tout fiche le camp » (voir notamment Harvey, 1989). D'autres, pourtant, ont essayé d'atteindre un compromis censé représenter une attitude constructive en enrichissant une perspective radicale avec des idées venues de la critique postmoderne sur l'idée de l'irréductibilité de la différence, surtout de la différence sociale. Des courants récents dans la géographie féministe furent marquants, et ils ont suggéré des moyens pour réaliser un *rapprochement* d'études marquées par un engagement politique et éthique fort, tenant compte à la fois des inégalités structurales (dans le système capitaliste, l'hétéropatriarcat et l'héritage de « l'orientalisme ») et des spécificités contextuelles (qui se limitent à des peuples, des lieux, des espoirs et des craintes spécifiques) : à ce propos, on peut citer les travaux de Doreen Massey parmi les plus influents (surtout Massey, 1994, et aussi Gibson-Graham, 1996; McDowell, 1999). De la même manière, les impulsions humanistes des années 1970 ont donné naissance à divers rejetons, avec des débats souvent virulents sur la politique identitaire, la psychanalyse, la personnification, la performance et la constitution du sujet. De nombreux géographes qu'on a peut-être rangés dans cette « géographie posthumaniste » (Barnes et Gregory, 1997, pp. 359-360) ont réellement adopté une position poststructurale virant à l'*anti*humanisme, méfiante à l'égard de déclarations relatives au primat de la souveraineté du sujet humain, et préférant considérer les êtres humains comme des réalisations socio-spatiales contingentes, situées à l'intersection de plusieurs plans définissant l'identité (tout en s'interrogeant pour savoir jusqu'à quel point les êtres humains diffèrent des autres êtres vivants : voir Hinchliffe, 1999; Laurier et Philo, 1999; Wilbert, 1999). De nombreuses autres questions intéressent ces géographes à propos des géographies cachées sous la quotidienneté des interactions et des pratiques, dont certaines aboutissent à des théories non représentationnelles et à un intérêt pour l'être, le faire et le dire de tous les jours, qui permettent aux gens ordinaires de s'en sortir quotidiennement. Nigel Thrift et ses étudiants de Bristol sont à la pointe des recherches sur les dimensions de l'être et du faire (voir par exemple Thrift, 1996; 1997; 1999a; 1999b) tandis que la linguiste – et quasi-géographe – suisse Lorenza Mondada a abordé celles du dire à travers différents travaux sur la ville et l'aménagement urbain interactionnistes qu'elle a cosignés avec l'un des auteurs de ce chapitre (Mondada et Söderström, 1993a; 1993b; Söderström, 1994). Ces auteurs ont décrit les stratégies interprétatives des acteurs urbains en recourant à l'analyse de conversations, dérivée de l'ethnométhodologie et leurs travaux peuvent être mis dans la même catégorie que ce qui a été fait en langue anglaise par Eric Laurier (1996; 1999).

En France, Alain Lipietz, l'économiste le « plus géographe » a eu depuis des années 1970 des préoccupations sociospatiales. Plus récemment, avec Georges Benko, ils ont introduit la notion de « nouvelle géographie socioéconomique » en faisant le contrepoids de la nouvelle économie géographique. Ils ont mis en valeur les fondements sociaux et culturels de l'économie géographique (Benko, Lipitez, 2000). La revue *Géographie, économie, société*, fondée en 1999, reflète en partie cette tendance.

Toutes les positions mentionnées ici (et elles ne sont pas exhaustives) ont des implications directes sur la compréhension du social, pour conceptualiser comment interfèrent le social et le géographique et, plus spécifiquement, sur la pensée et les pratiques de la géographie sociale. Il serait possible d'en faire un inventaire systématique, mais il faudrait encore étoffer davantage le chapitre (voire y consacrer plusieurs tomes) et faire appel à des auteurs plus qualifiés. Néanmoins, nous allons clore notre propos en revenant sur un volet particulier de la discussion, qui a opté pour une approche inédite de la géographie sociale dans les années 1990 ; elle se rattache à un courant plus large qui traverse toute la géographie humaine et que l'on qualifie communément de « tournant culturel » (Barnett, 1998a; 1998b). Bien qu'on ait quelquefois galvaudé l'expression en considérant indifféremment plusieurs courants *fin de siècle* (exemple Johnston, 1997, chap. 8), une acception plus étroite pourrait montrer qu'un tel tournant recouvre plusieurs tentatives menées en géographie pour prendre en compte la dimension culturelle de la vie humaine, non pas seulement des phénomènes qu'on a pris l'habitude de qualifier de culturels (les arts pour intellectuels, les médias pour le grand public, par exemple), mais aussi tout la variété des systèmes de signification, qu'ils soient collectifs (les religions et les nationalismes) ou plus individuels (se trouver dans certains mondes psychiques). Le chapitre 5 approfondira la discussion sur la culture, les phénomènes culturels et la géographie culturelle. Dans le Royaume-Uni, un indice précoce de ce développement fut l'initiative menée en 1990-91 par le *Social and Cultural Geography Group* de l'*Institute of British Geographers*, qui signifiait, par ce signal, que le temps était venu de repenser les relations du social et du culturel. Après la tenue d'une conférence et la sortie d'une publication (Philo, 1991b), il apparut qu'« il se passait quelque chose » dans la géographie sociale, quelque chose qui accompagnait un mouvement plus ample et y contribuait à travers toute la géographie humaine : pour l'essentiel, ce semblait être la prise en compte de la sensibilité culturelle au cœur même de la sous-discipline et dans la discipline tout entière. Même si nous simplifions à l'extrême ici, quelques commentateurs, dont nous-mêmes, se sont inquiétés de ce que cette colonisation de la géographie sociale par la culture – dont les gains sont indéniables – faisait peser des menaces sur la prise en compte du social par les géographes ainsi que sur la géographie sociale. En soulignant l'importance du culturel, en tant que « écheveaux de significations » saturés par des représentations, des significations et des imaginations comme l'entendent les théoriciens et les anthropologues de la culture, ces géographies « à orientation culturelle » risquent de finir par être *trop* immatérielles dans leurs orientations, *trop* éloignées des terrains qui devraient être considérés comme sociaux. Il y a là un risque de *dématérialisation* de la géographie humaine, qui équivaut, dans le même temps, à une *désocialisation* de la géographie humaine (Philo, 2000).

Dans une introduction aux travaux de l'initiative 1990-1991 mentionnée ci-dessus, l'un de nous s'inquiétait « qu'un processus dont l'origine était une reconsidération "du social" finisse par engendrer (ce qui est cocasse) un "tournant culturel" dans lequel "le social" lui-même arrive à être totalement déconstruit » (Philo, 1991a, p. 3). De la même façon, en réfléchissant à cette initiative, Nicky Gregson (1993, pp. 528-529) a déclaré que « [p]lutôt que repenser le social, c'est le social même qui est déconstruit dans la phase actuelle ». En outre, elle s'est dite inquiète du glissement perceptible de ces géographes vers un « dialogue interne » formulé presque exclusivement dans des domaines abstraits de la théorie et de la politique de la représentation, ce qui les amenait à « redéfini[r] leur projet de façon à en exclure les mondes sociaux empiriques et ceux qui les constituent » (*ibid.*, p. 529). Ce sont des critiques fortes qui, compte tenu de la richesse des recherches actuelles en géographie sociale, peuvent demander des connaissances sur « ces autres » et leurs « autres mondes », mais le souci de Gregson, face à la perte d'une prise directe sur la constitution et la compréhension des « mondes sociaux empiriques » et à leurs conflits, est de ceux pour lesquels nous éprouvons de la sympathie. Curieusement, ce serait un appauvrissement nous ramenant en deçà de ce dont des géographes sociaux de différents horizons ont débattu pendant des années, qui revaloriserait du même coup les contributions de Vidal, Gilbert et Steel, Wreford Watson, D. M. Smith, Harvey, Ley, Jackson et S. J. Smith, et d'innombrables autres, tous ceux qui ont ancré d'une façon ou d'une autre leur recherche dans les « mondes sociaux empiriques » quotidiens (quand bien même les ont-ils théorisés). Pamela Shurmer-Smith (1996, v) se fait l'écho de telles critiques dans l'introduction à une série d'essais universitaires en géographie sociale et culturelle. Elle remarque qu'apparemment « il y a tellement de *culture* et si *peu* de société » dans ces essais et elle regrette « la faible quantité de travail sociologique solide entrepris dans la géographie culturelle aujourd'hui ». Pourtant, ses inquiétudes sont tempérées par une solide croyance en de nouvelles avancées possibles, de nouvelles rencontres du social et du culturel, forgées dans la production d'une géographie humaine utile et de haute qualité, constatant que les étudiants de troisième cycle et, par extension, tous les chercheurs, continuent à se parler :

> *« […] si l'on peut faire en sorte que les idées soient véritablement partagées entre les jeunes chercheurs, les problèmes se résoudront peut-être d'eux-mêmes. C'est l'excès de travail solitaire qui conduit à la stérilité universitaire, et les meilleures idées jaillissent toujours du dialogue. »*
>
> (*Ibid.*, vi).

Cette conception peut nous ramener aux voix géographiques de Kimble, en constatant qu'elles ne parlent pas toujours « à l'unisson ou en chœur » (Kimble, 1951, p. 151), et la géographie sociale ne pourra éviter l'autodissolution qu'au prix de nombreux dialogues partiels, même vifs, à condition qu'ils ne restent pas trop « internes », dialogues dont nous espérons bien nous faire l'écho au cours de ce nouveau siècle.

Annexe 1.

Principaux périodiques – Géographie sociale :

Antipode, (Oxford Blackwell, depuis 1969)

Children's Geographies, (Abingdon Carfax, depuis 2003)

Cultural Geographies, (London, Arnold. A succédé en 2001 à Ecumene, publié depuis 1994 par le même éditeur)

Espaces et Sociétés, (Toulouse, Erès, depuis 1970)

Espaces-Temps, (Paris, Espaces-Temps, depuis 1975)

Gender, Place and Culture, (Abingdon Carfax, depuis 1994)

Géographie, économie, société, (Paris, Lavoisier, depuis 1999)

L'Espace géographique, (Paris, Belin depuis 1972)

Social and Cultural Geography, (Londres, Routledge, depuis 2000)

Social Geography, (Katlenburg-Lindau, Copernicus, depuis 2003)

Society and Space : Environment and Planning D, (London, Pion, depuis 1983)

Nombreuses revues publient des articles régulièrement en géographie sociale :

Annales de géographie, (Paris, A. Colin, depuis 1891)

Annals of the Association of American Geographers, (Oxford, Blackwell, depuis 1911)

Geoforum, (Amsterdam, Elsevier, depuis, 1970)

Géographie et Cultures, (Paris, L'Harmattan depuis 1992)

Internation Journal of Urban and Regional Research (Oxford, Blackwell, depuis 1977)

Population, (Paris, INED, depuis 1946)

Progress in Human Geography (London, Arnold, depuis 1977)

Transactions of the Institute of British Geographers, (Oxford, Blackwell, depuis 1976, nouvelle série)

Annexe 2.

Tableau synoptique de l'évolution de la géographie sociale depuis 1900

Les principaux ouvrages et articles

1902 – P. Vidal de la Blache : *Les Conditions géographiques des faits sociaux*

1907 – G. W. Hoke : The Study of Social Geography.

1908 - J. Sion : *Les Paysans de Normandie orientale.*

1910 – J. Bruhnes : *La géographie humaine. Essai de classification positive : principes et exemples*

1912 – R. Blanchard : *Grenoble : étude de géographie urbaine*

1923 – H. H. Barrows : *Geography as Human Ecology*

1924 – E. W. Burgess : *The Growth of the City : an Introduction to a Research Project*

1930 – P. M. Roxby : *The Scope and Aims of Human Geography*

1939 – R. Hartshorne : *The Nature of Geography : A Critical Survey of Current Thought in the Light of the Past*

1945 – E. W. Gilbert & R. W. Steel : *Social Geography and its Place in Colonial Studies*

1946 – A. Chatelain : *Cette nouvelle venue: la géographie sociale*

1946 – P. George : *Géographie sociale du monde*

1951 – J. Wreford Watson : *The Sociological Aspects of Geography*

1953 – E. Juillard : *La Vie rurale dans la plaine de Basse-Alsace. Essai de géographie sociale*

1955 – E. Shevky & W. Bell : *Social Area Analysis : Theory, Illustrative Application and Computational Procedure*

1957 – M. Sorre : *Rencontres de la géographie et de la sociologie*

1961 – R. Rochefort : *Travail et travailleurs en Sicile. Étude de géographie sociale*

1966 – P. George : *Sociologie et géographie*

1967 – R. Pahl : *Sociological Models in Geography*

1967 – P. Claval : *Géographie et profondeur sociale*

1969 – F. Boal : *Territoriality on the Shankhill-Falls Divide*

1971 – W. Bunge Fitzgerald : *The Geography of a Revolution*

1971 – P. Gourou : *Leçons de géographie tropicale*

1971 – D.M. Smith : *Radical Geography : the Next Revolution?*

1972 – D. Harvey : *Revolutionary and Counter-Revolutionary Theory in Geography and the Problem of Ghetto Formation*

1973 – D. Harvey : *Social Justice and the City*

1973 – P. Claval : *Principes de géographie sociale*

1973 – J. B. Racine : *Un type nord-américain d'expansion métropolitaine : la couronne urbaine du Grand Montréal*

1974 – D. Ley : *The Black Inner City as Frontier Outpost : Images and Behavior of a Philadelphia Neighborhood*

1977 – D. Ley : *Social Geography and the Taken-For-Granted World*

1978 – D. Ley : *Social Geography and Social Action*

1979 – M. Santos : *The Shared Space*

1975 – C. Peach : *Urban Social Segregation*

1975 – R. Peet : Inequality and Poverty: a Marxist-Geographic Theory

1976 – A. Fremont : *La Région, espace vécu*

1978 – D. Gregory : *Ideology, Science and Human Geography*

1978 – D. Pumain & T. Saint Julien : *Les Dimensions du changement urbain : évolution des structures socio-économiques du système urbain français de 1954 à 1975*

1978 – J. Tivers : *How the Other Half Lives: the Geographical Study of Women*

1979 – N. Smith : *Towards a Theory of Gentrification: a Back to the City Movement by Capital not People*

1981 – C. Raffestin : *Pour une géographie du pouvoir*

1981 – A. Reynaud : *Société, espace et justice : inégalités régionales et justice socio-spatiale*

1981 – D. Sibley : *Outsiders in Urban Societies*

1983 – L. McDowell : *Towards an Understanding of the Gender Division of Urban Space*

1984 – A. Frémont et al : *Géographie sociale*

1984 – P. Jackson & S. Smith : *Exploring Social Geography*

1984 – Women and Geography Study Group : *Geography and Gender : An Introduction to Feminist Geography*

1985 – J. Tivers : *Women Attached : Daily Lives of Women with Young Children*

1987 – P. Jackson : *The Idea of « Race » and the Geography of Racism*

1989 – S. Mackenzie : *Visible Histories : Women and Environments in a Postwar British City*

1989 – S. Smith : *The Politics of « Race » and Residence : Citizenship, Segregation and White Supremacy in Britain*

1990-1996 – R. Brunet : *Géographie universelle*

1991 – C. Philo : *New Words, New Worlds : Reconceptualising Social and Cultural Geography*

1993 – N. Gregson : *The Initiative : Delimiting or Deconstructing Social Geography*

1993 – G. Rose : *Feminism and Geography*

1993 – B. Werlen : *Society, Action and Space : An Alternative Human Geography*

1994 – D. Gregory : *Geographical Imaginations*

1994 – D. M Smith : *Geography and Social Justice*

1995 – D. Sibley : *Geographies of Exclusion : Society and Difference in the West*

1996 – J. Lévy : *Une nouvelle géographie vient au monde*

1996 – N. Thrift : *Spatial Formations*

1999 – C. Peach : *Social Geography*

2000 – B. Werlen : *Sozialgeographie*

2000 – D. Mitchel : *Cultural Geography : A Critical Introduction*

2001 – G. Di Méo : *Géographie sociale et territoires*

2001 – G. Valentine : *2001 Social Geography : Space and Society*

2003 – R. Panelli : *Social Geographies : From Difference to Action*

Références

ALVARENGA, A. & MALCHEFF, J., 1980 : « L'espace social, nouveau paradigme ? », *Espaces et sociétés* 34-35, pp. 47-74.

BAILLY, A., 1981 : *Percevoir l'espace : vers une géographie de l'espace vécu. Actes de la table ronde de géographie de la perception*, Genève, Université de Genève, Département de géographie.

BARNES, T. & GREGORY, D. (eds), 1997 : *Reading Human Geography : The Poetics and Politics of Inquiry*, London, Edward Arnold.

BARNETT, C., 1998a : « The cultural worm turns : fashion or progress in human geography », *Antipode* 30, pp. 379-394.

BARNETT, C., 1998b : « Cultural twists and turns », *Environment and Planning D, Society and Space* 16, pp. 631-634.

BARROWS, H. H., 1923 : « Geography as human ecology », *Annals of the Association of American Geographers* XIII, pp. 1-14.

BASSIN, M., 1996 : « Nature, geopolitics and Marxism : ecological contestations in Weimar Germany », *Transactions of the Institute of British Geographers* 21(ns), pp. 315-341.

BELL, D. & VALENTINE, G., 1995 : *Mapping Desire : Geographies of Sexualities*, London, Routledge.

BENKO, G. (ed.,) 1988 : *Les Nouveaux Aspects de la théorie sociale. De la géographie à la sociologie*, Caen, Paradigme.

BENKO, G. & A. LIPIETZ (eds.), 2000 : *La Richesse des régions. La nouvelle géographie socioéconomique*, Paris, PUF.

BENKO, G. & U. STROHMAYER (eds), 1997 : *Space and Social Theory. Interpreting Modernity and Postmodernity*, Oxford, Blackwell.

BERDOULAY, V., 1981 : *La Formation de l'école française de géographie* (1870-1914), Paris, Bibliothèque nationale.

BERTRAND, J.-R. & CHEVALIER, J. (eds.), 1998 : *Logement et habitat dans les villes européennes*, Paris [etc.], L'Harmattan.

BERTRAND, M.-J., 1978 : *Pratique de la ville*, Paris, Masson.

BLANCHARD, R., 1912 : *Grenoble: étude de géographie urbaine*, Paris, A. Colin.

BOAL, F., 1969 : « Territoriality on the Shankhill-Falls divide », Belfast, *Irish Geography* 6, pp. 30-50.

BOBECK H., 1948 : « Stellung und Bedeutung der Sozialgeographie », *Erdkunde* 2, pp. 118-125.

BOURDIEU, P,. 1972 : *Esquisse d'une théorie de la pratique*, Genève, Librairie Droz.

BRAUDEL, F., 1951 : « La géographie face aux sciences humaines », *Annales Économies, Sociétés et Civilisations* 16, pp. 485-492.

BRUNEAU, M.,DURAND-LASSERVE, A. & MOLINE, M., 1977 : *La Thaïlande. Analyse d'un espace national,* L'Espace géographique 3, pp. 179-94.

BRUNET, R., 1990-1996 : *Géographie universelle*, Montpellier, Hachette.

BRUNHES, J., 1906 : « Une géographie nouvelle. La géographie humaine », *Revue des deux mondes* 33, pp. 541-574.

BRUNHES, J., 1910 : *La Géographie humaine. Essai de classification positive: principes et exemples*, Paris, Alcan. English transl. 1920 : *Human Geography : An Attempt at a Positive Classification - Principles and Examples*, London, Harrap & Co.

BRUNHES, J., 1913 : « Du caractère propre et du caractère complexe des faits de géographie humaine », *Annales de Géographie* 22, pp. 1-40.

BUNGE, W., 1971 : *Fitzgerald : The Geography of a Revolution*, Cambridge, MA., Schenkman.

BURGESS, E. W., 1924 : « The growth of the city: an introduction to a research project », *Publications of the American Sociological Society* 18, pp. 85-97.

BURTON, I., 1963 : « The quantitative revolution and theoretical geography », *Canadian Geographer* 7, pp. 151-162.

BUTTIMER, A., 1971 : *Society and Milieu in the French Geographical Tradition*, Chicago, Ill, Randy McNally.

CAPEL, H., 1983 : *Filosofía y ciencia en la geografía contemporánea : una introducción a la geografía*, 2nd ed., Barcelona, Barcanova.

CARTER, H., 1976 : *The Study of Urban Geography,* London, Edward Arnold.

CASTELLS, M., 1973 : *Luttes urbaines et pouvoir politique*, Paris, Maspero.

CHAPOULIE, J.-M., 2001 : *La Tradition sociologique de Chicago, 1892-1961*, Paris, Seuil.

CHAPUIS, R., 1984 : « Le Système sociospatial », in Collectif français de géographie sociale et urbaine, *Sens et non-sens de l'espace*, Paris, Corlet, pp. 43-53.

CHARDAK, H., 1997 : *Elisée Reclus. L'homme qui aimait la terre,* Paris, Stock.

Chatelain, A., 1946 : « Cette Nouvelle Venue : la géographie sociale », *Annales, Économies, Sociétés, Civilizations* 3, pp. 266-270.

Chatelain, A., 1956 : « Géographie sociale des villes françaises », *Revue de géographie de Lyon* 31, pp. 119-127.

Chivallon, C., 2003 : « Une vision de la géographie sociale et culturelle en France, *Annales de Géographie*, n° 634, pp. 646-657.

Claval, P., 1967 : « Géographie et profondeur sociale », *Annales, Économies, Sociétés, Civilizations* 7, pp. 173-199.

Claval, P., 1973 : *Principes de géographie sociale*, Paris, Editions M.-Th. Génin.

Claval, P., 1973 : « Problèmes théoriques en géographie sociale », *Le géographe Canadien* 18, pp. 103-112.

Claval, P., 1977 : « Le Marxisme et l'espace », *L'Espace géographique* 6, pp. 145-164.

Claval, P., 1980 : *Les Mythes fondateurs des sciences sociales*, Paris, PUF.

Claval, P., 1986 : « Social geography in France », in Eyles, J. (ed.). *Social Geography in International Perspective*, London,Croom Helm, pp. 13-29.

Claval, P., 1987 : « Le Néo-marxisme et l'espace » *L'Espace géographique* 16, pp. 161-166.

Claval, P., 1998 : *Histoire de la géographie française de 1870 à nos jours*, Paris, Nathan.

Cloke, P., Philo, C. & Sadler, D., 1991 : *Approaching Human Geography : An Introduction to Contemporary Human Geography*, London, Paul Chapman.

Collectif français de géographie sociale et urbaine, 1984 : *De la géographie urbaine à la géographie sociale. Sens et non-sens de l'espace.* 25th congress of the IGU, Paris.

Cook, I. and Crang, M., 1995 : *Doing Ethnographies*, Norwich, CAT-MOG Series.

Corbridge, S., 1993 : « Marxisms, modernities and moralities : development praxis and the claims of distant strangers », *Environment and Planning D, Society and Space* 11, pp. 449-472.

Crush, J., 1994 : « Post-colonialism, De-colonialization and Geography », in Godlewska, A. & Smith, N. (eds), *Geography and Empire*, Oxford, Blackwell, pp. 333-350.

Dardel, E., 1990 : *L'Homme et la terre : nature de la réalité géographique* (1re ed. : 1952), Paris, Ed. du CTHS.

De Certeau, M., 1984 : *The Practice of Everyday Life,* Los Angeles, CA, University of California Press.

Demolins, E., 1901 : *Les Grandes Routes des peuples. Essai de géographie sociale,* Paris, Librairie de Paris.

Desrosieres, A., 1993 : *La Politique des grands nombres. Histoire de la raison statistique*, Paris, La Découverte.

Di Meo, G., 2001 : *Géographie sociale et territoires*, Paris, Nathan.

Doeppers, D.F., 1967 : « The Globeville neighbourhood in Denver », *Geographical Review* 57, pp. 506-522.

Dunbar, G., 1977 : « Some early occurrences of the term "social geography" », *Scottish Geographical Magazine* 93, pp. 15-20.

Durand, M.F., Levy, J. & Retaille, D., 1993 : *Le Monde : espaces et systèmes*, Paris, Presses de la fondation nationale des sciences politiques & Dalloz.

Durkheim, E., 1909 : « Sociologie et sciences sociales », in *De la méthode dans les sciences,* Paris, Alcan.

Entrikin, J.N., 1976 : « Contemporary humanism in geography », *Annals of the Association of American Geographers* 66, pp. 615-632.

Errani, P. L., 1984 : « Introduzione » in Reclus, E. *L'Homme. Geografia sociale*, Milano, Franco Angeli.

Ewald, F, 1986 : *L'État providence,* Paris, Grasset.

Febvre, L., 1922 : *La Terre et l'évolution humaine. Introduction géographique à l'histoire*, Paris, Albin Michel.

Fitzgerald, W., 1945 : « The geographer as humanist », *Nature* 156, pp. 355-357.

Fitzgerald, W., 1946 : « Geography and its components (correspondence) », *Geographical Journal* CVII (January-June), pp. 272-273.

Foucault, M., 1976. « Questions à Michel Foucault sur la géographie », *Hérodote* 1, pp. 71-85.

Freeman, T.W., 1946 : « Geography and its components (correspondence) », *Geographical Journal* CVIII (July-December), pp. 276-277.

Fremont, A., 1976 : *La Région, espace vécu,* Paris, PUF.

Fremont, A., 1980 : « L'espace vécu et la notion de région », *Travaux de l'institut de géographie de Reims* 41-42, pp. 47-58.

Fremont, A., Chevalier, J., Herin, R. and Renard, J., 1984 : *Géographie sociale,* Paris, Masson.

GALLAIS, J., 1976 : « Espace vécu et sociétés tropicales », *L'Espace géographique* 1, pp. 5-10.

GEERTZ, C., 1973 : *The Interpretation of Cultures : Selected Essays*, New York, NY, Basic Books.

GEERTZ, C., 1983 : *Local Knowledge : Further Essays in Interpretibe Anthropology*, New York, NY, Basic Books.

GEORGE, P., 1938 : *Géographie économique et sociale de la France*, Paris, Editions sociales.

GEORGE, P., 1946 : *Géographie sociale du monde*, Paris, PUF.

GEORGE, P., 1966 : *Sociologie et géographie*, Paris, PUF.

GIBSON-GRAHAM, J.K., 1996 : *The End of Capitalism (As We Knew It) : A Feminist Critique of Political Economy*, Oxford, Blackwell.

GILBERT, E. W. et STEEL, R.W., 1945 : « Social geography and its place in colonial studies », *Geographical Journal* CVI, pp. 118-131.

GOODMAN, N., 1988 : « On capturing cities », in TEYSSOT, G. (ed.) : *World Cities and the Future of the Metropolis*,. Milano, Electa, pp. 69-72.

GOUROU, P., 1971 : *Leçons de géographie tropicale*, Paris, Mouton.

GOUROU, P., 1973 : *Pour une géographie humaine*, Paris, Flammarion.

GRAFMEYER, Y. et JOSEPH, I. (Eds), 1979 : *L'école de Chicago*, Paris, Aubier.

GRATALOUP, C. et LEVY, J., 1976 : « Des géographes pour une autre géographie », *Le Monde* 14-15 mars.

GREGORY, D., 1978 : *Ideology, Science and Human Geography*, London, Macmillan.

GREGORY, D., 1982 : « Solid geometry : notes on the recovery of spatial structure », in GOULD, P. and OLSSON, G. (eds), *A Search for Common Ground*, London, Pion, 187-219.

GREGORY, D., 1994 : *Geographical Imaginations*, Oxford, Blackwell.

GREGSON, N., 1993 : « "The initiative" : delimiting or deconstructing social geography », *Progress in Human Geography* 17, pp. 525-530.

GUERIN, J.-P. & GUMUCHIAN, H., 1985 : *Les Représentations en actes : actes du colloque de Lescheraines*, Grenoble, Institut de géographie alpine.

HAGGETT, P., 1965 : *Locational Analysis in Human Geography*, London, Edward Arnold.

HARRIS, R., 1984 : « Residential segregation and class formation in the capitalist city », *Progress in Human Geography* 8, pp. 26-49.

HARRIS, R., 1989 : « Synthesis in human geography : a demonstration of historical materialism », in KOBAYASHI, A. & MACKENZIE, S. (eds), *Remaking Human Geography*, London, Unwin Hyman, pp. 78-94.

HARRISSON, T., 1946 : « Geography and its components (correspondence) », *Geographical Journal* CVIII (July-December), p. 126.

HARTKE, W,. 1956 : « Die "Sozialbrache" als Phänomen der geographischen Differenzierung der Landschaft », *Erdkunde* 10, pp. 257-269.

HARTSHORNE, R., 1939 : *The Nature of Geography : A Critical Survey of Current Thought in the Light of the Past*, Lancaster, PA, Association of American Geographers.

HARTSHORNE, R., 1959 : *Perspective on the Nature of Geography*, London, Rand McNally.

HARVEY, D., 1969 : *Explanation in Geography*, London, Edward Arnold.

HARVEY, D., 1972 : « Revolutionary and counter-revolutionary theory in geography and the problem of ghetto formation », *Antipode* 4(2), pp. 1-13.

HARVEY, D., 1973 : *Social Justice and the City*, London, Edward Arnold.

HARVEY, D., 1982 : *The Limits to Capital*, Oxford, Blackwell.

HARVEY, D., 1985a : *Consciousness and the Urban Experience : Studies in the History and Theory of Capitalist Urbanisation, Vol.1*, Oxford, Blackwell.

HARVEY, D., 1985b : *The Urbanisation of Capital : Studies in the History and Theory of Capitalist Urbanisation, Vol.2*, Oxford, Blackwell.

HARVEY, D., 1989 : *The Condition of Postmodernity : An Enquiry into the Origins of Cultural Change*, Oxford, Blackwell.

HARVEY, D., 1996 : *Justice, Nature and the Geography of Difference*, Oxford, Blackwell.

HERBERT, D., 1972 : *Urban Geography : A Social Perspective*, Newton Abbott, David & Charles.

HERIN, R., 1983 : « Géographie humaine, géographie sociale, sciences sociales », in NOIN, D. (ed.) : *Géographie sociale. Actes du colloque de Lyon, 14-16 octobre 1982*, Paris, Centre de polycopie de l'université de Paris I, pp.16-26.

HERIN, R., 1984 : « Le Renouveau de la géographie sociale française », in Collectif français de géographie sociale et urbaine, 1984 : *De la géographie urbaine à la géographie sociale. Sens et non-sens de l'espace*, 25th congress of the IGU, Paris, pp. 19-30.

HERIN, R. & MULLER, C. (eds), 1998 : *Espaces et sociétés à la fin du xxe siècle : quelles géographies sociales ?* Caen : Maison de la recherche en sciences humaines de Caen Basse-Normandie.

HINCHLIFFE, S., 1999 : « Entangled humans : specifying powers and their spatialities », in SHARP, J.P., ROUTLEDGE, P., PHILO, C. & PADDISON, R. (eds), *Entanglements of Power* : Geographies of Domination/Resistance, London, Routledge, pp. 219-237.

HOKE, G.W,. 1907 : « The study of social geography », *Geographical Journal* XXIX, pp. 64-67.

JACKSON, P., 1984 : « Social disorganisation and moral order in the city », *Transactions of the Institute of British Geographers 9(ns)*, pp. 168-180.

JACKSON, P., 1985 : « Urban ethnography », *Progress in Human Geography 9*, pp. 157-176.

JACKSON, P., 1987 : « The idea of "race" and the geography of racism », in JACKSON, P. (ed), *Race and Racism : Essays in Social Geography*. London, Allen & Unwim, pp.3-21.

JACKSON, P., 1988 : « Definitions of the situation : neighbourhood change and local politics in Chicago », in EYLES, J. & SMITH, D.M. (eds), *Qualitative Methods in Human Geography*, Cambridge, Polity Press, pp. 49-74.

JACKSON, P. & SMITH, S.J., 1984 : *Exploring Social Geography*, London, Allen & Unwin.

JOHNSTON, R.J., 1997 : *Geography and Geographers : Anglo-American Human Geography Since 1945* (5th edition), London, Edward Arnold.

JONES III, J.P., 1995 : « Making geography objectively: ocularity, representation, and The Nature of Geography », in NATTER, W., SCHATZKI, T.R. & JONES III, J.P. (eds), *Objectivity and its Other*, London, Guilford Press, pp. 67-92.

JUILLARD, E., 1953 : *La vie rurale dans la plaine de Basse-Alsace. Essai de géographie sociale*, Paris, Les Belles Lettres

JUILLARD, E., 1953 : *La vie rurale dans la plaine de Basse-Alsace. Essai de géographie sociale*, Paris-Strasbourg, Le Roux.

KALAORA, B. & SAVOYE, A. : *Les Inventeurs oubliés. Le Play et ses continuateurs aux origines des sciences sociales*, Seyssel, Champ Vallon.

KEITH, M. & PILE, S. (eds.), 1993 : *Place and the Politics of Identity*, London, Routledge.

KIMBLE, G.H.T., 1951 : « The inadequacy of the regional concept », in STAMP, L.D. & WOOLDRIDGE, S.W.. (eds), *London Essays in Geography : Rodwell Jones Memorial Volume*, London, Longmans, Green & Co., pp. 151-174.

LATOUR, B., 1990 : *Science in Action. How to Follow Scientist and Engineers through Society*, Cambridge [Mass.], Harvard University Press.

LATOUR, B., 1999 : *Politiques de la nature. Comment faire entrer les sciences en démocratie*, Paris, La Découverte.

LAURIE, N., DWYER, C., HOLLOWAY, S. & SMITH, F.M., 1999 : *Geographies of New Femininities*, Harlow, Pearson Education.

LAURIER, E., 1996 : *City of Glas/z*, University of Wales, Lampeter, Unpublished PhD thesis.

LAURIER, E., 1999 : « Geographies of talk : "Max left a message for you" », *Area* 31, pp. 36-45.

LAURIER, E. and PHILO, C., 1999 : « X-morphising : review essay of Bruno Latour's Aramis, or the Love of Technology », *Environment and Planning A*, pp. 1047-1071.

LE LANNOU, M., 1976 : « Des géographes contre la géographie », *Le Monde* 8-9 février.

LEDRUT, R., 1977 : *L'Espace en question*, Paris, Anthropos.

LEFEBVRE, H., 1974 : *La Production de l'espace*, Paris, Anthropos.

LÉVI-STRAUSS, C., 1958 : *Anthropologie structurale*, Paris, Plon.

LÉVY, J., 1994 : *L'Espace légitime : sur la dimension géographique de la fonction politique*, Paris, Presses de la Fondation nationale des sciences politiques.

LÉVY, J., 1996 : « Une nouvelle géographie vient au monde », *Le Débat*, 92, pp. 43-57.

LÉVY, J., 1999 : « L'Esprit des lieux », in LÉVY, J and LUSSAULT, M (eds.), *Logiques de l'espace, esprit des lieux* (textes préparatoires au colloque de Cerisy, 21-26 septembre 1999), pp. 1-31.

LÉVY, J. & M. LUSSAULT, 2000 : *Logiques de l'espace, esprit des lieux*, Paris, Belin.

LEY, D., 1974 : *The Black Inner City as Frontier Outpost : Images and Behavior of a Philadelphia Neighborhood, Washington*, DC, Association of American Geographers Monograph Series n°.7.

LEY, D., 1977 : « Social geography and the taken-for-granted world », *Transactions of the Institute of British Geographers 2(ns)*, pp. 498-512.

LEY, D,. 1978 : « Social geography and social action », in In LEY, D. and SAMUELS, M.S. (eds.), *Humanistic Geography : Prospects and Problems*, London, Croom Helm, pp. 41-57.

LEY, D., 1980 : *Geography Without Man : a Humanistic Critique*, University of Oxford, School of Geography Research Paper n°.24.

LEY, D., 1981 : « Behavioural geography and the philosophies of meaning », in COX, K. and GOLLEDGE, R.G. (eds), Behavioural *Problems in Geography Revisited*, London, Methuen, pp. 209-230.

LEY, D., 1988 : « Interpretative social research in the inner city », in EYLES, J. (ed.), *Research in Human Geography : Introduction and Investigations*, Oxford, Blackwell, pp. 121-138.

LINVINGSTONE, D.N., 1992 : *The Geographical Tradition : Episodes in the History of a Contested Enterprise*, Oxford, Blackwell.

LOTMAN, J., 1985 : *La semiosfera : l'asimmetria e il dialogo nelle strutture pensanti*, Venice, Marsilio.

KENWORTHY TETHER, E. (ed.). 1999 : *Embodied Geographies : Spaces, Bodies and Rites of Passage*, London, Routledge.

MACKENZIE, S., 1988 : « Balancing our space and time : the impact of women's organisation on the British city, 1920-1980 », in LITTLE, J., PEAKE, L. & RICHARDSON, P. (eds), *Women in Cities : Gender and the Urban Environment*, London, Macmillan, pp. 41-60.

MACKENZIE, S., 1989 : *Visible Histories : Women and Environments in a Postwar British City*, London, McGill-Queen's University Press.

MASSEY, D., 1992 : « Politics and space/time », *New Left Review* 196, pp. 65-84.

MASSEY, D., 1994 : *Space, Place and Gender*, Cambridge, Polity Press.

MASSEY, D., 1999 : « Spaces of politics », in D. MASSEY, D., ALLEN, J. & SARRE, P. (eds) *Human Geography Today*, Cambridge, Polity Press , pp. 279-294.

MATLESS, D. and PHILO, C., 1991 : « Nature's geographies : social and cultural perspectives », in PHILO, C. (comp), *New Words, New Worlds : Reconceptualising Social and Cultural Geography*, Lampeter, Social and Cultural Geography Study Group, pp. 39-48.

MAUSS, M. and BEUCHAT, H., 1906 : « Essai sur les variations saisonnières des sociétés eskimos. Études de morphologie sociale », *L'Année sociologique*, republished in MAUSS, M. *1950 : Sociologie et Anthropologie*, Paris, PUF, pp. 393-394.

MCDOWELL, L., 1983 : « Towards an understanding of the gender division of urban space », *Environment and Planning D, Society and Space* 1, pp. 59-72.

MCDOWELL, L., 1999 : *Gender, Identity and Place : Understanding Feminist Geographies*, Cambridge, Polity Press.

MEYNIER, A., 1969 : *Histoire de la pensée géographique en France*, Paris, PUF.

MITCHELL, D., 1995 : « There's no such thing as culture : towards a reconceptualisation of the idea of culture in geography », *Transactions of the Institute of British Geographers 20(ns)*, pp. 102-116.

MITCHELL, D., 2000 : *Cultural Geography : A Critical Introduction*, Oxford, Blackwell.

MONDADA, L. & SÖDERSTRÖM, O., 1993a : « Du texte à l'interaction : parcours à travers la géographie culturelle contemporaine », *Géographie et cultures*, n° 8, pp. 71-82.

MONDADA, L. & SÖDERSTRÖM, O., 1993b : « Lorsque les objets sont instables (I) : les faits culturels comme processus », *Géographie et cultures*, n° 8, pp. 83-100.

MONDADA, L. & SÖDERSTRÖM, O., 1994 : « Lorsque les objets sont instables (II) : des espaces urbains en composition », *Géographie et cultures*, n° 12, pp. 87-108.

MONDADA, L., PANESE, F. & SÖDERSTRÖM, O., 1992 : *Paysage et crise de la lisibilité : de la beauté à l'ordre du monde. Actes du colloque international de Lausanne*, Lausanne, Université de Lausanne.

MORILL, R.L., 1965 : « The Negro ghetto : problems and alternatives », *Geographical Review* 55, pp. 339-361.

MUCCHIELLI, L., 1998 : *La Découverte du social. Naissance de la sociologie en France*, Paris, La Découverte.

MURDOCH, J., 1997 : « Towards a geography of heterogeneous associations », *Progress in Human Geography* 21, pp. 321-337.

OLSSON, G., 1980 : *Birds in Egg/Eggs in Bird*, London, Pion.

PAHL, R., 1967 : « Sociological models in geography », in CHORLEY, R.J. & HAGGETT, P. (eds.), *Models in Geography*, London, Methuen, pp. 217-242.

PAIN R., M. BARKE, D. FULLER, J. GOUGH, R. MACFARLANE & G. MOWL, 2001 : *Introducing Social Geographies*, Arnold, London.

PANELLI, R., 2003 : *Social Geographies : From Difference to Action*, London, Sage.

PEACH, C. (ed.), 1975b : *Urban Social Segregation*, London, Longman.

PEACH, C., 1975a : « Introduction : the spatial analysis of ethnicity and class », in PEACH, C. (ed.), *Urban Social Segregation*, London, Longman, pp. 1-17.

PEACH, C., 1975b : *Urban Social Segregation*, London, Longman.

PEACH, C., 1996 : « Does Britain have ghettos? ,» *Transactions of the Institute of British Geographers* 21, pp. 216-235.

PEACH, C., 1999 : « Social geography », *Progress in Human Geography* 23, pp. 282-288.

PEACH, C., ROBINSON, V. and SMITH, S.J. (eds.), 1981 : *Ethnic Segregation in Cities,* London, Croom Helm.

PEET, R., 1975 : « Inequality and poverty : a Marxist-geographic theory », *Annals of the Association of American Geographers* 65, pp. 564-571.

PERROT, M., 1972 : *Enquêtes ouvrières au XIXe siècle,* Paris, Hachette.

PHILO, C. (comp.), 1991 : *New Words, New Worlds : Reconceptualising Social and Cultural Geography*, Lampeter, Social and Cultural Geography Study Group.

PHILO, C., 1991a : « Introduction, acknowledgements and brief thoughts on older words and older worlds », in PHILO, C. (comp.), *New Words, New Worlds : Reconceptualising Social and Cultural Geography,* Lampeter, Social and Cultural Geography Study Group, pp. 1-13.

PHILO, C., 2000 : « More words, more worlds : reflections on the "cultural turn" and human geography », in COOK, I., CROUCH, D., NAYLOR, S. & RYAN, J. (eds.), *Cultural Turns/Geographical Turns*, London, Longman, pp. 26-53.

PIOLLE, X., 1983 : « Géographie sociale et relations recherche-société », in NOIN, D. (ed.) : *Géographie sociale. Actes du colloque de Lyon, 14-16 octobre 1982.* Paris, Centre de polycopie de l'université de Paris I, pp.56-65.

POCHE, B., 1996 : *L'espace fragmenté. Eléments pour une analyse sociologique de la territorialité*, Paris, L'Harmattan.

PUMAIN, D. & SAINT-JULIEN, T., 1978 : *Les dimensions du changement urbain : évolution des structures socio-économiques du système urbain français de 1954 à 1975*, Paris, Ed. du Centre national de la recherche scientifique.

PUMAIN, D., SANDERS, L. & SAINT-JULIEN, T., 1989 : *Villes et auto-organisation,* Paris, Économica.

RABINOW, P., 1989 : *French Modern,* Cambridge, MA, MIT Press.

RACINE, J.-B., 1971 : « Le modèle urbain américain. Le mot et les choses », *Annales de Géographie*, pp. 397-427.

RACINE, J.-B., 1973 : *Un type nord-américain d'expansion métropolitaine : la couronne urbaine du Grand Montréal,* Thèse, Université de Nice.

RACINE, J.-B., 1986 : « Problématique pour une géograhie sociale des espaces sociaux en Suisse », *Geographica Helvetica* 41, pp. 57-65.

RACINE, J.-B. & RAFFESTIN, C., 1983 : « Espace et société dans la géographie french-speaking : pour une approche critique du quotidien », in PAELINCK, J. & SALLEZ, A (eds.). *Espace et localisation. La redécouverte de l'espace dans la pensée scientifique de langue française,* Paris, Economica, pp. 304-330.

RAFFESTIN, C. & BRESSO, M., 1979 : *Travail, espace, pouvoir*, Lausanne, L'Age d'Homme.

RAFFESTIN, C., 1981 : *Pour une géographie du pouvoir*, Paris, Litec.

RAFFESTIN, C., 1983 : « Introduction à la géographie sociale des frontières », *Espace, populations, sociétés* 1, pp. 87-88.

RAFFESTIN, C., 1986 : « Territorialité: concept ou paradigme de la géographie sociale ? », *Geographica Helvetica*, 41, pp. 91-96.

RAFFESTIN, C., 1994 : « Territoires, territorialités et argent », in RAFFESTIN, C. and PIOLLE, X. *Fin des territoires ou diversification des territorialités*, Université de Pau, 10-11 octobre 1994 [non publié].

RAZA, M., 1972 : « Geography as a social science. In The Indian Council of Social Science Research », *A Survey of Research in Geography*, Bombay, Popular Prakashan, pp. 17-21.

REMY, J. & VOYE, L., 1974 : *La Ville et l'urbanisation : modalités d'analyse sociologique*, Gembloux, Duculot.

REYNAUD, A., 1981 : *Société, espace et justice : inégalités régionales et justice socio-spatiale*, Paris, PUF.

REYNAUD, A., 1982 : « La Géographie, science sociale », *Travaux de l'Institut de Geographie de Reims*, 49-50, pp. 1-164.

ROBIC, M.-C., 1991 : « La stratégie épistémologique du mixte : le dossier vidalien », *Espaces-Temps* 47-48, pp. 53-66.

ROCHEFORT, R., 1961 : *Travail et travailleurs en Sicile. Etude de géographie sociale*, Paris, PUF.

ROCHEFORT, R., 1963 : « Géographie sociale et sciences humaines », *Bulletin de l'association de géographes français* 314-315, pp. 18-32.

ROCHEFORT, R., 1983 : « Réflexions liminaires sur la géographie sociale », in NOIN, D. (ed.) : *Géographie sociale. Actes du colloque de Lyon, 14-16 octobre 1982*, Paris, Centre de polycopie de l'Université de Paris I, pp. 11-15.

RODAWAY, P., 1988 : « Opening environmental experience », in POCOCK, D.C.D. (ed.), *Humanistic Approaches in Geography*. University of Durham, Department of Geography Occasional Paper n°.22, pp. 50-61.

ROSE, G., 1993 : *Feminism and Geography : The Limits of Geographical Knowledge*, Cambridge, Polity Press.

ROWLES, G., 1978 : « Reflections on experiential fieldwork », in LEY, D. & SAMUELS, M.S. (eds.), *Humanistic Geography : Prospects and Problems*, London, Croom Helm, pp. 173-193.

Roxby, P.M., 1930 : « The scope and aims of human geography », *Scottish Geographical Magazine* XLVI, pp. 276-290.

Schaefer, F,. 1953 : « Exceptionalism in geography : a methodological examination », *Annals of the Association of American Geographers* 43, pp. 226-249.

Santos, M,. 1974 : « Geography, marxism and underdevelopment », *Antipode* 6(3), pp. 1-9.

Santos, M., 1977 : « Society and space : social formation as theory and method », *Antipode* 9(1), pp. 3-13.

Santos, M., 1979 : *The Shared Space*, London, Methuen.

Scott, A.J., 1980 : *The Urban Land Nexus and the State*, London, Pion.

Shevky, E. & Bell, W., 1955 : *Social Area Analysis : Theory, Illustrative Application and Computational Procedure*, Los Angeles, CA, University of California Press.

Shurmer-Smith, P., 1996 : « Introduction », in Shurmer-Smith, P. (comp), *All Over the Place : Postgraduate Work in Social and Cultural Geography*, University of Portsmouth, Department of Geography Working Paper n° 36.

Sibley, D., 1981 : *Outsiders in Urban Societies*, Oxford, Blackwell.

Sibley, D., 1995 : *Geographies of Exclusion : Society and Difference in the West*, Routledge, London.

Simiand, F., 1910 : « Recension critique des thèses de A. Demangeon, R. Blanchard, C. Vallaux, A. Vacher et J. Sion », *L'Année Sociologique* 11, pp. 723-724.

Sion, J., 1908 : *Les Paysans de Normandie orientale*, Armand Colin, Paris.

Smith, D.M., 1971 : « Radical geography : the next revolution ? », *Area* 3, pp. 153-157.

Smith, D.M., 1974 : « Who gets what *where*, and how : a welfare approach for human geography », *Geography* 59, pp. 255-267.

Smith, D.M., 1977 : *Human Geography : A Welfare Approach*, London, Edward Arnold.

Smith, D.M., 1979 : *Where the Grass is Greener : Living in an Unequal World*, London, Penguin.

Smith, D.M., 1994 : *Geography and Social Justice*, Oxford, Blackwell.

Smith, D.M., 1994b : « Welfare geography », in Johnston, R.J., Gregory, D. & Smith, D.M. (eds), *The Dictionary of Human Geography* (Third Edition), Oxford, London, pp. 674-676.

SMITH, N., 1979 : « Toward a theory of gentrification : a back to the city movement by capital not people », *Antipode* 11(3), pp. 24-35.

SMITH, N., 1982 : « Gentrification and uneven development », *Economic Geography* 58, pp. 139-155.

SMITH, N., 1987 : « Gentification and the rent gap », *Annals of the Association of American Geographers* 77,pp. 462-465.

SMITH, N., 1996 : *The New Urban Frontier : Gentrification and the Revanchist City,* London, Routledge.

SMITH, S. J., 1989 : *The Politics of « Race » and Residence : Citizenship, Segregation and White Supremacy in Britain,* Cambridge, Polity Press.

SÖDERSTRÖM , O., 1994 : « The Moral Power of Representation : Trust, Rationality and Urban Conflict », in F. FARINELLI, G. OLSSON & D. REICHERT (eds.), *The Limits of Representation*, Münich, Accedo, pp. 155-174.

SORRE, M., 1948 : « La notion de genre de vie et sa valeur actuelle (premier article) », *Annales de Géographie* 57, pp. 97-108.

SORRE, M., 1948 : « La notion de genre de vie et sa valeur actuelle (deuxième article) », *Annales de Géographie* 57, pp. 193-204.

SORRE, M., 1952 : *Les fondements de la géographie humaine* [t. III], Paris, Colin.

SORRE, M., 1957 : *Rencontres de la géographie et de la sociologie,* Paris, Librairie Marcel Rivière et Cie.

SORRE, M., 1957 : *Rencontres de la géographie et de la sociologie,* Paris, Rivière.

SORRE, M., 1961 : *L'Homme sur la Terre,* Paris, Hachette.

SPIVAK, G.C., 1988 : « Can the subaltern speak ? », in NELSON, G. & GROSSBERG, L. (eds.) *Marxism and the Interpretation of Culture.* Urbana, Ill, University of Illinois Press, pp. 271-313.

STODDART, D.R., 1986 : *On Geography and its History,* Oxford, Blackwell.

THOMALE, E., 1972 : *Sozialgeographie*, Marburg, Marburger Geographische Schriften, Heft 53.

THRIFT, N., 1996 : *Spatial Formations,* London, Sage.

THRIFT, N., 1997 : « The still point : resistance, expressive embodiment and dance », in PILE, S. & KEITH, M. (eds), *Geographies of Resistance.* London : Routledge, pp. 124-151.

THRIFT, N., 1999a : « Steps to an ecology of place », in ALLEN, J. & MASSEY, D. (eds.), *Human Geography Today,* Cambridge, Polity Press, pp. 295-322.

Thrift, N., 1999b : « Entanglements of power : shadows? », in Sharp, J.P., Routledge, P., Philo, C. & Paddison, R. (eds.), *Entanglements of Power : Geographies of Domination/Resistance,* London, Routledge, pp. 269-278.

Tivers, J., 1978 : « How the other half lives : the geographical study of women », *Area* 10, pp. 302-306.

Tivers, J., 1981 : « Perspective on feminism and geography I », in Women and Geography Working Party, *Perspectives on Feminism and Geography.* London : Women and Geography Working Party, pp. 4-7.

Tivers, J., 1985 : *Women Attached : Daily Lives of Women with Young Children*, London, Croom Helm.

Tivers, J., 1988 : Women with young children : constraints on activities in the urban environment », in Little, J., Peake, L. & Richardson, P. (eds.), *Women in Cities : Gender and the Urban Environment,* London, Macmillan, pp. 84-97.

Topalov, C., 1991 : « La ville "terre inconnue", l'enquête de Charles Booth et le peuple de Londres, 1886-1891 », *Genèses*, 5, pp. 5-34.

Tuan, Y., 1980 : *Landscapes of fear*, Oxford, Blackwell.

Tuan, Y.-F., 1974 : *Topophilia : A Study of Environmental Perceptions, Attitudes and Values,* Englewood Cliffs, NJ, Prentice-Hall.

Tuan, Y.-F., 1979 : *Landscapes of Fear,* Oxford, Blackwell.

Valentine, G., 2001 : *Social Geography : Space and Society,* London, Prentice Hall.

Vallaux, C., 1908 : *Géographie sociale : la mer,* Paris, O.Doin éditeur.

Vant, A., 1984 : « La géographie sociale face aux avatars de l'analyse urbaine », in Collectif français de géographie sociale et urbaine, *Sens et non-sens de l'espace,* Paris, Corlet, pp. 249-262.

Vant, A. [*et al.*], 1986 : *Marginalité sociale, marginalité spatiale,* Paris, Ed. du CNRS.

Vidal de la Blache, 1902 : « Les conditions géographique des faits sociaux », *Annales de géographie* 11, pp. 13-23.

Vidal de la Blache, 1903 : *Tableau de la géographie de la France,* Paris, Hachette.

Vidal de la Blache, P. 1913 : « Des caractères distinctifs de la géographie », *Annales de Géographie* 22, pp. 289-299.

Werlen, B., 1986 : « Thesen zur handlungstheoretischen Neuorientierung sozialgeographischer Forschung », *Geographica Helvetica* 41, pp. 67-76.

Werlen, B., 1993 : *Society, Action and Space : An Alternative Human Geography,* London, Routledge.

Werlen, B., 1995 : « Landschaft, Raum und Gesellschaft. Enstehungs- und Entwicklungsgeschichte wissenschaftlicher Sozialgeographie », *Geographishes Rundschau* 47, pp. 513-522.

Werlen, B., 2000 : *Sozialgeographie*, Bern, Verlag Paul Haupt.

Wesso, H., 1994 : « The colonization of geographic thought : the South African experience », in Godlewska, A. & Smith, N. (eds.), *Geography and Empire,* Oxford, Blackwell, pp. 316-332.

Western, J., 1973 : « Social groups and activity patterns in Houma, Lousiana », *Geographical Review* 63, pp. 301-321.

Western, J., 1996 : *Outcast Cape Town, Los Angels,* Univresity of California Press.

Wilbert, C., 1999 : « Anti-this – against-that : resistances along a human – non-human axis », in Sharp, J.P., Routledge, P., Philo, C. & Paddison, R. (eds.), *Entanglements of Power : Geographies of Domination/Resistance*, London, Routledge, pp. 238-255.

Women and geography study group, 1984 : *Geography and Gender: An Introduction to Feminist Geography,* London, Hutchinson.

Wooldridge, S.W., 1946 : « Geography and its components (correspondence) », *Geographical Journal* CVIII (July-December), p. 275.

Wooldridge, S.W. and EAST, W.G., 1951 : *The Spirit and Purpose of Geography*, London, Hutchinson.

Wreford Watson, J., 1951 : « The sociological aspects of geography », in Taylor, G. (ed.), *Geography in the Twentieth Century : A Study of Growth, Fields, Techniques, Aims and Trends*, London, Methuen, pp. 463-499.

Zanetto, G., 1989 : *Les langages des représentations géographiques : actes du Colloque international, Venise*, Venice, Università degli studi di Venezia.

Chapitre 3

a géographie économique : traditions et turbulences

Georges Benko and Allen J. Scott

Les réflexions essentielles de la géographie économique tournent autour de la façon dont l'espace, sous les différentes formes de la distance, la séparation, la proximité, la localisation, le lieu, etc., détermine et informe les données économiques. En termes plus concrets, on peut dire que la tâche que s'est donnée la géographie économique contemporaine consiste à décrire de façon raisonnée l'organisation spatiale de l'économie, et en particulier, à éclairer les façons dont la géographie influence le fonctionnement économique du capitalisme. De toute évidence, des présentations aussi concises laissent une place considérable à des divergences quant à la façon dont la géographie économique est pratiquée, ou devrait l'être. Nous verrons dans ce chapitre que les conceptions ont été fort différentes au long du développement de cette sous-discipline.

On peut retracer les origines conceptuelles de la géographie économique telle qu'elle est pratiquée aujourd'hui sur au moins trois siècles, de façon certaine sinon très nette. Les premières manifestations d'interrogations économiques aux XVIIe et XVIIIe siècles abordaient déjà des questions relevant de la géographie, même si la dimension spatiale et les préoccupations de localisation qu'on peut discerner dans ces premiers écrits sur l'économie ne formaient souvent que l'arrière-plan de questions plus fondamentales centrées sur l'origine de la richesse des nations et les causes du commerce. Dans la seconde moitié du XVIIIe siècle, puis au début du XIXe siècle, on peut détecter une sensibilté géographique indéniable dans les travaux de certains auteurs économistes, mais, même alors, la géographie économique en tant que telle demeurait une préoccupation très secondaire. Jusqu'à la fin du XIXe siècle, la discipline géographique elle-même n'était guère plus ouverte à ce qu'on aurait pu identifier comme une véritable géographie économique. Dans la formation de la discipline, dans les premières décennies du XXe siècle, l'accent était rarement mis sur les questions économiques, sauf si elles pouvaient être englobées dans la priorité donnée à la synthèse régionale et à la notion de milieu géographique.

C'est seulement dans la période de l'entre-deux-guerres que la géographie économique apparaît en tant que branche reconnaissable de la discipline, et il faut attendre les années 1950 pour qu'elle commence à s'affirmer réellement comme un champ de recherche à part entière (Scott, 2000). Malgré cela, ce fut une des premières branches de la géographie à s'éloigner clairement de l'approche régionale-synthétique pour adopter des méthodes plus systématiques et analytiques, et s'identifier à une entreprise de construction théorique fondée sur des hypothèses à vérifier. Cette rupture avec la tradition classique initia une trajectoire de développement, dans les dernières décennies du XXe siècle, impulsée par un déploiement d'énergie intellectuelle considérable, mais également marquée par de revirements fréquents et polémiques. Comme nous allons le montrer, cette trajectoire reflète une double dynamique. D'une part, le cours historique de la géographie économique peut être en partie compris en termes de sa logique d'évolution interne, résultant de la mise au point, de l'application empirique, puis de la révision de concepts théoriques particuliers. D'autre part, ce cours historique peut également être vu comme déterminé par les conditions sociales et économiques externes, et surtout, par les problèmes pratiques rencontrés par le capitalisme et les mauvais pas où il s'est fourré dans sa course en avant effrénée.

La géographie économique d'avant la géographie économique

On peut discerner l'ébauche d'idées sur l'effet des conditions spatiales sur l'activité économique dans des écrits de l'Antiquité et de la Renaissance, mais c'est seulement fin XVIIe/début XVIIIe, quand l'économie politique scientifique a commencé à prendre forme, qu'on se penche sérieusement sur les relations entre elles.

Le texte de William Petty, *Discourse on Political Arithmetick* (1690), a été l'un des premiers travaux significatifs d'analyse économique à prendre en compte de façon systématique des questions de nature géographique. Ce travail de Petty développe un certain nombre d'idées sur le foncier et la rente foncière, et leurs conséquences sur la distribution des activités agricoles, qui seront reprises tout au long du XVIIIe siècle. Peu de temps après, Pierre de Boisguilbert publie sa *Dissertation de la nature des richesses* (1707), qui voit dans l'agriculture les fondements de tout enrichissement et fournit les bases des doctrines physiocratiques développées plus tard par François Quesnay et Richard Cantillon, parmi d'autres. Cantillon s'est particulièrement attaché à éclairer les relations entre ville et campagne environnante dans la France du XVIIIe siècle. Une figure notable de cette période, Sir James Steuart, prolongea dans *Inquiry into the Principles of Political Oeconomy* (1767) les idées de Petty et Cantillon, anticipant les théories développées plus tard par von Thünen quant à l'organisation spatiale des usages agricoles des sols autour des villes-marchés (voir ci-dessous). C'est bien sûr Adam Smith qui apporta la touche finale aux progrès des économistes du XVIIIe siècle, avec son œuvre synthétique *La Richesse des nations* (1776), qui posa les bases de la théorie de la concurrence des marchés et du libre échange. Dans les écrits de Smith, la dimension spatiale trouve sa place dans l'analyse des relations entre la fertilité des sols et la rente foncière, et celle du commerce (notamment l'impact du commerce urbain sur la campagne environnante), mais ce sont des éléments dont il est redevable à d'autres auteurs. Son intuition géographique la plus originale, dans *La Richesse des nations*, se trouve dans le bref passage qui affirme que la division du travail est limitée par l'étendue du marché : cela signifie que l'amélioration des techniques de transport permet aux producteurs de vendre sur des marchés plus étendus, ce qui conduit à un accroissement de la production et une extension ainsi qu'un approfondissement de la division du travail. Cette idée a été fréquemment utilisée par les géographes contemporains, dans l'analyse des économies d'agglomération (Scott, 1988a).

Au début du XIXe siècle, la dimension géographique des écrits d'économie politique s'estompe, peut-être parce que leur intérêt se tourne plus vers ce que nous appellerions les questions macro-économiques, que vers les subdivisions internes des nations et leurs caractéristiques économiques. Les travaux de Johann Heinrich von Thünen, en Allemagne, font exception à cette tendance générale : dans son ouvrage *Der Isoliert Staat* (1826), celui-ci perfectionne la théorie de l'usage des sols agricoles développée par W. Petty, James Steuart (1767), et d'autres, et démontre de façon détaillée comment les liens entre rente foncière, coûts de transport et prix agricoles tendent à former des cercles concentriques d'usages différenciés des sols autour des centres de peuplement majeurs. Le contemporain de von Thünen, David Ricardo, (dont l'ouvrage *Principles of Political Economy and Taxation* parut en 1817), n'était quant à lui guère intéressé par les dimensions spatiales, qui sont réduites à leur plus simple expression dans ses travaux, y compris dans ses analyses magistrales des avantages comparatifs et des rentes différenciées, dans lesquelles la géographie aurait pu tenir une place importante. Sa théorie des avantages comparatifs, par exemple, ne fait aucun cas des subtilités de la différenciation géographique, et réduit les pays à une collection de ressources dépourvue de dimension spatiale. De plus, comme l'a montré Ponsard (1958), Ricardo a fondé sa théorie de la rente essentiellement sur les variations de fertilité des sols, de sorte que le rôle des coûts de transports comme facteur de diversité des espaces disparaissait entièrement. Comme l'écrit Dockès (1969), « le flot abondant d'idées intégrant les perspectives spatiales et économiques disparaît presque totalement au XIXe siècle, comme une rivière disparaissant dans un désert ». Même Marx, l'esprit universel du milieu du siècle, était plus ou moins indifférent aux questions spatiales. Au fil du temps, les préoccupations majeures des économistes les plus importants de ce siècle (surtout Jevons, Menger et Walras) s'éloignent plus encore de la géographie, le but de la science économique étant, à ce moment, la formulation d'une théorie cohérente des marchés et de l'équilibre économique.

Ainsi, ce n'est que dans quelques cas isolés qu'on peut trouver une attention accordée aux aspects spatiaux à cette époque. L'un de ces cas est celui d'Alfred Marshall (1890), qui, au hasard de quelques passages (précurseurs), relève l'importance des districts industriels et les économies externes comme fondements de ce que nous appelons aujourd'hui les avantages comparatifs régionaux. Un autre de ces cas, c'est l'ingénieur et économiste allemand Wilhelm Launhardt, dont l'article *Die Bestimmung des zweckmssigsten Standorts einer gewerblichen Anlage*[1], publié en 1882, ouvre la voie à la théorie de la localisation. Le livre de Launhardt, *The Principles of Railway Location* (traduit en anglais en 1900-02), est l'un des premiers à identifier le phénomène d'agglomération par le biais d'une analyse des effets de localisation des améliorations des réseaux de transports.

[1] « Détermination de la localisation optimale d'un établissement industriel. »

Ainsi, au cours des XVIIIe et XIXe siècles, alors que la science économique moderne se mettait en place, la géographie économique se cantonnait pour sa part à un ensemble d'idées déconnectées et disparates. Mais les idées d'auteurs comme Petty, Cantillon, Steuart, Smith, von Thünen, Ricardo, Marx, Marshall et Launhardt étaient riches de potentialités pour l'élaboration d'une géographie économique véritablement approfondie. Toutes ces idées connaîtront une résurgence, sous une forme ou une autre, lorsque la géographie économique prendra corps dans la deuxième moitié du XXe siècle. Mais, pour une raison difficile à identifier, elles ne portent pas vraiment leurs fruits au cours des années 1700 et 1800, et tous les aperçus sur les fondations spatiales de l'activité économique qui se dessinent durant cette période ne s'organisent pas en un champ intellectuel cohérent.

La période de formation

On pourrait voir dans la publication du *Handbook of Commercial Geography* de George Chisholm, en 1889, le début d'une période de formation disciplinaire étalée dans le temps, au cours de laquelle se dessine quelque chose qui ressemble à la géographie économique contemporaine, sans que celle-ci émerge véritablement (Barnes, 2000). Il ne fait pas de doute qu'à l'aube du XXe siècle renaît un intérêt partagé quoique toujours sporadique pour la géographie économique, qu'on peut constater à la fois en économie et dans la géographie elle-même en émergence.

Au tournant du siècle, comme l'a montré Jerome Fellmann (1986), une poignée de départements d'économie d'universités nord-américaines offraient des cours de géographie économique. La Wharton School de l'université de Pennsylvanie (où Walter Isard devait établir un département de science régionale dans les années 1950) joue un rôle pionnier de ce point de vue, et J. Russell Smith (1913), un éminent professeur de la Wharton School, publia un des premiers manuels importants de la discipline. Un autre événement significatif est le lancement en 1925 de la revue *Economic Geography*, basée à l'université Clark, à Worcester, dans le Massachusetts. Les premiers numéros de la revue reflètent clairement les préoccupations alors très vives de protection des ressources. Avec la crise économique de la fin des années 1920 et du début des années 1930, ce sont, de façon prévisible, les questions de localisation et de performance industrielle qui en viennent à prendre le plus de place dans ses pages.

En Europe, comme c'était le cas en Amérique du Nord à la même époque, l'enseignement de la géographie économique était souvent lié à des besoins sociaux précis, et surtout, à la formation de gestionnaires pour le commerce et la distribution. De nombreux enseignants de géographie économique étaient en poste dans les écoles de commerce durant cette période. La géographie des économies nationales représente souvent le gros des programmes. Les écrits du géographe allemand Götz (1882) proposent des explications quant au fonctionnement différent des économies nationales et au rôle de l'environnement institutionnel. En 1904, Friedrich introduit la notion de *Raubwirtschaft*, la conception de l'économie comme force destructive, et cherche également à explorer les méthodes et les objectifs conceptuels de la géographie économique. Les notions de paysage économique et d'espace économique sont introduites par Credner (1926) et Waibel (1933). En France, Hauser (1905, 1915), qui est à la fois historien et géographe dans la tradition française, applique des thématiques de recherche similaires à la localisation des entreprises en Allemagne et aux États-Unis, et fait ressortir le rôle des *Konzerne* allemands et des *trusts* américains. Les réflexions de la grande figure de la géographie humaine française qu'est Vidal de la Blache présentent également un intérêt dans cette perspective. Dans ses *Principes de géographie humaine* (1921), Vidal laisse entendre que toute société, quel que soit son niveau de développement, est prise dans une dynamique qui est en substance la même : les individus sont toujours tentés de former des groupes afin de tirer parti de la division du travail. Ces groupes sont en outre sujets à des forces géographiques qui mènent à l'agglomération ou à la dispersion, de façon différentielle. Vidal s'intéressait aussi au rôle du transport dans la structuration spatiale des sociétés humaines et dans la répartition géographique des noyaux urbains. Dans les années 1930, quelques géographes français cultivaient un intérêt pour la géographie industrielle, mais celui-ci découlait essentiellement de leur souci de synthèse régionale (cf. Blanchard, 1934 ; Capot-Rey, 1934). L'étude de la géographie industrielle de Saint-Étienne et de sa région, par Perrin (1937), anticipe à bien des points de vue sur la sensibilité intellectuelle qui se situe au cœur des recherches des spécialistes de géographie industrielle des années 1980 et 1990.

Malgré cela, les géographes de cette époque n'ont pas pris une orientation décisive vers une géographie économique analytique ou théorique. C'est à un groupe d'économistes allemands qu'on doit le progrès accompli dans l'extension des limites conceptuelles de la géographie économique dans le premier tiers du xxe siècle, bien que leur impact sur leur temps ait été négligeable. On doit avant tout à Weber (1909) d'avoir formalisé une théorie viable de la localisation industrielle et, par là même, d'avoir posé les bases de la résurgence de la géographie économique après la Seconde Guerre mondiale. Le point de départ de la théorie de Weber est son célèbre triangle de localisation. L'un des sommets du triangle est censé représenter le marché pour une production donnée, les deux autres sont les sources de matières premières nécessaires pour sa fabrication. Le problème consiste à trouver la localisation optimale de l'usine où les composants sont assemblés et à partir de laquelle le produit est expédié vers le marché. Weber a montré que ce point pouvait être identifié comme celui où tous les coûts de transport sont minimisés, et il a conçu une technique graphique pour situer précisément ce point. En règle générale, la localisation optimale se trouvera à l'intérieur du triangle ou sur l'un de ses bords, mais Weber a également montré que dans certains cas un avantage de situation particulier (lié à une source d'énergie ou un bassin de main-d'œuvre à faible coût) pouvait rendre un site extérieur au triangle préférable au point de minimisation des coûts de transport.

Le travail de Weber a été repris par un certain nombre de ses étudiants, et a trouvé un écho dans une publication importante de l'économiste américain Hoover (1937), mais il n'a guère connu de diffusion au-delà d'un cercle restreint de spécialistes. Deux autres grandes figures de l'école allemande de la théorie de la localisation des années 1930 n'ont pas bénéficié d'une réception tellement meilleure. Ces deux figures, le géographe Walter Christaller et l'économiste August Lösch, ont tous deux cherché à établir une théorie de la répartition géographique des centres de marché, dont chacun est considéré comme point d'échange en direction duquel se déplace la population agricole environnante pour acheter biens et services. Leurs façons de formuler le problème sont extrêmement similaires dans leurs postulats de base, mais Lösch (1940) a incontestablement conduit son analyse beaucoup plus loin que Christaller (1933). Ils tombent d'accord pour dire que le comportement des consommateurs, tendant à minimiser leurs coûts, donne lieu à un schéma régulier de villes ou de « lieux centraux » tel que chaque ville se trouve entourée d'un marché de forme hexagonale régulière. De plus, dans un monde où la demande est différenciée selon les biens et les services considérés, une hiérarchie régulière de lieux centraux se met en place, des centres de taille réduite relativement nombreux fournissant les biens et services courants, et des centres bien plus grands et relativement moins nombreux répondant à la demande de biens et services plus rares. Weigmann (1931) a à son tour développé une approche fondée sur l'idée d'équilibre général dans l'économie, conçue comme un vaste ensemble de marchés spatiaux, et a affiné l'idée de l'économie spatiale comme domaine où la concurrence n'est pas parfaite. Par ailleurs, en 1935, Tord Palander a publié *Beiträge zur Standortstheorie,* livre qui prête une attention extrême au problème des coûts de transport. Palander soulignait l'importance de la taille des marchés et la complexité des facteurs de localisation dans une société fondée sur la division du travail, et la fin de son livre met en rapport le problème de la localisation industrielle et les questions de fixation des prix et de concurrence entre entreprises.

On retrouve certaines de ces préoccupations dans les travaux d'un certain nombre d'économistes américains entre les années 1920 et les années 1940. Hotelling (1929), par exemple, développa un modèle de concurrence duopolistique simple dans un contexte spatial, modèle qui a connu de nombreuses reformulations dans les décennies suivantes.Il démontrait en particulier que l'agglomération n'est pas nécessairement un fait pervers dans un monde où les vendeurs d'un bien homogène sont en concurrence directe les uns avec les autres : il a montré qu'au contraire, deux vendeurs parfaitement mobiles dans un espace géographique donné tendraient à terme à se situer côte à côte au centre de l'espace, résultante de leurs efforts pour maximiser la taille de leurs marchés respectifs. Deux autres avancées importantes dans ce champ vinrent de Reilly (1931) et Zipf (1949). La loi définie par Reilly (de gravitation du commerce de détail) s'inspirait du principe de base de la physique newtonienne, qui veut que deux corps tendent à s'attirer en proportion de leur masse et en proportion inverse du carré de la distance qui les sépare. La contrepartie économique de ce principe, c'est l'idée qu'un consommateur du marché de détail sera attiré par une ville proportionnellement à sa taille, et dans une proportion inverse à la distance qui l'en sépare. Il est alors possible de cartographier la limite probable des marchés de deux villes. Quant à Zipf, il a proposé une loi rang/taille qui par bien des aspects rappelait certaines des propositions de Christaller et de Lösch autour de la théorie des lieux centraux. Cette loi implique une application de la loi de Pareto à la relation entre la taille d'une ville donnée et son rang dans l'ensemble des villes d'un pays donné, de sorte que si la plus grande ville a une population P, la population d'une ville de rang r sera simplement P/r. Enfin, un certain nombre de sociologues de l'époque développaient des idées théoriques à propos de la ville et de l'urbanisation qui étaient indirectement liées à des questions de géographie économique. L'école de Chicago, en particulier, abordait les questions d'usage du sol et de localisation intra-urbaine, même si son approche empruntait plus aux principes de l'écologie qu'à ceux de l'économie.

En général, les géographes de l'entre-deux-guerres s'intéressaient moins à l'analyse de l'organisation spatiale de l'économie qu'à la description de certaines situations empiriques, et à l'exposition de la signification plus large, sur le plan humain, du paysage géographique. Cette perspective ressort bien du texte de Hauser (1947, pp. 2-3 et 18) :

> « *La géographie économique est en mouvement constant, en perpétuel devenir […] La localisation, les lignes de communication, la création de nouvelles puissances commerciales, l'importance croissante ou décroissante des importations ou exportations, tous ces éléments sont sous l'emprise d'une dynamique sans fin et sont toujours sujets à transformation. C'est là, disons-le en passant, à la fois la grande difficulté et l'attraction principale de la géographie économique […] Il est impossible de constituer une géographie économique scientifique, car comment appliquer le nom de science à un champ de connaissance en perpétuel changement et en mouvement ?* »

Ainsi, ce furent les économistes, plutôt que les géographes, qui repoussèrent le plus les frontières conceptuelles de la géographie économique de cette période de formation. Les travaux d'un petit nombre d'économistes, comme Weber, Hoover, Lösch, Reilly et Zipf (et le géographe Christaller) furent à l'origine des balbutiements d'une géographie économique véritablement théorique, et posèrent les fondations de ce qui devait devenir, après la Seconde Guerre mondiale, la science régionale et l'analyse spatiale. Les concepts élaborés durant cette période par des économistes sont d'autant plus importants qu'ils fournirent beaucoup des armes élémentaires de l'arsenal idéologique des géographes de l'après-guerre, ce qui leur permit de défier l'orthodoxie de la géographie classique et de s'orienter de façon décisive vers une science géographique nomothétique.

Vers une géographie économique scientifique

Le mouvement de la science régionale

Aux États-Unis, entre la fin des années 1940 et le début des années 1950, un certain nombre de chercheurs commencèrent à se réapproprier avec enthousiasme les idées des théoriciens allemands de la localisation de l'avant-guerre. Cet intérêt était avivé par les problèmes économiques pressants des années de l'immédiat après-guerre, d'autant plus que ces problèmes prenaient souvent une forme spécifiquement territoriale. Il devenait urgent de rendre compte des fondements des inégalités spatiales de revenu, de la déprise urbaine et de la taudification, des régions en retard sur le plan économique, des impacts locaux de grands projets d'infrastructure ou du fonctionnement de pôles de croissance régionaux. La gravité de tels problèmes était prise au sérieux dans le cadre des politiques dominantes, de plus en plus influencées par les principes du keynésianisme et de l'État providence, et dont les préceptes interventionnistes supposaient de nouvelles recherches actives sur la configuration régionale et spatiale de l'économie.

L'année 1954 fut un tournant. C'est cette année-là que Walter Isard fonda la *Regional Science Association*, essentiellement en réponse à ce qu'il voyait comme étant les déficiences de l'analyse économique conventionnelle du temps – « un pays imaginaire dépourvu de dimensions spatiales » (Isard 1956, p. 25) – et également comme source d'idées pratiques et d'information pouvant être utilisée par les politiques pour faire face à leurs nouvelles et difficiles fonctions d'aménagement urbain régional dans les années 1950. Le but théorique ultime de la science régionale, telle que la concevait Isard, était de réécrire la théorie néoclassique de l'équilibre général d'une façon qui prenne en compte le fait que toute variable d'offre, de demande et de prix est fonction de coordonnées de lieu spécifiques. Mais, dans la pratique, ce but ne servait guère que d'arrière-plan aux tâches bien plus terre à terre de l'analyse de localisation détaillée et de l'étude des schémas d'interaction spatiale en découlant. Ainsi, au cours des années 1950 et 1960, les praticiens de la science régionale accomplirent un ensemble de recherches très diversifiées, de l'analyse des complexes industriels (Isard *et al.*, 1959) aux systèmes « entrée-sortie » de production à l'échelle régionale (Hirsch, 1959), en passant par des modèles de potentiel gravitaire (Warntz, 1957), la croissance urbaine et l'usage des sols (Harris, 1956; Wingo, 1961) et les migrations interrégionales (Sjaastad, 1960), pour ne citer que quelques exemples. L'un des autres objectifs de la recherche était d'affiner les modèles de base de von Thünen, Weber, Christaller et Lösch. Ainsi, Alonso (1965) montra son ambition en retravaillant von Thünen pour appliquer ses idées à l'analyse des densités de population et la répartition des usages résidentiels des sols. Ce travail d'Alonso contribua à l'éclosion d'une soi-disant « nouvelle économie urbaine » en Amérique du Nord. On en retrouve des échos en France, où fut commanditée une série d'études sur les schémas de répartitition de la population urbaine conduites par des ingénieurs et des aménageurs dans la deuxième moitié des années 1960 (cf. Granelle, 1969; Mayer, 1965; Merlin, 1966). C'est également en France qu'on trouve une des extensions les plus précoces du mouvement de la science régionale hors des États-Unis, marquée par la création en 1961 de l'*Association de science régionale de langue française*, sous l'égide de François Perroux et Jacques Boudeville.

Ces deux derniers, économistes, étaient à l'époque eux-mêmes activement impliqués dans la rédaction de la théorie fondamentale des pôles de croissance et des centres de croissance, et dans son application en aménagement régional (Boudeville et Antoine, 1968; Perroux, 1961). Le cadre conceptuel de l'essentiel de ce travail fut identifié par Perroux (1961), qui écrivit : « La croissance ne se manifeste pas partout en même temps ; elle se produit en certains points ou pôles de croissance avec des intensités variables ; elle se diffuse par des canaux différents et avec des résultats finaux qui varient au sein de l'économie dans son ensemble. » Bref, la croissance économique présente des inégalités sur le plan géographique et fonctionnel, et elle est fortement influencée par les schémas de développement urbain et régional préexistants. La croissance nationale traduit la performance économique des régions constituant l'ensemble de l'espace national. La performance économique régionale dépend quant à elle de pôles de croissance organisés autour de donneurs d'ordres avec une forte intensité de liens inter-industrie.

La théorie des pôles de croissance élaborée par Perroux connut une grande renommée internationale, pratiquement dès sa conception. Parallèlement, les travaux de Hirschman (1958), Myrdal (1959), Kuklinski et Petrella (1972), et d'autres, ont ajouté beaucoup aux idées de départ de Perroux, et surtout à celle selon laquelle le développement correspond à un processus de déséquilibre. Selon Perroux, Hirschman et Myrdal, les pôles de croissance sont associés à deux processus dynamiques principaux, qu'on peut identifier, dans les termes de Hirschman, comme effets de polarisation et effets de « trickle-down » (percolation). Le premier repose sur le rôle de l'agglomération, de la centralisation et des migrations internes, l'autre prend en compte la tendance complémentaire à la croissance décentralisée dans des espaces plus périphériques. Selon le choix politique opéré (par exemple entre une croissance maximale dont l'égalité entre régions fait les frais, ou une égalité entre régions dont la croissance fait les frais), le problème consiste donc à calibrer les influences respectives des effets de polarisation et de « trickle-down » dans l'ensemble de l'économie spatiale du capitalisme.

Dans une perspective plus néoclassique, Borts et Stein (1964), parmi d'autres, ont cherché à montrer que les inégalités régionales quant aux coûts (règlements ?) (salariaux avant tout) n'étaient que des aberrations temporaires se corrigeant d'elles-mêmes. Selon eux, dans un monde où la concurrence est parfaite, chaque région affirmerait son avantage comparatif, et les inégalités dans l'espace seraient rapidement éliminées. Le modèle Borts-Stein a été assez influent auprès des économistes lors de sa formulation. Son optimisme apparaît cependant assez infondé au vu de la persistance indéniable des inégalités régionales dans le monde entier et surtout au vu de modèles ultérieurs reposant sur la notion d'*effets cumulatifs (notions of increasing returns effects)* et tendant à montrer que les marchés tendent en fait structurellement à créer des inégalités économiques spatiales.

L'analyse spatiale et la géographie quantitative

Au moment où la science régionale faisait son apparition au début des années 1950, un petit nombre de géographes commençaient également à cultiver des idées novatrices sur l'analyse théorique et l'organisation spatiale de l'économie. La géographie restait clairement dominée par sa tradition idiographique à cette époque, mais les signes d'une rébellion devenaient de plus en plus visibles. Une des premières critiques systématiques des approches idiographiques traditionnelles est due à Schaefer (1953), dont les travaux furent prolongés par ceux d'Ackerman (1958) : tous deux prônaient des approches donnant leur juste place à la construction théorique et à l'analyse abstraite. Cette vision émergente de la géographie facilita aux spécialistes de géographie économique l'établissement de ponts méthodologiques et thématiques vers les travaux de l'économie spatiale et ouvrit la porte à une géographie appliquée particulièrement tournée vers les questions d'aménagement régional.

Plus précisément, à cette époque, un groupe de géographes de l'université de Washington, composé essentiellement de William L. Garrison et de ses étudiants, commençaient à redécouvrir certaines des idées de l'école allemande d'analyse de localisation, et à découvrir, simultanément, qu'il était possible de soumettre certains types de questions géographiques à l'analyse mathématique et statistique. Ainsi, ils commencèrent à appliquer ces outils quantitatifs à divers problèmes de théorie de la localisation et d'analyse des lieux centraux. À partir de là, ils s'attaquèrent à certains des problèmes-clé de la géographie économique telle qu'elle était conçue à l'époque, dont la formalisation de modèles fort différents de choix de localisation, de flux spatiaux, de comportements d'achat, d'ordre hiérarchique et de structures en réseau. Les étudiants de Garrison à l'université de Washington – Brian Berry, William Bunge, Michael Dacey, Duane

Marble, Richard Morrill, John Nystuen et d'autres – devaient plus tard devenir des figures importantes de la géographie professionnelle aux États-Unis dans les années 1960. Mais, à cette époque, ils étaient vus par la majorité conservatrice de la discipline comme tenants d'une hétérodoxie plutôt mal venue, et leurs travaux rencontrèrent une forte opposition. Alliés naturels des tenants de la science régionale, ils unirent leurs forces à ceux-ci, et pendant un certain temps il était plus commun pour eux de diffuser leur travail dans les publications et les conférences de l'Association de la science régionale que dans les cadres de la profession géographique. L'existence d'un mouvement de science régionale florissant permit aux pionniers de l'école de Washington et aux géographes d'autres universités (notamment Northwestern et celle d'Iowa), qui les rejoignaient en nombre croissant, de trouver un degré de reconnaissance universitaire qui leur aurait sinon peut-être échappé (et ce avec des conséquences incalculables pour le devenir de la discipline géographique dans son ensemble). Dans les faits, au début des années 1960, la science régionale et la géographie économique (sous la forme de l'analyse spatiale quantitative) devenaient plus ou moins impossibles à différencier.

Finalement, au cours des années 1960, l'analyse spatiale quantitative (la « nouvelle géographie », comme on l'appelait alors) se diffusa largement dans les départements de géographie d'Amérique du Nord. Le mode de pensée et de recherche de cette nouvelle géographie eut des impacts importants, non seulement sur la géographie économique, mais sur d'autres branches de la discipline, notamment la géographie urbaine et la géographie sociale. Les spécialistes de géographie économique et leurs alliés s'acheminaient rapidement vers une position hégémonique dans les départements de géographie en Amérique du Nord, et, pendant un temps, leurs efforts divers pour concevoir des descriptions formalisées du paysage économique représentèrent la frontière des recherches dans la discipline. De plus, presque tous ces efforts étaient marqués par un enthousiasme certain pour les méthodes de recherche positivistes et se caractérisaient par la recherche de théories cohérentes et de modèles mathématiques, tout en se concentrant sur des procédures formelles de vérification d'hypothèses. On peut considérer comme des classiques de cette veine les premiers articles de Berry et Garrison (par exemple 1958a ; 1958b), qui cherchaient à la fois à étendre la théorie des lieux centraux formulée par Christaller et Lösch et à tester en profondeur sa validité empirique. Les fondements philosophiques de la géographie positiviste furent exposés par Harvey (1969) dans un livre qui à la fois résumait l'ensemble du mouvement et marqua, de manière involontaire, son arrêt de mort.

Triomphe et déclin de la nouvelle géographie

Au cours des années 1960, la science régionale et l'analyse spatiale se sont donc développées de pair. Un foisonnement de recherches contribua à faire progresser considérablement les avancées théoriques dans ces domaines, tout en fournissant des repères pour l'intervention politique dans l'économie spatiale. L'importance pratique accordée aux travaux de la science régionale et de l'analyse spatiale à cette époque ressort bien de la façon dont les agences officielles fédérales et locales (par exemple la Fondation nationale pour la science, le Bureau de recherche navale, le ministère du Commerce, etc.) ont volontiers financé les coûts de beaucoup de ces recherches. La recomposition de fond de la géographie humaine en général et de la géographie économique en particulier était donc alors bien engagée. L'urgence était de produire des manuels pour exposer cette nouvelle approche aux étudiants : le mouvement commença avec McCarty et Lindberg (1966), dont l'ouvrage *Preface to Economic Geography* laissait entendre que la nouvelle géographie allait être essentiellement une géographie économique. Ce travail fut suivi au début des années 1970 par une série de publications aux objectifs fort similaires, par exemple : Morrill (1970), Abler, Adams et Gould (1971), Cox (1972) et Lloyd et Dicken (1972).

Dans les années 1960, la science régionale et l'analyse spatiale commençaient également à séduire un certain nombre de géographes en Europe et ailleurs. La géographie européenne restait fortement attachée aux modes de recherche synthétiques classiques qui avaient fait ses beaux jours dans la première moitié du XXe siècle. Au sein de cette tradition, la géographie économique s'était fait une place modeste, illustrée par exemple par les travaux de Smith (1949) au Royaume-Uni, de George (1956, 1961) et Claval (1962, 1968, 1976) en France, et Manshard (1961) en Allemagne, mais rechignait à se déclarer en rupture avec la géographie traditionnelle. En Suède, au contraire, des géographes avaient établi une tradition autochtone de quantification et de géographie théorique dans les années 1950, et ils furent les premiers à accueillir des formes de science régionale et d'analyse spatiale inspirées des travaux américains. De fait, avant même l'émergence de l'école de Washington, les géographes suédois avaient déjà fait des contributions originales à ce champ d'études (par exemple Ajo, 1953; Godlund, 1956; Hägerstrand, 195; Kant, 1951). Peu de temps après, Törnqvist (1968, 1970) permit l'introduction de l'idée de circuits d'information, insistant sur la notion de communication de personne à personne dans beaucoup d'échanges d'informations économiques de haut niveau. Cette idée a influé sur les recherches ultérieures sur l'innovation, la localisation des industries de service et le fonctionnement des organisations de grande échelle.

Les géographes britanniques, fortement influencés par l'œuvre de Haggett (1965), se rangèrent rapidement du côté de la nouvelle géographie dans la deuxième moitié des années 1960. Comme nous l'avons déjà indiqué, celle-ci fut reçue plus froidement et plus lentement en Europe continentale, mais elle faisait partie des programmes de géographie à partir de la fin des années 1960, au moins dans les principales universités. Dans le monde francophone, un petit groupe de géographes, notamment Roger Brunet, Paul Claval, Yves Guermond, Bernard Marchand, Pierre Merlin, Denise Pumain et Thérèse Saint-Julien, parmi d'autres, contribuèrent à diffuser cette nouvelle vision de la géographie, et, en 1972, la revue *L'Espace Géographique* fut fondée sous la direction de Brunet. D'autres géographes, notamment Rochefort (1960) et Hautreux et Rochefort (1963) participèrent au lancement de la nouvelle géographie en France avec leurs travaux sur les systèmes urbains, et beaucoup de leurs idées furent ensuite traduites dans l'aménagement régional français. En fait, la ville et ses problèmes en vinrent à occuper une place croissante dans la réflexion des Français, qu'ils soient géographes ou économistes, comme Aydalot (1985), Bailly (1975), Beaujeu-Garnier (1980), Claval (1981) et Derycke (1979). Ceci eut pour effet de stimuler l'intérêt des géographes français pour la géographie appliquée ou « la géographie de l'action ».

Mais, paradoxalement, juste au moment où la science régionale et l'analyse spatiale commençaient à se faire accepter et approuver largement, sinon vraiment universellement, parmi les géographes, une réaction puissante contre elles se manifesta là où on ne l'attendait pas. Ce mouvement d'opposition fut d'abord mené par un petit groupe de géographes radicaux[2], en révolte contre ce qu'ils considéraient comme l'enfermement méthodologique et la nature foncièrement conservatrice de la science régionale et de l'analyse spatiale, et il se développa régulièrement au cours des années 1970. Ce n'est bien sûr pas une coïncidence si cette réaction s'est manifestée lors d'un pic d'intensité de la guerre du Viet-nâm, alors que la révolte grondait dans les villes des États-Unis. Elle se renforça du fait des atteintes graves à l'économie qui se produisirent aussi bien en Amérique du Nord qu'en Europe au cours des années 1970, et de l'intensification de la crise de la production fordiste de masse.

Regards critiques sur l'espace géographique

Le cri de ralliement des nouveaux géographes radicaux du début des années 1970 fut lancé par Harvey (1973), qui, revenant totalement sur ses positions antérieures, en appelait maintenant à une révision complète des fondements théoriques de la géographie humaine en général. Son appel prit la forme d'une critique ravageuse de la théorie néoclassique de l'équilibre concurrentiel qui informait la science régionale et l'analyse spatiale, et d'une défense de l'économie marxiste comme fondation de la recherche géographique. Le grand débat qui s'ensuivit en géographie tournait autour du rôle de l'espace, vu comme permettant ou empêchant l'établissement de la justice sociale et de l'ordre envrionnemental, et comme influençant l'exercice du pouvoir politique dans la société moderne.

Cet appel trouva un écho dans la nouvelle revue *Antipode*, fondée (à l'université Clark elle aussi) en 1969, et fut repris avec enthousiasme par des géographes comme James Blaut, Richard Peet (directeur de la revue *Antipode*), Edward Soja, Richard Walker et Doreen Massey, pour n'en citer que quelques-uns. Les géographes radicaux voyaient leur

---

[2] « Radical », en anglais, renvoie, comme on le verra dans la suite, à des courants de pensée influencés par le marxisme et qu'on qualifierait en France de « gauchistes » ; l'adjectif « critical », rendu ici par « critique », comporte des connotations similaires. Sur la « géographie radicale », voir le chapitre de Béatrice Collignon dans J.-F. Staszak (dir.), *Géographies anglo-saxonnes*, Belin, 2001. (NdT)

vocation universitaire première comme n'étant rien de moins qu'une description totalement nouvelle du paysage économique dans les termes de l'économie marxiste (valeur, excédent, profit, accumulation, etc.), coordonnée avec une exposition des fondements du capitalisme dans la société et les formes de propriété, et leur expression au travers de la lutte des classes. Ainsi, ils s'intéressaient particulièrement à des questions comme les conflits sur l'usage des biens publics urbains, les inégalités régionales, les relations centre périphérie, etc. Au cours de la crise des années 1970, les questions de pertes d'emploi, de chômage et de restructuration industrielle retinrent également leur attention (cf. Massey, 1974 ; Massey and Meegan, 1979).

Au même moment, les géographes radicaux américains et britanniques étaient influencés par un certain nombre de sociologues et d'économistes marxistes, dont beaucoup travaillaient dans les universités et centres de recherche français. D'un côté, ils empruntèrent beaucoup d'idées aux théoriciens de l'urbain comme Castells (1972), Lefebvre (1974), Lipietz (1974) et Topalov (1973), autour des mouvements sociaux urbains, de la théorie de la rente foncière et des dynamiques capitalistiques du secteur de la propriété. De l'autre côté, des économistes marxistes comme Amin (1973), Frank (1968) et Emmanuel (1969) eurent aussi un impact important par le biais de leurs écrits sur le développement régional ou international inégal et l'inégalité des termes de l'échange dans la société capitaliste. Le travail des géographes à l'échelle régionale et internationale fut encore renforcé par la référence à la tradition hétérodoxe des études de développement (Hirschman, 1958 ; Myrdal, 1959), qui désignait la causalité cumulative comme étant le mécanisme sous-jacent à la formation d'inégalités spatiales persistantes dans le contexte capitaliste. Le courant prit également à cœur la théorie de la « nouvelle division internationale du travail » formulée dans le livre influent de Fröbel *et al.* (1980), qui peignait un tableau sans complaisance d'un système international en émergence, caractérisé par l'existence d'un groupe de pays centraux avec le monopole du travail qualifié et rémunérateur, et d'une périphérie dominée par l'emploi manuel, faiblement qualifié et mal payé.

Malgré son enracinement dans la théorie de Marx, la géographie radicale ne présentait pas un front unifié, et de multiples tendances la composaient (et la composent toujours). Par exemple, au milieu des années 1970, un petit groupe de géographes aux marges du mouvement radical commença à prôner une approche néoricardienne de la géographie économique. Selon eux, le modèle de Sraffa (1960), inspiré de Ricardo, pouvait être reformulé sous la forme d'un ensemble de coordonnées spatiales et de localisation, de sorte que son explication de la production, des prix et de la distribution pouvait éclairer d'un nouveau jour les questions de rente foncière et d'usage des sols (Barnes, 1984 ; Scott, 1976). D'autres se penchèrent sur une variété de problèmes liés aux impacts de l'investissement en capital, au changement technologique et à la structure spatiale des relations salariales (par exemple Barnes et Sheppard, 1984 ; Clark, 1981 ; Clark *et al.*, 1986). Un autre développement d'une importance considérable à cette époque fut la formulation d'une perspective féministe en géographie économique, et la volonté de rendre pleinement compte la nature profondément genrée des processus économiques et géographiques (voir par exemple McDowell et Massey, 1984). Alors que les approches radicales en géographie économique ont perdu de leur vigueur après les années 1980, les effets de l'approche féministe, eux, continuent à se faire sentir dans la discipline aujourd'hui.

La résurgence de la région : les années 1980 et 1990

Les nouvelles conditions économiques et sociales.

Un autre élément de renouveau de la géographie économique se manifesta au début des années 1980. Après les années de crise de la décennie 1970, et la transformation de bien des régions manufacturières d'Amérique du Nord et d'Europe de l'Ouest en « rust belts »[3], un ensemble de nouveaux espaces industriels commença à apparaître dans des secteurs qui avaient jusque-là été en marge des centres anciens. La résurgence de ces nouveaux espaces industriels fut d'abord évidente particulièrement dans la « Troisième Italie » et

[3] Littéralement « ceintures de rouille », ce terme renvoie, aux États-Unis aux régions en déclin industriel du Nord-Est et des Grands Lacs ; l'organisation de l'espace en « ceintures », vastes régions orientées est-ouest, est l'une des caractéristiques de ce pays, qu'on retrouve dans l'expression « Sunbelt » ou ceinture du soleil, régions du Sud au sens large (NdT).

dans la Sunbelt des États-Unis, mais il apparut bien tôt que le phénomène était mondial, un certain nombre de pays antérieurement rattachés au tiers-monde (surtout en Asie du Sud-est et orientale) participant également à la tendance (Scott, 1988b). De plus, ces nouveaux espaces industriels recevaient une forme d'industrialisation différant par bien des aspects importants de la production fordiste de masse antérieure. Pour résumer, on pouvait les voir comme une sorte de front pionnier d'une économie postfordiste, ou ce que l'on appelle couramment aujourd'hui la « nouvelle économie », avec pour fondement spécifique des réseaux d'unités de production flexibles et décentralisés, avec un fort potentiel collectif d'innovation. Beaucoup des plus spectaculaires de ces nouveaux espaces industriels étaient occupés par des secteurs comme les industries de haute technologie, la production néo-artisanale et les services. Ces mêmes secteurs commençaient également à fonctionner comme fer de lance de la croissance et du développement dans certaines des économies les plus dynamiques mondialement.

Cette nouvelle conjoncture dans les principales sociétés capitalistes conduisit à l'émergence ou à la réémergence de la région comme entité économique particulière s'affirmant de plus en plus, et souligna la nécessité, pour la géographie économique, de revoir les modalités de recherche. Cette conjoncture était elle-même liée à un changement majeur dans la logique et les dynamiques de régulation capitaliste, notamment une révision drastique du système politique fondé sur le keynésianisme et l'État providence. Ces changements se dessinèrent d'abord sous l'impulsion de Margaret Thatcher au Royaume-Uni et Ronald Reagan aux États-Unis, mais ils se diffusèrent ensuite d'une façon ou d'une autre dans pratiquement toutes les sociétés capitalistes développées. Cette révision eut pour conséquences un regain d'importance accordée aux initiatives locales de développement, et une réaffirmation du rôle des acteurs politiques locaux comme agents de changement économique. Au même moment, des revirements fondamentaux se produisaient également au niveau international, illustrés par l'intensification du commerce mondial et la prolifération de blocs économiques unissant plusieurs pays comme l'UE, l'ASEAN, le Mercosur ou l'ALENA. La mondialisation commençait à apparaître parmi les préoccupations des universitaires, l'abaissement des frontières économiques nationales se dessinant clairement.

Les réponses des géographes

L'un des premiers signes d'un possible effacement relatif de l'approche radicale marxiste en géographie économique fut l'extension, au début des années 1980, de l'intérêt porté aux « localités » (Urry, 1981). La recherche sur les localités fut un phénomène essentiellement britannique, lié aux préoccupations, durant les années Thatcher, causées par la modification (en général négative) des fortunes de lieux donnés et les réactions politiques aux crises économiques locales (voir Cooke, 1989 qui rassemble des articles représentatifs). À l'origine, ces recherches ne se détournaient pas explicitement de la géographie économique marxiste, se contentant d'atténuer certaines de ses formulations théoriques les plus poussées. Mais, progressivement, la recherche sur les localités se détacha de plus en plus de la théorie et concentra l'analyse géographique prioritairement sur le contexte et les données empiriques (cf. Smith, 1987). Ce profond empirisme du mouvement des localités limite son influence intellectuelle et sa durée, mais celui-ci n'en marque pas moins une étape importante de la transition vers ce qu'on pourrait appeler un nouveau régionalisme en géographie économique.

On peut voir aux origines de ce nouveau régionalisme trois écoles de pensée indépendantes les unes des autres mais parallèles. L'une est représentée par un groupe d'économistes et de sociologues italiens qui concentraient leur recherche sur la renaissance industrielle en cours en Vénétie, en Toscane, dans l'Emilie-Romagne et dans les régions voisines dans la deuxième moitié des années 1970 (Bagnasco, 1977 ; Becattini, 1987 ; Brusco, 1982). Un second groupe, le GREMI (Groupe de recherche européen sur les milieux innovateurs), s'organisait autour de l'économiste Philippe Aydalot à Paris, et se consacrait au thème de la région comme cadre de l'innovation industrielle (Aydalot, 1986). Un troisième groupe, composé en majorité de géographes, apparut en Californie du Sud, et s'attacha d'abord à comprendre les causes du dynamisme des activités de haute technologie et cinématographiques qui s'épanouissaient si fortement dans la région (Scott, 1986 ; Storper et Christopherson, 1987). Au cœur des travaux de chacun de ces groupes se trouvaient le concept d'économies d'agglomération et la concentration spatiale de l'activité en complexes régionaux spécialisés. C'est pourquoi chacun fut fortement influencé par les idées de Marshall sur les districts industriels et les économies externes, idées qui, pour l'essentiel, n'avaient guère été évoquées depuis la fin du xixe siècle.

Dans les années 1980 et 1990 les travaux pionniers de ces groupes de chercheurs furent prolongés et modifiés par d'autres, de différentes façons. En fait, l'énorme production de travaux, au cours des deux dernières décennies, sur les questions d'agglomération et l'économie locale a posé les bases de ce que certains ont appelé une nouvelle orthodoxie en géographie économique (Lovering, 1999). Ces travaux ont considérablement affiné la théorie du développement régional, et ont fourni une masse d'éléments détaillés sur des aspects spécifiques des économies régionales, comme par exemple les interdépendances commerciales ou non commerciales, l'organisation des marchés d'emploi locaux, les fondements régionaux de l'innovation industrielle, les institutions de régulation qui permettent de protéger les systèmes industriels modernes, et ainsi de suite. Beaucoup de travaux en cours étudient les relations entre le développement économique local et la mondialisation, reconnaissant que si le global est un contexte essentiel pour la région, ce sont les régions qui en viennent à fonctionner comme piliers géographiques fondamentaux du global (Scott, 1998).

La question de la régulation des systèmes économiques régionaux a été fortement influencée par les travaux de l'école de la régulation française, représentés, par exemple Boyer (1986) et Lipietz (1986). Le principal apport des régulationnistes, c'est l'idée que l'économique et le politique se constituent mutuellement par le biais d'un « régime d'accumulation » (expression historiquement et géographiquement particulière d'un système de production capitaliste) et un « mode de régulation sociale » (une structure de gouvernance politique ou quasi politique). Cette idée fut reprise avec enthousiasme par des géographes qui s'en servirent pour essayer de montrer comment les espaces industriels anciens et nouveaux, en Amérique du Nord et en Europe de l'Ouest, sont associés à des tissus complexes d'ordre politico-institutionnel fondant le fonctionnement des systèmes de production locaux, celui des marchés d'emploi locaux, la formation d'avantages comparatifs, etc (par exemple Benko et Lipietz, 1995 ; Storper et Scott, 1989).

Conclusion

Il ne s'agit pas ici de s'étendre sur les développements récents de ce champ, ou de trancher dans les débats qui animent à l'heure actuelle la géographie économique. Cela dit, nous pouvons relever très brièvement quelques tendances majeures. D'abord, le nouveau régionalisme, dans le contexte des processus de mondialisation, continue à occuper une place majeure dans la recherche actuelle. Par ailleurs, les idées avancées par le nouveau régionalisme sont de plus en plus étendues aux questions de développement dans les pays à revenu faible ou intermédiaire. De plus, dans les années 1990 et au début des années 2000, deux nouvelles voix concurrentes se sont fait entendre au sujet de l'esprit et des objectifs de la géographie économique. La première, autour du travail de Paul Krugman, tente de ramener la géographie économique dans le giron de l'économie dominante. Dans une série de publications, Krugman (par exemple 1991; 1996) et ses collaborateurs ont esquissé une soi-disant nouvelle économie géographique fondée sur un modèle concurrence monopolistique dans un contexte spatial, et font de ce modèle un exposé renouvelé des dynamiques de développement régional. La seconde voix s'exprime du sein même de la géographie, et on l'a souvent définie comme étant un « tournant culturel » (voir par exemple Thrift, 2000; Thrift et Olds, 1996). Dans ce cas, l'argument majeur est que la géographie économique doit se montrer considérablement plus attentive aux questions de culture qu'elle ne l'a été par le passé, et que l'ordre économique du capitalisme contemporain plonge en fait ses racines dans la culture humaine (plutôt que l'inverse). En pratique, les partisans du tournant culturel tendent à construire leurs approches de l'analyse du paysage économique sur des concepts comme le corporel, la performativité, l'identité, le genre, etc. (McDowell, 1997). Notre sentiment, pour l'instant, est que si ni l'une ni l'autre de ces voix n'est susceptible de devenir hégémonique dans la géographie économique à venir, chacune apporte des éclairages utiles sur les questions centrales de la géographie économique, même si, dans leurs formes les plus extrêmes, elles ont été sujettes à un certain nombre de réfutations (par exemple Martin et Sunley, 1996; Storper, 2001).

Comme nous l'avons montré dans ce chapitre, il existe une longue tradition en géographie économique, qui commence avec les XVIIe et

XVIIIe siècles et se poursuit de façon erratique jusqu'à nos jours. Malgré la durée de cette gestation historique, c'est seulement dans les décennies qui ont suivi la Seconde Guerre mondiale qu'on peut identifier une géographie économique comme sous-discipline cohérente et sûre d'elle. Mais, même dans ce contexte, le développement de la géographie économique de ces dernières décennies a été ponctué de changements de direction fréquents, conduisant à une situation de bouleversement constant, avec les rivalités professionnelles inévitables. De plus, il serait faux de penser que les avant-postes fluctuants de la géographie économique aient, à quelque moment que ce soit, présenté un front unifié. Au contraire, la géographie économique dans son ensemble ressemble toujours plus à un palimpseste d'idées anciennes et nouvelles. C'est un champ où l'on entend constamment des échos de ce qui s'est passé auparavant, et des arguments théoriques du passé, loin de s'éteindre, ont coutume de réapparaître par surprise dans de nouveaux cadres interprétatifs.

Le grand succès de la géographie économique comme entreprise universitaire au cours du dernier demi-siècle peut dans une large mesure être attribué à son utilité comme outil de compréhension d'aspects cruciaux du capitalisme contemporain, pour ne rien dire de ses applications pratiques dans l'aménagement urbain et régional et les activités économiques. Elle pose des questions brûlantes sur des aspects fondamentaux du fonctionnnement des systèmes économiques contemporains, et donne du grain à moudre aux décideurs cherchant à promouvoir une plus grande efficacité dans la performance économique. Même dans l'ère de la mondialisation, la géographie gagne de l'importance et n'en perd pas, tout simplement parce que la mondialisation ne ramène pas tout à un espace traversé de flux, mais induit une réorganisation stratégique des régions économiques du monde de façons qui ouvrent de nouvelles occasions de différentiation et d'exploitation géographique. En conséquence, on peut lui prédire un brillant avenir. De même, au vu de la continuation probable de la dynamique capitaliste de destruction créative, nous pouvons dire sans trop de crainte de nous tromper que la géographie économique rencontrera autant de turbulences dans le futur qu'elle en a connu par le passé.

Annexe 1.

Principaux périodiques – Géographie économique :

Annals of Regional Science, (Berlin, Springer, depuis1967)

Canadian Journal of Regional Science, (Fredericton, University of New Brunswick, depuis 1978)

Economic Geography, (Worcester, MA., Clark University, depuis 1925)

Environment and Planning A, (London, Pion, depuis 1969)

Géographie, Économie, Société, (Paris, Lavoisier, depuis 1999)

International Regional Science Review, (London, Sage, depuis 1975)

Investigaciones Regionales, (Madrid, AECR/Mundi-Prensa Libros, depuis 2002)

Journal of Economic Geography, (Oxford, Oxford University Press, depuis 2001)

Journal of Regional Science, (Cambridge, MA., Blackwell, depuis 1961)

Journal of Urban Economics, (New York, Academic Press, depuis 1974)

Papers in Regional Science, (Berlin, Springer, depuis 1954)

Regional Science and Urban Economics, (Amsterdam, Elsevier, depuis 1975)

Regional Studies, (Abingdon, Oxfordshire, Carfax, depuis 1967)

Revue d'économie régionale et urbaine, (Poitiers, ADICUEER, depuis 1978)

Urban Studies, (Abingdon, Oxfordshire, Carfax, depuis 1964)

Annexe 2.

Tableau synoptique de l'évolution de la géographie économique depuis 1900

Les principaux ouvrages et articles

1882 – W. Launhardt : *Die Bestimmung des zweckmässigsten Standorts einer gewerblichen Anlage*

1889 – G. Chriholm, *Handbook of commercial geography*

1890 – A. Marshall : *Principes d'économie politique*

1897 – M.Dubois , J.-G.Kergomard : *Précis de géographie économique*

1905 – H. Hauser : *L'Impérialisme américain*

1909 – A. Weber : *Über den Standort der Industrien*

1913 – J. R. Smith : *Industrial and Commercial Geography*

1915 – H. Hauser : *Les Méthodes allemandes d'expension économique*

1921 – F. Maurette : *Les Grands Marchés de matière première*

1921 – P. Vidal de la Blache : *Principes de géographie humaine*

1925 – Parution de la revue *Economic Geography*

1928 – R. Capot-Rey : *Le Développement économique des pays sarrois sous la Révolution et l'Empire* (1792-1815)

1929 – H. Hotelling H. : *Stability in Competition*

1930 – A. Gibert : *La Porte de Bourgogne et d'Alsace*

1931 – W. J. Reilly : *The Law of Reail Gravitation*

1933 – B. Ohlin : *Interregional and International Trade*

1933 – W. Christaller : *Die zentralen Orte in Süddeutschland*

1935 – T. Palander : *Beitrage zur Standortstheorie*

1937 – E. M. Hoover : *Location Theory and Shoe and Leather Industry*

1937 – M. Perrin : *Saint-Étienne et sa région économique. Un type de la vie industrielle en France*

1938 – A. Dauphin-Meunier : *La Cité de Londres*

1940 – A. Lösch: *Die räumliche Ordnung der Wirtschaft*

1947 – H. Hauser : *Esquisse d'une philosophie de l'histoire de la géographie économique*

1947 – J.-F. Gravier : *Paris et le désert français*

1949 – G. K. Zipf : *Human Behavior and the Principle of Least Effort*

1953 – J. Chardonnet : *Les Grands Types de complexes industriels*

1954 – Fondation de Regional Science Association

1954 – Parution de la revue *Papers in Regional Science*

1955 – A. Lewis : *The Theory of Economic Growth*

1955 – C. Ponsard : *Économie et espace*

1955 – D. North : *Location Theory and Regional Economic Growth*

1955 – F. Perroux : « Note sur la notion de pôle de croissance » *Économie appliquée*

1955 – J. Labasse : *Les Capitaux et la région*

1956 – P. George : *Précis de géographie économique*

1956 – W. Isard : *Location and Space Economy. A General Theory Relating to Industrial Location, Market Areas, Land Use, Trade and Urban Structure*

1957 – G. Myrdal : *Economic Theory and Under-developed Regions*

1958 – C. Ponsard : *Histoire des théories économies spatiales*

1959 – E. M. Hoover : *Anatomy of a Metropolis*

1961 – J.-R. Boudeville : *Les Espaces économiques*

1961 – Fondation de l'Association de science régionale de langue française (ASRDLF)

1962 – P. Claval : *Géographie générale des marchés*

1962 – R. Courtin et P. Maillet : *Économie géographique*

1964 – W. Alonso : *Location and Land Use*

1965 – P. Haggett : *Locational Analysis in Human Geography*

1966 – J. Remy : *La Ville, phénomène économique*

1966 – P. Moran : *L'Analyse spatiale en science économique*

1966 – W. Leontief : *Input-Output Economics*

1966-1985 – P. Claval : « Chroniques de géographie économique » *Revue géographique de l'Est*

1967 – B. Berry : *Geography of Market Centers and Retail Distribution*

1968 – G. A. Frank : *Capitalisme et sous-développement en Amérique latine*

1968 – G. Törnqvist : *Flows of Information and the Location of Economic Activity*

1968 – P. Claval : *Régions, nations, grands espaces*

1969 – A. Emmanuel : *L'Échange inégal*

1969 – H. Richardson : *Regional Economics*

1969 – P. Dockes : *L'Espace dans la pensée économique du xvi*[e] *au xviii*[e] *siècle*

1971 – E. M. Hoover : *An Introduction to Regional Economics*

1972 – J.-R. Boudeville : *Aménagement du territoire et polarisation*

1972 – M. Webber : *Impact of Uncertainty on Location*

1972 – P. E. Lloyd et P. Dicken : *Location in Space : A Theoretical Approach to Economic Geography*

1973 – S. Amin : *Le Développement inégal; essai sur les formations sociales du capitalisme périphérique*

1974 – A. Lipietz : *Le Tribut foncier urbain*

1974 – J. Labasse : *L'Espace financier*

1974 – J.-C. Perrin : *Le Développement régional*

1975 – W. Isard : *Introduction to Regional Science*

1976 – P. Claval : *Éléments de géographie économique*

1976 – R. Gendarme : *L'Analyse économique spatiale*

1977 – A. Bagnasco : *Tre Italie : la Problematica Territoriale dello Sviluppo Italiano*

1977 – A. Lipietz : *Le Capital et son espace*

1977 – A. Pred : *City Systems in Advanced Economies*

1978 – Parution de la *Revue d'économie régionale et urbaine*

1978 – Parution de la *Revue canadienne des sciences régionales*

1979 – P.-H. Derycke : *Économie et planification urbaines*

1979 – J. Friedmann et C. Weaver : *Territory and Function*

1979 – J. Lajugie, P. Delfaud., C. Lacour : *Espace régional et aménagement du territoire*

1979 – R. Passet : *L'Économie et le vivant*

1980 – F. Fröbel, J. Heinrichs et O. Kreye : *The New International Division of Labor*

1981 – W. Stöhr et F. Taylor : *Development from Above or Below?*

1982 – D. Massey et R. Meegan : *The Anatomy of Job Loss*

1984 – M. Piore et C. Sabel : *The Second Industrial Divide*

1985 – Ph. Aydalot : *Économie régionale et urbaine*

1986 – Ph. Aydalot : *Milieux innovateur en Europe*

1987 – A. Bailly, B. Guesnier, J. Paelinck et A. Sallez : *Stratégies spatiales, comprendre et maîtriser l'espace*

1988 – A. J. Scott : *New Industrial Spaces*

1988 – A. J. Scott : *Metropolis*

1988 – C. Ponsard : *Analyse économique spatiale*

1988 – D. Leborgne et A. Lipietz : « Laprès fordisme et son espace »

1990 – M. E. Porter : *The Competitive Advantage of Nations*

1991 – G. Benko : *Géographie des technopôles*

1991 – P. Krugman : *Geography and Trade*

1991 – S. Sassen : *The Global City*

1992 – G. Benko et A. Lipietz : *Les Régions qui gagnent*

1992 – P. Dicken : *Global Shift*

1993 – N. Tellier : *Économie spatiale : rationalité économique de l'espace habité*

1993 – R. Salais et M. Storper : *Les Mondes de production*

1994 – M. Polèse : *Économie urbaine et régionale*

1995 – A. Rallet et A. Torre : *Économie industrielle et économie spatiale*

1995 – P. Krugman : *Development, Geography and Economic Theory*

1995 – Parution de la revue *Région et développement*

1996 – P. Veltz : *Mondialisation, villes et territoires*

1997 – M. Storper : *The Regional World : Territorial Development in a Global Economy*

1997 – Parution de la *Revue française de géoéconomie*

1998 – A. J. Scott : *Regions and the World Economy. The Coming Shape of Global Production, Competition, and Political Order*

1998 – G. Benko : *La Science régionale*

1999 – J. Bryson, N. Henry, D. Keeble et R. Martin : *The Economic Geography Reader*

1999 – M. Fujita, P. Krugman et A. J. Venables : *The Spatial Economy : Cities, Regions, and International Trade*

1999 – Parution de la revue *Géographie, économie, société*

1999 – T. Barnes et M. Gertler : *The New Industrial Geography, Regions, Regulations and Institutions*

2000 – G. Benko et A. Lipietz : *La Richesse des régions*

2000 – G. Clark, M. Feldman et M. Gertler : *The Oxford Handbook of Economic*

2000 – I. Géneau de Lamarlière et J.-F. Staszak : *Principes de géographie économique*

2000 – Scott A. J. : *The Cultural Economy of Cities*

2001 – Parution de la revue *Journal of Economic Geography*

2002 – M. Fujita et J.-F. Thisse : *Economics of Agglomeration : Cities, Industrial Location and Regional Growth*

2003 – G. Becattini, M. Bellandi, G. Dei Ottai et F. Sforzi : *From Industrial Districts to Local Development. An Itinerary of Research*

2004 – B. Pecqueur et J.-B. Zimmermann : *Économie de proximités*

2004 – I. Géneau de Lamarlière : « L'Espace et le lieu dans la nouvelle géographie économique culturelle », *Géographie et cultures*

2004 – D. Cohen : *La Mondialisation et ses ennemis*

Références

Abler, R., Adams, J. S. et Gould, P., 1971 : *Spatial Organization : the Geographer's View of the World*, Englewood Cliffs, N.J., Prentice-Hall.

Ackerman, E. A., 1958 : *Geography as Fundamental Research Discipline*, Department of Geography, University of Chicago, Research paper, n° 53.

Ajo, R., 1953 : *Contributions to Social Physics*, Lund, Department of Geography, Royal University of Lund. Lund Studies in Geography, Series B, Human Geography n° 11.

Alonso, W., 1964 : *Location and Land Use : Towards a General Theory of Land Rent*, Cambridge, MA., Harvard University Press.

Amin, S., 1973 : *Le Développement inégal; essai sur les formations sociales du capitalisme périphérique*, Paris, Les éditions de Minuit.

Aydalot, Ph., 1985 : *Économie régionale et urbaine*, Paris, Economica.

Aydalot, Ph. (ed.), 1986 : *Milieux Innovateurs en Europe*, Paris, GREMI.

Bagnasco, A., 1977 : *Tre Italie : la Problematica Territoriale dello Sviluppo Italiano*, Bologna, Il Mulino.

Bailly, A., 1975 : *L'Organisation urbaine*, Paris, Centre de recherche Urbaine.

Bailly, A. Guesnier, B. Paelinck, J. et Sallez, A., 1995 : *Stratégies spatiales, comprendre et maîtriser l'espace*, Montpellier, Reclus.

Barnes, T. J., 1984 : « Theories of agricultural rent within the surplus approach », *International Review of Regional Science*, 9, pp. 125-140.

Barnes, T. J., & Sheppard, E., 1984 : « Technical Choice and Reswitching in Space Economies », *Regional Science and Urban Economics*, 14, pp. 345-362.

Barnes, T. J., 2000 : « Inventing Anglo-American economic geography, 1889-1960, pp.11-26 », in E. Sheppard and T. J. Barnes (eds.) *A Companion to Economic Geography*, Oxford, Blackwell.

Barnes, T. J., Gertler, M. S., (eds.), 1999 : *The New Industrial Geography, Regions, Regulations and Institutions,* London, Routledge.

Beaujeu-Garnier, J., 1980 : *Géographie urbaine*, Paris, Armand Colin.

Becattini, G., 1987 : *Mercato e forze locali : il distretto industriale,* Bologna, Il Mulino.

Becattini, G., Bellandi, M., Dei Ottai, G., et Sforzi, F., 2003 : *From Industrial Districts to Local Development. An Itinerary of Research,* Cheltenham, Edward Elgar.

Benko, G., 1991 : *Géographie des technopôles,* Paris, Masson.

Benko, G., 1998 : *La Science régionale*, Paris, PUF.

Benko, G. et Dunford, M. (eds.), 1991 : *Industrial Change and Regional Development,* London, Pinter/Belhaven Press.

Benko, G. et Lipietz, A., 1995 : « De la régulation des espaces aux espaces de la régulation », in R. Boyer et Y. Saillard (eds.), *Théorie de la Régulation : l'état des savoirs,* Paris, La Découverte, pp. 293-303.

Benko, G. et Lipietz, A. (eds.), 1992 : *Les Régions qui gagnent. Districts et réseaux : les nouveaux paradigmes de la géographie économique,* Paris, Presses universitaires de France.

Benko, G. et Lipietz, A. (eds.), 2000 : *La Richesse de régions. La nouvelle géographie socioéconomique,* Paris, PUF.

Berry, B. J. L., 1967 : *Geography of Market Centers and Retail Distribution*, Englewood Cliffs, Printice-Hall.

Berry, B. J. L. et Garrison, W. L., 1958b : « Recent development of central place theory », *Papers and Proceedings of the Regional Science Association*, 4, pp. 107-120.

Berry, B. J. L. et Garrison, W. L., 1958a : « Functional bases of the central place hierarchy », *Economic Geography,* 34, pp. 145-154.

Blanchard, R., 1934 : *La Géographie de l'industrie*, Montréal, éditions Beauchemin.

Borts, G & Stein, J., 1964 : *Economic Growth in a Free Market,* New York, Columbia University Press.

BOUDEVILLE, J.-R., et ANTOINE, S., 1968 : *L'Espace et les pôles de croissance, recherches et textes fondamentaux*, Paris, Presses universitaires de France.

BOYER, R., 1986 : *La Théorie de la régulation : une analyse critique*, Paris, La Découverte.

BRUSCO, S., 1982 : « The Emilian model : productive decentralization and social integration », *Cambridge Journal of Economics*, 6, pp. 167-180.

BRYSON, J., HENRY, N., KEEBLE, D., et MARTIN R., (eds)., 1999 : *The Economic Geography Reader*, Chichester, John Wiley.

CAPOT-REY, R., 1934 : *La Région industrielle iarroise : territoire de la Sarre et bassin houiller de la Moselle*, Paris, Berger-Levrault.

CASTELLS, M., 1972 : *La Question urbaine*, Paris, Maspero.

CHISHOLM ,G., 1889 : *Handbook of Commercial Geography*, Londres, Longman.

CHRISTALLER, W., 1933 : *Die zentralen Orte in Süddeutschland*, Jena, Gustav Fischer.

CLARK, G L. FELDMAN, M. P. et GERTLER, M. (eds.), 2000 : *The Oxford Handbook of Economic Geography*, Oxford University Press.

CLARK, G. L., 1981 : « The employment relation and spatial division of labor », *Annals of the Assocation of American Geographers*, 71, pp. 412-424.

CLARK, G. L., GERTLER, M. S., et WHITEMAN, J., 1986 : *Regional Dynamics : Studies in Adjustment Theory*, Boston, Allen and Unwin.

CLAVAL, P., 1962 : *Géographie générale des marchés*, Paris, Les Belles Lettres.

CLAVAL, P., 1968 : *Régions, nations, grands espaces*, Paris, éditions Génin.

CLAVAL, P., 1976 : *Eléments de géographie économique*, Paris, éditions Génin.

CLAVAL, P., 1981 : *La Logique des villes*, Paris, Litec.

Cooke, P., 1989 : *Localities : The Changing Face of Urban Britain*, Londres, Unwin Hyman.

Cox, K. R., 1972 : *Man, Location, and Behavior : an Introduction to Human Geography*, New York, Wiley.

Credner, W., 1926 : « Arbeitsmethoden und Problemen der Wirtschaftsgeographie », *Abhandlungen des Deutschengeographentag Breslau.*

Derycke, P-H., 1979 : *Économie et planification urbaines*, Paris, Presses universitaires de France.

Dicken, P., 1992 : *Global Shift*, London, Paul Chapman Pub.

Dockès, P. 1969 : *L'Espace dans la pensée économique du XVIe au XVIIe siècle*, Paris, Flammarion.

Dubois, M. et Kergomard, J.-G., 1897 : *Précis de géographie économique*, Paris, Masson.

Emmanuel, A., 1969 : *L'Échange inégal*, Paris, Maspero.

Fellmann, J. D., 1986 : « Myth and reality in the origin of American economic geography », *Annals of the Assocation of American Geographers*, 76, pp. 313-330.

Frank, G. A., 1968 : *Capitalisme et sous-développement en Amérique latine*, Paris, Maspero.

Friedmann, J. et Weaver, C., 1979 : *Territory and Function*, Berkeley, University of California.

Friedrich, E., 1904 : « Wesen und geographisches Verbreitung der Raubwirtschaft », *Pettermanns Mitteilungen*, vol. 50, n° 3 and n° 4, pp. 68-79 et 92-95.

Fröbel, F., Heinrichs, J. et Kreye, O., 1980 : *The New International Division of Labor*, Cambridge, Cambridge University Press.

Fujita, M. et Thisse, J.-F., 2002 : *Economics of Agglomeration : Cities, Industrial Location, and Regional Growth*, Cambridge, Cambridge University Press.

Fujita, M., Krugman, P., et Venables, A. J., 1999 : *The Spatial Econom : Cities, Regions and International Trade*, Cambridge, MA, MIT Press, p. 367.

Gendarme, R., 1976 : *L'Analyse économique spatiale*, Paris, Cujas.

Géneau de Lamarlière, I. (eds.), 2004 : « Économie et culture : nouveaux enjeux géographiques ? », *Géographie et cultures*, n° 49.

Géneau de Lamarliere, I. et Staszak, J.-F., 2000 : *Principes de géographie économique*, Paris, Bréal.

George, P., 1956 : *Précis de géographie économique*, Paris, Presses universitaires de France.

George, P., 1961 : *Les Grands Marchés du Monde*, Paris, Presses universitaires de France.

Godlund, S., 1956 : *The Function and Growth of Bus Traffic within the Sphere of Urban Influence*, Lund, Department of Geography, Royal University of Lund. Lund Studies in Geography, Series B, Human Geography n° 18.

Götz, W., 1882 : « Die Aufgabe der wirtschaftlichen Geographie », *Zeifschrift der Gesellschaft zur Erdkunde zu Berlin*, vol.17, pp. 354-388.

Granelle, J. J., 1969 : *Espace urbain et prix du sol*, Paris, Sirey.

Haggett, P., 1965 : *Locational Analysis in Human Geography*, London, Edward Arnold.

Harris, B., 1956 : « Projecting industrial growth of urban regions », *Papers and Proceedings of the Regional Science Association, 2*, pp. 239-249.

Harvey, D., 1969 : *Explanation in Geography*, London, Edward Arnold.

Harvey, D., 1973 : *Social Justice and the City*, London, Edward Arnold.

Hauser, H., 1905 : *L'Impérialisme américain*, Paris, Pages libres.

Hauser, H., 1915 : *Les Méthodes allemandes d'expansion économique*, Paris, Armand Colin.

Hauser, H., 1947 : « Esquisse d'une philosophie de l'histoire de la géographie économique », *Revue Historique*, pp. 1-22.

Hautreux, J., Rochefort, M., 1963 : *Le Niveau supérieur de l'armature urbaine française*, Paris, Commissariat général du Plan.

HIRSCH, W. Z., 1959 : « An application of area input-output analysis », *Papers and Proceedings of the Regional Science Association*, 5, pp. 79-92.

HIRSCHMAN, A. O., 1958 : *The Strategy of Economic Development*, New Haven, Yale University Press.

HOOVER, E. M., 1937 : *Location Theory and the Shoe and Leather Industries*, Cambridge, MA, Harvard University Press.

HOOVER, E. M., 1959 : *Anatomy of a Metropolis*, Cambridge, MA., Harvard University Press.

HOOVER, E. M., 1971 : *An Inroduction to Regional Economics*, New York, Alfred A. Knopf.

HOTELLING, H., 1929 : « Stability in competition », *Economic Journal*, vol. 39, pp. 41-57.

ISARD, W., 1956 : *Location and Space-Economy*, Cambridge, MA., MIT Press.

ISARD, W., 1975 : *Introduction to Regional Science*, Englewood Cliffs, N.J., Prentice-Hall.

ISARD, W., SCHOOLER, E. W., et VIETORISZ, T., 1959 : *Industrial Complex Analysis and Regional Development : A Case Study of Refinery-Petrochemical-Synthetic Fiber Complexes and Puerto Rico*, Cambridge, MA., MIT Press.

KANT, E., 1951 : *Studies in Rural-Urban Interaction*, Lund, Department of Geography, Royal University of Lund. Lund Studies in Geography, Series B, Human Geography n° 3.

KRUGMAN, P., 1991 : *Geography and Trade*, Louvain, Leuven University Press.

KRUGMAN, P., 1996 : *Development, Geography, and Economic Theory*, Cambridge, MA., The MIT Press.

KUKLINSKI, A., & PETRELLA, R., 1972 : *Growth Poles and Regional Policies, A Seminar*, The Hague Mouton.

Lajugie, J. Delfaud, P., et Lacour, C. 1979 : *Espace régional et aménagement du territoire*, Paris, Dalloz.

Launhardt, W. 1882 : « Die Bestimmung des zweckmässigsten Standorts einer gewerblichen Anlage », *Zeitschrift des vereins deutscher Ingenieure*, vol. 26, n° 3.

Lefevbre, H., 1974 : *La Production de l'espace*, Paris, Anthropos

Leontief, W., 1966 : *Input-Output Economics*, New York, Oxford University Press.

Lewis, A., 1955 : *The Theory of Economic Growth*, London, Allen and Unwin.

Lipietz, A., 1974 : *Le Tribut foncier urbain*, Paris, Maspéro.

Lipietz, A., 1977 : *Le Capital et son espace*, Paris, La Découverte/Maspero.

Lipietz, A., 1986 : « New tendencies in the international division of labor : regimes of accumulation and modes of social regulation », in A. J. Scott & M. Storper eds., *Production, Work, Territory : The Anatomy of Industrial Capitalism*, Boston, Allen and Unwin, pp. 16-40.

Leborgne D. et Lipietz A., 1988 : « L'après-fordisme et son espace », *Les Temps Modernes*, vol. 43, n° 501 (avril), pp. 75-114.

Lloyd P. E. et Dicken P., 1972 : *Location in Space : a Theoretical Approach to Economic Geography*, New York, Harper & Row.

Lösch, A., 1940 : *Die räumliche Ordnung der Wirtschaft*, Jena, G. Fischer.

Lovering, J., 1999 : « Theory led by policy : the inadequacies of the new regionalism », *International Journal of Urban and Regional Research*, 23, pp. 379-395.

Manshard, W., 1961 : *Die geographischen Grundlagen der Wirtschaft Ghanas, unter besonderer Berücksichtigung der agrarischen Entwicklung*, Wiesbaden, F. Steiner.

Marshall, A., 1890 : *Principles of Economics*, Londres, Macmillan.

Martin, R., et Sunley, P., 1996 : « Paul Krugman's geographical economics and its implications for regional development theory : a critical assessment », *Economic Geography*, 72, pp. 259-292.

Massey, D., 1974 : *Towards a Critique of Industrial Location Theory*, Londres, Center for Environmental Studies, Report n° 5.

Massey, D.n 1984 : *Spatial Division of Labour : Social Structures and the Geography of Production*, Londres, Macmillan.

Massey, D. et Meegan, R.n 1979 : « The geography of industrial reorganisation : the spatial effects of the restructuring of the electrical engineering sector under the Industrial Reorganisation Corporation », *Progress in Planning*, 10, pp. 155-237.

Massey, D. et Meegan, R., 1982 : *The Anatomy of Job Loss : The How, Why and Where of Employment Decline*, Londres, Methuen.

Mayer, R., 1965 : « Prix du sol et prix du temps », *Bulletin de l'association professionelle des ingénieurs des Ponts et Chaussées et des Mines*, 10, pp. 9-37.

McCarty, H. H. et Lindberg, J. B., 1966 : *A Preface to Economic Geogoraphy*, Englewood Cliffs, Prentice-Hall.

McDowell, L., 1997 : *Capital Culture : Gender at Work in the City*, Oxford, Blackwell.

McDowell, L., et Massey, D., 1984 : « A woman's place ? », in D. Massey & J. Allen Dir., *Geography Matters!* Cambridge, Cambridge University Press.

Merlin, P., 1966 : « Modèle d'urbanisation spontanée », *Cahiers de l'Institut d'aménagement et d'urbanisme de la région parisienne*, n° 3.

Moran, P,. 1966 : *L'analyse spatiale en science économique*, Paris, Cujas

Morrill, R., L., 1970 : *The Spatial Organization of Society*, Belmont, CA., Wadsworth.

Myrdal, G., 1957 : *Economic Theory and Under-Developed Regions*, London, Gerald Duckworth & Co.

North, D., 1955 : « Location Theory and Regional Economic Growth », *Journal of Political Economy*, 63, pp. 243-258.

Ohlin, B., 1933 : *Interregional and International Trade*, Cambridge, MA., Harvard Univesrity Press.

Palander, T,. 1935 : *Beitrage zur Standortstheorie*, Uppsala, Almqvist and Wiksells.

PERRIN, M., 1937 : *Saint-Étienne et sa région économique : un type de la vie industrielle en France*, Tours, Arrault.

PERROUX, F., 1961 : *L'Économie du xxe siècle*, Paris, Presses universitaires de France.

POLÈSE, M., 1994 : *Économie urbaine et régionale*, Paris, Economica (2e édition 2004).

PONSARD, C., 1958 : *Histoire des théories économiques spatiales*, Paris, Centre d'études économiques.

PONSARD, C., 1955 : *Économie et espace*, Paris, Sedes.

PORTER, M. E., 1990 : *The Competitive Advantage of Nations*, London, MacMillan.

PRED, A., 1977 : *City Systems in Advanced Economies*, New York, Halsted Press.

REILLY, W. J., 1931 : *The Law of Retail Gravitation*, New York, Knickbrocker Press.

RICHARDSON, H., 1969 : *Regional Economics*, London, Weidenfels & Nicolson.

ROCHEFORT, M., 1960 : *L'Organisation urbaine de l'Alsace*, Strasbourg : Publications de la faculté des lettres de l'université de Strasbourg.

SALAIS, R. et STORPER, M., 1993 : *Les Mondes de production*, Paris, éd. de L'EHESS.

SASSEN, S., 1991 : *The Global City*, Princeton, Princeton University Press.

SCHAEFER, F. K., 1953 : « Exceptionalism in geography : a methodological examination », *Annals of the Association of American Geographers*, 43, pp. 226-249

SCOTT, A. J., 1976 : « Land use and commodity production », *Regional Science and Urban Economics*, 6, pp. 147-160.

SCOTT, A. J., 1986 : « High technology industry and territorial development : the rise of the Orange County complex, 1955-1984 », *Urban Geography*, 7, pp. 3-45.

SCOTT, A. J., 1988a : *Metropolis : From the Division of Labor to Urban Form*, Berkeley, University of California Press.

Scott, A. J., 1988b : *New Industrial Spaces : Flexible Production Organization and Regional Development in North America and Western Europe*, Londres, Pion.

Scott, A. J., 1998 : *Regions and the World Economy : The Coming Shape of Global Production, Competition and Political Order*, Oxford, Oxford University Press.

Scott, A. J., 2000 : « Economic geography : the great half-century », *Cambridge Journal of Economics*, 24, pp. 483-504.

Scott, A. J., 2000 : *The Cultural Economy of Cities*, London, Sage.

Sjaastad, L. A., 1960 : « The relationship between migration and income in the United States », *Papers and Proceedings of the Regional Science Association*, 6, pp. 37-64.

Smith, J. R., 1913 : *Industrial and Commercial Geography*, New York, Holt and Co.

Smith, N., 1987 : « Dangers of the empirical turn », *Antipode*, 19, pp. 59-68.

Smith, W., 1949 : *An Economic Geography of Great Britain*, London, Methuen.

Sraffa, P., 1960 : *Production of Commodities by Means of Commodities*, Cambridge, Cambridge University Press.

Stöhr, W. et Taylor, F., 1981 : *Development from Above or Below ?*, New York, J. Wiley.

Storper, M., 1997 : *The Regional World : Territorial Development in a Global Economy*, New York, Guilford Press.

Storper, M., 2001 : « The poverty of radical theory today : from the false promises of marxism to the mirage of the cultural turn », *International Journal of Urban and Regional Research*, 25, pp. 155-179.

Storper, M. et Christopherson, S., 1987 : « Flexible specialization and regional industrial agglomerations : the case of the US motion-picture industry », *Annals of the Association of American Geographers*, 77, pp. 260-282.

STORPER, M., et SCOTT, A. J., 1989 : « The geographic foundations and social regulation of flexible production complexes », in J. WOLCH & M. DEAR dir., *The Power of Geography : How Territory Shapes Social Life*, pp. 21-40, Boston, Unwin Hyman.

THRIFT, N., 2000 : « Pandora's box? cultural geographies of economies », in G. L. CLARK, M. P. FELDMAN et M. S. GERTLER Dir. *The Oxford Handbook of Economic Geography*, pp. 689-704, Oxford, Oxford University Press.

THRIFT, N., & OLDS, K., 1996 : « Refiguring the economic in economic geography », *Progress in Human Geography*, 20, pp. 311-337.

TOPALOV, C., 1973 : *Capital et propriété foncière*, Paris, Centre de sociologie urbaine.

TÖRNQVIST, G., 1968 : *Flows of Information and the Location of Economic Activity*, Lund, Gleerup.

URRY, J., 1981 : « Localities, regions, and social class », *International Journal of Urban and Regional Research*, 5, pp. 455-474.

VELTZ, P., 1996 : *Mondialisation, villes et territoires*, Paris, PUF.

VIDAL DE LA BLACHE, P., 1921 : *Principes de géographie humaine*, Paris, A. Colin.

WAIBEL, L., 1933 : « Probleme des Landswirtschaftsgeograpie », *Wirtschaftsgeographische Abhandlungen.*

WARNTZ, W., 1957 : « Geography of prices and spatial interaction », *Papers and Proceedings of the Regional Science Association*, 3, pp. 118-129.

WEBBER, M., 1972 : *Impact of Uncertainty on Location*, Cambridge, MA, M.I.T. Press.

WEBER, A., 1909 : *Über den Standort der Industrien*, Tubingen, Mohr.

WEIGMANN, H., 1931 : « Ideen zu einer Theorie der Raumwirtschaft », *Weltwirtschaftliches Archiv*, 34.

WINGO, L., 1961 : « An economic model of the utilization of urban land », *Papers and Proceedings of the Regional Science Association*, pp. 191-205.

ZIPF, G. K., 1949 : *Human Behavior and the Principle of Least Effort*, Cambridge, Mass., Addison-Wesley.

Chapitre 4

La géographie politique : les espaces entre guerre et paix

Peter. J. Taylor et Herman van der Wusten

Plaidoyer pour la géographie politique

Lorsque la géographie est devenue une discipline académique, à la fin du XIXe siècle, la géographie politique a très vite été reconnue comme une sous-discipline à part entière. La modernisation de l'université en Allemagne, tout au long du XIXe siècle, a abouti à un corpus de savoirs spécialisés dans lequel les références intellectuelles de la géographie ont tout d'abord été considérées comme incertaines (Taylor, 1985). Les pressions exercées en vue de la spécialisation ont même conduit à des propositions qui ne concernaient que les aspects physiques de la discipline ; or la géographie qui finit par émerger des universités allemandes était holiste, comprenant une géographie humaine fondée sur l'étude de l'évolution de la société dans son cadre physique. Friedrich Ratzel, le principal partisan de cette approche, a, le premier, délimité le territoire de la géographie humaine dans son ouvrage *Anthropogeographie* et, après différentes autres œuvres, dans sa *Politische Geographie* en 1897 vers la fin de sa carrière. Ce long texte (plus de 800 pages pour la seconde édition augmentée de 1903, qui parut juste avant son décès) concrétise l'apparition de la géographie politique en tant que sous-discipline de la géographie humaine (Ratzel, 1903)[1].

Pendant ses années d'études en sciences de la vie, Ratzel fut profondément marqué par la réception enthousiaste des enseignements de Darwin par le monde universitaire allemand. Comme il était titulaire d'une chaire nouvellement créée en géographie, il développa une approche qui se nourrissait des leçons qu'il avait tirées de Darwin, au sens où la géographie devait être une géographie humaine insérée dans l'histoire humaine, à travers l'expérience de la guerre franco-allemande de 1870-1871, qu'il avait faite, puis de journaliste dans les contrées les plus exotiques d'Europe et d'Amérique. Au moment où il écrivit la *Géographie politique*, il était encore

[1] Le terme de géographie politique est antérieur à l'ouvrage de Ratzel, mais il était surtout utilisé pour désigner des descriptions comparatives géographiques d'États. Traitée habituellement comme un appendice de l'histoire, elle ne constituait pas un ensemble cohérent de connaissances.

fortement empreint du courant évolutionniste, sans être pour autant un déterministe environnemental forcené. À ce moment-là, l'unification de l'Allemagne au sein du Second Reich était toute récente et la position internationale de l'Allemagne était redevenue une question majeure, notamment en Allemagne. Les forces qui avaient œuvré pour le statut de grande puissance s'étaient considérablement renforcées. Ratzel en faisait partie (Buttmann, 1977).

L'ouvrage *Politische Geographie* faisait de l'État le noyau dur de la sous-discipline. Par État, on entend toute organisation politique qui articule une partie de l'humanité et une portion de la surface du globe. Les États peuvent aller de la plus petite unité de peuplement africaine et des terres que ses habitants utilisent, unies par une autorité quelconque, aux combinaisons complexes de population et de terres du monde occidental. Les États ont tendance à s'étendre, en superficie, au fur et à mesure que leur population accède à un niveau élevé de civilisation. Ces États envahiront d'autres États de niveaux de civilisation inférieurs. Plus l'État est développé, mieux est organisé son territoire. Cette surface et la nature de ses frontières sont des atouts-clés de l'État. Le contexte conditionne l'évolution de l'État : ses caractéristiques physiques (maritime/enclavé ; plat/montagneux) et politiques (les relations de pouvoir avec les grandes puissances et les pays voisins).

La *Politische Geographie* de Ratzel s'adapte essentiellement à deux échelles : le monde et l'État. Elle a une conception particulièrement large de ce qu'est un État. La description des États inclut le monde et pénètre l'histoire. Cependant, son tableau du monde politique à la fin reflète clairement la distribution du pouvoir d'alors. L'index de l'ouvrage énumère des références se rapportant à 63 entités politiques (des États ou des colonies). Six entrées d'index comportaient dix citations ou plus : l'Allemagne et la Grande-Bretagne (21 chacune), l'Autriche (14), la France (13), les États-Unis (13) et le Japon (10). Compte tenu de cette configuration du pouvoir, tous les États étaient rivaux. La rivalité était territoriale. Le territoire est une portion d'espace délimitée par des frontières, perpétuellement réapproprié. La lutte se développe à l'échelle du monde. À cette échelle, une règle s'applique : l'État le plus civilisé s'agrandit aux dépens du moins civilisé.

L'effort de Ratzel pour présenter la géographie politique comme une sous-discipline de la géographie humaine ne signifie pas qu'il n'y avait pas de relations avec les autres sous-disciplines, ni que les intérêts communs à plusieurs disciplines voisines étaient négligés. Le sous-titre de la seconde édition fournit une indication : la géographie des États, les transports et la guerre. L'ouvrage traite essentiellement de la typologie des paysages, de la géographie de la population et aussi de la géographie culturelle (les niveaux de civilisation) et économique (les ressources et les transports). En outre, il établit un lien entre la géographie politique et les disciplines connexes. Ratzel soulignait dans l'introduction qu'on ne pouvait pas se passer des concepts de la sociologie et des *Staatswissenschaften* (les aspects juridiques et économiques, la polémologie). Son œuvre a fait l'objet de comptes rendus dans ces disciplines (il y eut même la prépublication d'une partie de la *Géographie politique* dans la revue de Durkheim, *L'Année sociologique* (1), 1898, pp. 533-539.

Au fil du temps, les géographes politiques ont resitué plus consciemment les États dans des combinaisons sociales, économiques et politiques plus vastes. Ils se sont débattus avec les questions conceptuelles de définition de l'État, ils ont problématisé l'État en tant que pénultième entité de la communauté politique, ils se sont mis à s'intéresser à la politique à des échelles infra étatiques et ils ont approfondi l'analyse des problèmes que Ratzel avait inscrits au programme de recherche de la géographie politique. Nous allons nous intéresser, dans ce chapitre, à l'important développement qu'a connu cette sous-discipline au cours du xxe siècle.

À différents moments, la géographie politique s'est associée à d'autres sous-disciplines de la géographie. Au cours du temps, la relation qui la liait à la géographie physique s'est distendue – c'est le cas général, même si les géographes politiques traitant de questions militaires n'ont jamais renoncé à cette relation. Le même phénomène se produisit avec la géographie de la population. En règle générale, Les liens établis avec la géographie culturelle et économique ont été maintenus (pour l'étude du nationalisme et du commerce international, par exemple). Les relations qu'elle entretenait avec la géographie urbaine se sont renforcées, conséquence de l'importance croissante des villes comme arènes spécifiques de l'action politique et comme nœuds principaux des réseaux mondiaux d'aménagement et de gestion de l'économie politique des villes (voir Knox et Taylor, 1995 ; Taylor *et al.*, 2000). La géographie politique, à bien des égards, a été liée à la science politique (y compris aux relations internationales), une science qui est née à la même époque. Cela est vrai pour des thèmes comme les élections, les systèmes administratifs, les politiques étrangères, mais aussi pour la manière dont la nature territoriale de la politique peut être perçue, les changements de méthodes comme la préférence pour l'analyse de données purement quantitatives. Plus récemment, la géographie politique s'est associée à l'économie politique refondée, qui apparut au moment où Ratzel créait sa sous-discipline. La place de la géographie politique dans la discipline a fluctué dans le monde universitaire au cours du temps, et comme centre d'intérêt plus généralement. Les sections suivantes traitent des vicissitudes de la géographie politique pendant le XXe siècle.

Les racines du XIXe siècle et les rameaux du XXe siècle

Intellectuellement, la géographie politique trouve ses racines dans le XIXe siècle tardif. Son projet initial a été modelé par les formes de pensée d'alors et des circonstances sociales spécifiques. Certains concepts centraux qui ont façonné le climat intellectuel de la période ont fait un retour, sous une forme ou une autre, ou bien sont redevenus à la mode plus tard, et il est utile d'en relever quelques-uns et de retracer brièvement leur utilisation ultérieure, durant le XXe siècle. Nous allons nous attacher tour à tour au « progrès » du « fonctionnalisme », à l'« environnementalisme » et au « régionalisme ». Lorsqu'on considère les conditions sociales qui ont présidé à l'éclairage porté sur la géographie politique dans la jeune discipline d'alors qu'était la géographie, il est évident que la constitution de l'État, le nationalisme largement répandu et la rivalité coloniale, en contribuant à l'émergence de la géographie humaine au sens large, ont produit simultanément un intérêt plus politique.

Le progrès social a été une notion importante tout au long du XIXe siècle, issue de sources différentes des Lumières et suggérant des trajectoires que les sociétés devaient suivre, censées améliorer le niveau de leur qualité de vie. Il en existait des versions plus déterministes et plus volontaristes et on percevait différemment quelles qualités de la société seraient améliorées. Il pouvait s'agir des conditions matérielles, des valeurs morales ou encore d'une extension des relations pacifiques entre les hommes à l'échelle du monde. Lorsque Ratzel écrivait, un volet important du débat relatif au progrès social avait lieu en opposition au fondement de l'évolutionnisme (qu'il soit darwinien ou autre) et Ratzel était un fervent partisan de ces débats. Dans ce contexte, on peut considérer le progrès comme la résultante des conséquences de rivalités autour de niches modelées et refaçonnées ou d'adaptations toujours plus performantes aux conditions extérieures. Le géographe français Elisée Reclus, son contemporain, était persuadé qu'à long terme les hommes pourraient entrer en contact plus facilement et il espérait une société mondialisée, constituée d'associations volontaires à petite échelle (Claval, 1998, pp. 80-83).

Au xxe siècle, les notions de progrès social – même grossières et perverties – ont inspiré de grands provocateurs appelant de leurs vœux un ordre politique fondé sur les démocraties de marché : l'expérience communiste (1917-1991) et les régimes populistes de droite des fascistes et des nazis (1922-1945). Le progrès social fut la force qui a animé les diverses tentatives de construction d'États providence dans les démocraties de marché, et ce fut souvent un souffle majeur derrière les processus de décolonisation, dans le monde colonial à partir de 1945. Le progrès pour tous a aussi été le cri de ralliement pendant l'épisode triomphaliste du capitalisme états-unien après la Seconde Guerre mondiale, lorsque la seule carte digne d'intérêt a semblé être celle de la position des différentes entités (à savoir les pays ou les régions) aux différentes étapes du chemin de la croissance économique ou sur la route de la modernisation du développement politique.

Le fonctionnalisme a beaucoup d'importance dans les activités humaines à la fin du après xixe siècle. Le sociologue français Durkheim (1893) représenta une source d'inspiration majeure pour cette école de pensée. Selon lui, les groupes sociaux, ou les sociétés dans leur ensemble, sont une sorte de cohésion (ils sont « intégrés »). Pour y parvenir, les parties constitutives doivent contribuer à leur fonctionnement global ; ces contributions sont jugées indispensables. La métaphore sous-jacente est celle d'un organisme vivant, l'inspiration intellectuelle générale est encore une fois le débat sur l'évolution. La sociologie de Durkheim a été fondée au moment où la géographie française est apparue en tant que concurrente. C'est dans ce contexte que l'œuvre de Ratzel était débattue avec passion. Ratzel lui-même a aussi utilisé ce point de vue lorsqu'il a décrit l'État comme un organisme ayant une frontière et une capitale et qui remplissait des fonctions indispensables. Ce modèle de pensée s'est manifesté ultérieurement avec le développement de l'analyse des systèmes.

Le fonctionnalisme a revêtu une importance majeure pour de nombreuses disciplines pendant presque tout le XXe siècle. Cela vaut aussi pour la géographie politique. En 1950, Hartshorne une figure-clé pour l'essor de la géographie, a esquissé un programme de recherche important pour la géographie politique sur l'analyse de l'État, programme qui a été entièrement formulé en termes fonctionnalistes (Hartshorne, 1950). Au même moment, dans le domaine de la sociologie, Merton a présenté de quelles manières on pouvait utiliser correctement le fonctionnalisme (Merton, 1957, pp. 19-84) et Parsons a présenté sa version du fonctionnalisme structural, qui devint le principal axe de la sociologie américaine au cours des années 1950. La principale question à laquelle semble répondre le fonctionnalisme est celle de la stabilité et de l'équilibre des unités sociales complexes, de la pérennité de leur fonctionnement, etc.

Au cours de la période 1950-75, une combinaison intéressante des notions de progrès et de fonctionnalisme a été formulée dans le domaine de la géographie politique (et dans les domaines de recherche voisins) à travers la notion de développement politique. À l'instar du développement au sens large, on supposait que les sociétés suivaient une certaine trajectoire le long de laquelle apparaissaient des besoins nouveaux. Ces derniers devaient être couverts par de nouvelles structures censées ainsi contribuer à l'intégration indispensable tout au long de l'étape suivante. La principale question n'avait pas trait à la stabilité, mais au changement. En 1975, un projet de recherche grandiose, réalisé sur une grande échelle par des politologues, des sociologues politiques et des historiens, fut interrompu parce que les différentes étapes ne pouvaient pas être reconnues pour plusieurs pays, conduisant à adopter une approche plus globale (Tilly, ed., 1975). Au cours des années 1960, plusieurs investigations géographiques ont été réalisées avec la même ambition par l'étude des disparités intra-étatiques des niveaux de développement. Soja (1968) illustre bien cette tendance à travers ses travaux sur le Kenya.

À partir de 1975, les notions de progrès et de fonctionnalisme, au niveau de l'État, ont été pratiquement abandonnées. Dans l'un des principaux programmes de recherche en sciences sociales du dernier quart de siècle, portant sur le système mondial et auquel les géographes prirent une part active, il est possible de relever les deux concepts, mais à l'échelle mondiale seulement. Un autre changement d'importance s'est produit au cours des dernières décennies : le questionnement radical de ces deux notions. Dans de nombreuses études réalisées, sous l'estampille de la postmodernité, il fut mis de grands points d'interrogation derrière les deux outils de classement qui s'étaient imposés pendant une longue période.

L'environnementalisme exprime l'idée que la vie sociale est soumise au milieu physique dans lequel elle se développe. La géographie de Ratzel, comme sa géographie politique, est manifestement construite autour de cette relation. La réception de Darwin par Ratzel s'est faite à travers Haeckel, un darwiniste allemand qui a, pour sa part, développé la notion d'écologie. Tous les êtres vivants, y compris les hommes, recherchent une niche dans un environnement naturel qui est alors soumis aux transformations résultant des activités de toutes les créatures qui interagissent de multiples façons. Dans la géographie politique de Ratzel, centrée sur l'État, le milieu physique joue simultanément deux rôles. D'un côté, il sert de support des ressources vitales pour la survie de l'État. D'un autre côté, le milieu physique plus vaste dont l'État en domine une partie, son territoire, à une période donnée, procure aux États de meilleures chances de développement, ou au contraire de moins bonnes : des ports protégés, des voies majeures, une situation abritée, etc. Selon la conception de Ratzel, ces configurations, et donc les positions de tous les États, changent de même que les territoires des États changent à travers la compétition. Ce qui, à un stade donné, se révèle être un atout externe, ou un handicap, devient partie intégrante de ses ressources, ou une autre trajectoire.

Pendant le xxe siècle, toutes ces idées ont été importantes à de nombreux égards. Au cours de la première moitié du xxe siècle, les ressources naturelles ont joué un rôle majeur dans les évaluations de la pouvoir des États, et donc des multiples points de vue sur le système international. Vers la fin du siècle, l'environnement physique a fait un retour sur la scène de la politique et au-delà. L'appréciation concerne moins la base des ressources exploitables maintenant que des conditions de survie dans la perspective d'un développement durable. Comme cette perspective ne peut en aucun cas se limiter au territoire d'un seul État, l'environnement physique est devenu, jusqu'à un certain point, une préoccupation partagée au plan international.

Pendant la première moitié du siècle et de nouveau vers sa fin avec un regain de vigueur, la position d'un État vis-à-vis d'autres États, sur l'environnement physique au sens large, fut une question importante. La géopolitique telle qu'elle fut conçue en Allemagne à l'initiative de Kjellen, au lendemain de la Grande Guerre (Holdar, 1992, pp. 307-312; Sprengel, 2000, pp. 147-168) était une préoccupation de tous les États, grands ou petits. Plusieurs écoles de pensée se sont constituées. Certaines entretenaient des liens étroits avec l'élite de la politique étrangère et, en ce sens, représentèrent un effort pour appliquer la géographie à partir d'une impulsion technocratique (Korinman, 1990). D'autres gardaient leurs distances et se montrèrent plus circonspectes vis-à-vis des détenteurs du pouvoir. Vers le début du siècle, Mackinder (1904) a rendu publique sa vision du monde, fondée sur les différences de situation de la Grande-Bretagne et de la Russie, et le débat ne s'est jamais réellement arrêté. Au fil du temps, les controverses ne se fondaient plus sur les conditions physiques (l'influence des techniques de transport était primordiale dans l'approche de Mackinder), on leur avait adjoint les variations spatiales, économiques et culturelles. Wittlesey (1939) a mis l'accent sur la formation des États, à partir de régions centrales spécifiques.

Le régionalisme est le dernier des héritages du xixe siècle à avoir, ultérieurement, une influence sur le développement de la géographie politique. Pendant tout le xixe siècle, l'uniformité grandissante des pratiques sociales dans des États bien établis, et la ruse dont usait de nouveaux États pour imposer de nouvelles normes de cohésion sur des traditions locales plus anciennes, représentaient un défi majeur, tant pratique qu'intellectuel. En outre, des relations très intensives entre l'Europe et le reste du monde ont obligé les Européens à tenir compte de cartes générales montrant des différences et des similitudes. L'orientalisme a connu différentes versions selon qu'il s'agissait du Proche-Orient, du Moyen-Orient ou de l'Extrême-Orient (l'origine du débat actuel sur cette question est relatée par Said, 1978). Il y avait une nouvelle urgence de régionaliser le monde à différentes échelles, en fonction d'objectifs divers.

La géographie française a abrité l'élaboration de la motivation régionaliste la plus originale et la plus sophistiquée. Lorsque la géographie régionale française fut solidement établie et codifiée au début du xxe siècle (Claval, 1998, pp. 84-152), elle s'est intéressée aux variations intérieures de la France et a donc agi comme un contrepoids à la tendance générale dans les sciences sociales à penser les sociétés comme étant en parfaite coïncidence avec les États. Vidal de la Blache, le fondateur de l'école régionale française, avait montré sa différence en étant davantage sensible à l'idée des régions, quelle qu'en soit l'échelle, dont les destinées pouvaient s'interpréter dans leurs interconnexions. Vidal commença avec Ratzel, dont il lut et commenta méticuleusement les œuvres. Alors que Ratzel était allé des sciences de la vie à la géographie, Vidal était historien de formation et donc moins enclin à insister sur les contraintes physiques que sur l'expérience historique de ceux qui peuplaient et par là même constituaient une région. L'effort de Vidal pour construire une discipline géographique respectable s'est déployé dans l'atmosphère politique de la défaite encore vive de 1871 et de la perte de l'Alsace. La motivation qui était la sienne, à l'égard de la région, était intimement liée à une bataille politique relative à l'amélioration de la politique administrative en France. Son penchant pour l'histoire a teinté la géographie de considérations culturelles qui ont marqué, au-delà, de nombreux travaux de la même veine pendant le xxe siècle. Ses investigations, au cours des dernières années de sa vie, d'une géographie régionale fondée sur de nouvelles exigences de modernisation et d'industrialisation, en lieu et place des « genres de vie » d'antan, débouchèrent sur des régionalisations inédites qui ont été poursuivies avec vigueur depuis lors.

À plus grande échelle, l'idée de l'Europe, de la communauté atlantique, du monde musulman, le « pan-régionalisme » de l'entre-deux-guerres, du premier, du second et du tiers-monde, entre les années 1950 et 1991, le centre, la semi-périphérie, la périphérie et d'innombrables autres façons de découper la surface terrestre ont été utilisées par les journalistes, les politiciens et les géographes. En géographie politique, ces classifications ont été présentées comme le résultat de structures d'interaction dans les relations internationales, comme l'action de forces globales politico-économiques (de leur rôle dans le système monde) ou de données de longue date (le clash des civilisations), fixant les degrés de liberté des joueurs politiques qui se trouvent eux-mêmes dans l'une de ces situations (Nierop, 1994 ; Brook, 1995).

Le progrès, le fonctionnalisme, l'environnementalisme et le régionalisme incarnaient des conceptions fortement ancrées au début du XXe siècle, qui dépassaient de beaucoup la seule géographie politique. Comme la géographie politique s'est développée pendant le siècle passé, ces traditions ont été sans cesse reprises, renforcées et recomposées de façons inédites. Au début du XXIe siècle, les notions de progrès et de fonctionnalisme peuvent paraître ternies, mais cela ne constitue en aucune façon une garantie de leur disparition définitive. L'environnementalisme s'est refait une jeunesse, en raison de l'urgence actuelle du problème séculaire des limites que la nature impose à l'humanité. Le régionalisme a fait un retour au premier plan par une voie nouvelle qu'a ouverte le tournant culturel des sciences sociales, et en tant que produit de la nouvelle économie politique globale. Ces nouvelles versions de l'environnementalisme et du régionalisme alimentent beaucoup les réflexions et pas seulement chez les géographes politiques. Taylor (1993) et Dirkshit (1997) ont dirigé des ouvrages offrant des panoramas récents de la géographie politique du XXesiècle et de l'histoire de la géographie politique.

De la Grande Guerre à la Seconde Guerre mondiale

La Grande Guerre, que l'on appela plus tard la Première Guerre mondiale, fut une catastrophe d'abord pour l'Europe. Elle terminait une longue période où la guerre sur leur propre territoire entre les puissances européennes n'était qu'une préoccupation sporadique, presque toujours secondaire et de courte durée. Pendant cette période, la perspective d'une communauté de nations et d'États coopérant pacifiquement, unis par les liens d'une culture partagée, d'intérêts commerciaux mutuels, avec un ensemble de normes internationales légitime, administrée par des institutions supranationales légales a grandi chez un nombre grandissant de citoyens. Cette communauté était encore très centrée sur l'Europe, et le gouvernement colonial bienveillant était supposé durer indéfiniment. Cet avenir radieux commençait bien à être obscurci par les signes inquiétants du nationalisme de masse, des rivalités coloniales et de la course à l'armement, mais il existait encore. L'éclatement de la Première Guerre mondiale fut, en soi, un grand choc, et aussi en raison de la volonté soudainement affichée d'une part importante du public de participer à ce jeu mortel.

Les conséquences de la Première Guerre mondiale furent considérables : le système des États européens vola en éclats, le gouvernement et la légitimité de nombreux États étaient ravagés, les pays, en grande partie détruits, sans parler des pertes humaines, surtout parmi les forces armées des deux camps. La guerre avait suscité une mobilisation et une participation sans précédent dans la vie politique, au point de venir à bout de plusieurs obstacles sur le chemin de la démocratie de masse. Les années de l'entre-deux-guerres furent, à de nombreux égards, des années perdues, au cours desquelles les efforts n'ont pas été ménagés pour remettre la civilisation européenne sur les rails, mais que marqua aussi une concurrence acharnée entre des visions différentes de la conduite de l'État et du fonctionnement de la société internationale. Les doctrines du marxisme-léninisme, du fascisme et du national-socialisme contestaient le fonctionnement des gouvernements qui régulaient les pays capitalistes. L'économie capitaliste traversa une crise grave. Dans les colonies, des signes de rébellion se firent jour. Les États-Unis étaient de plus en plus perçus comme un modèle (positif ou négatif), une force civilisationnelle avec laquelle il fallait compter, une puissance que l'on ne pouvait plus ignorer. La Seconde Guerre mondiale a finalement détruit le système européocentrique et a jeté les bases d'un système réellement mondial d'États organisés en trois mondes de développement, consacrant les États-Unis comme puissance hégémonique. Toute la durée des deux conflits majeurs du XXe siècle fut appelée « guerre civile européenne ». Au fur et à mesure que cette guerre se développait, elle devenait à proprement parler un conflit mondial, un monde en guerre.

La Première Guerre mondiale impliqua l'ensemble des habitants à un niveau jusque-là inégalé. Les affaires étrangères, traditionnellement une chasse gardée d'une élite très restreinte, devinrent dans une certaine mesure et de façon intermittente objet de débats, d'examen et d'intérêt publics. Si cela s'était produit auparavant (en Grande-Bretagne et en France, sur des questions coloniales), les affaires étrangères restaient par la suite de peu d'importance dans la politique générale ; or, il y a une raison pour considérer 1918 comme un tournant important de ce point de vue. Le géographe politique Y. Lacoste considère le débat politique national sur la place de l'Allemagne dans le système politique européen après la guerre comme la première manifestation de ce qu'il entend par la « géopolitique » : la formation du discours public sur la place d'un État sur la carte, c'est-à-dire son territoire, sa vie sociale et son identité culturelle, ses relations extérieures et ses opportunités régionales (Lacoste, 1993, pp. 1-35). Parmi les élites des affaires étrangères, y compris les militaires, le discours qui a souligné les caractères géographiques, sous l'angle des qualités d'un site, et la situation, dans la mise en œuvre de politiques, prit de l'importance, même s'il n'était pas universellement partagé. Ainsi, la géographie, en général, et la géographie politique en particulier, contribuèrent à appliquer la politique étrangère au même moment où la géographie a commencé à s'appliquer dans les autres secteurs de la politique, comme l'aménagement urbain, à peu près à la même époque (Claval, 1994, pp. 27-28).

Les préoccupations principales de la géopolitique durant les années des deux guerres et de l'entre-deux-guerres peuvent aisément se résumer. La question centrale était de savoir quel type de traits géographiques produisait un certain ordre politique : la segmentation des États et des autres territoires, la répartition du pouvoir, les risques et les opportunités en termes de violence et de pertes économiques, ou de paix et d'avantages économiques. L'application revenait à se demander comment un État résolvait ces équations et si les conséquences pouvaient être influencées par la politique et de quelle manière. Les caractères géographiques pertinents pouvaient être de plusieurs types. En tout premier lieu, ils pouvaient provenir du cadre physique ou de domaines quasi immuables de civilisation. Parallèlement, l'idée était répandue que les caractères géographiques des États pouvaient peut-être se composer de façon à maximiser les effets politiques. Cela concernait d'abord et avant tout les frontières nationales par rapport à la répartition de la population. Or, il y avait aussi des questions liées à la localisation des capitales comme siège de l'État et à la carte administrative des territoires et des compétences soumis à l'autorité du gouvernement afin d'en maximiser l'efficacité et l'efficience et d'améliorer la signification de la communauté politique (Fawcett, 1919 ; Holmes, 1944).

Dans la suite de cette section, nous allons examiner ces différentes approches et questions. Les caractères géographiques qui ont permis ces gros plans sur l'ordre politique et ses conséquences pour les acteurs individuels reposent sur trois types de caractéristiques : la répartition des terres et de la mer et ses conséquences sur la mobilité, la distribution des climats et ses effets sur la base de ressources, la répartition des civilisations et son influence sur le développement des sociétés. Tous ces traits étaient mentionnés chez Fairgrieve (1915), notamment en regard de la répartition de l'énergie disponible qui en découlait. Puis il y a une question qui n'a peut-être pas été étudiée suffisamment à l'époque, mais qui revêtait une importance considérable pour les contemporains : l'identité de leur propre État, à partir de ses caractéristiques géographiques. L'ensemble de ces identités était manifestement significatif pour la nature de l'ordre politique au sens large (Steinmetz, 1920, 1927 ; Van der Wusten, 1991, pp. 30-41). La définition et la redéfinition des frontières étatiques (y compris les migrations contrôlées de la population) en vue d'obtenir un « meilleur » système étatique représentaient la principale pomme de discorde pendant la période au cours de laquelle les géographes politiques étaient totalement impliqués (Bowma, 1922). La localisation et les fonctions des capitales ainsi que les unités administratives étaient les objectifs de la géographie politique de l'entre-deux-guerres, parfois abordés par les géographes politiques.

Mackinder (1904 ; Parker 1982), brièvement mentionné déjà dans la section précédente, fut le premier à préconiser une approche macro de l'ordre politique dans lequel on peut extrapoler quel sera le destin des États à partir de leur localisation par rapport à la distribution des terres et de la mer sur la planète, en fonction des techniques de transport disponibles. La version de sa conférence qui a été publiée contient une carte ayant pour titre « Les assises naturelles du pouvoir ». Il développe son argumentation comme suit. Sur le continent eurasiatique, il y a une région-pivot (appelée plus tard le cœur), la Sibérie centrale, au nord des montagnes de l'Asie centrale, qui ne peut pas être atteinte par les forces navales et peut donc être facilement défendue contre des incursions venant de ce côté-là. Puisque l'évolution des techniques de transport favorisent davantage les transports terrestres que les transports maritimes, les incursions des puissances du cœur dans les régions dominées deviennent relativement plus faciles que les incursions des puissances navales dans la région centrale. Par conséquent, la voie pour la domination du monde s'ouvre à la puissance qui domine la région centrale. Les Russes en sont les détenteurs actuels, mais cette situation n'est pas nécessairement éternelle. La conférence était donnée devant la *Royal Geographical Society* en 1904, quelques semaines avant que le Japon et la Russie se fassent la guerre, laquelle fut perdue par la Russie.

En 1919, lorsqu'il fut témoin de la guerre civile russe, alors qu'il était fonctionnaire britannique dans le sud de la Russie pour une brève période, il élabora ses conceptions (Mackinder, 1919) avec un adage souvent cité qui exprimait la crainte de la domination allemande sur l'Europe orientale, suivie par la domination germano-russe sur le monde. Quel désastre pour l'idéal démocratique qui venait d'être proclamé ! Dans un article publié dans *Foreign Affairs* en 1943, Mackinder a adapté, une fois encore, ses conceptions au cours des événements à la lumière desquels il spéculait à nouveau en fonction de la répartition des terres et de la mer sur le destin des pays d'après-guerre, compte tenu de l'alliance inattendue de puissances majeures terrestres et maritimes contre l'Allemagne nazie et le Japon.

Les conceptions de Mackinder n'étaient certainement pas inconnues avant la Première Guerre mondiale, mais elles gagnèrent en notoriété internationale après 1914. En Allemagne, un grand débat public a suivi les traités de paix. Ce qui était en jeu fut débattu aussi parmi les géographes. À Munich, Haushofer, un militaire à la retraite qui était allé au Japon avant la guerre, entreprit d'établir le champ de la géopolitique comme corpus de connaissances appliquées et applicables en vue de restaurer la position internationale de l'Allemagne. Le vecteur principal de cette entreprise était le *Zeitschrift für Geopolitik* dirigé par Haushofer de 1924 à 1944. Le *Zeitschrift* publia de nombreux travaux de géographes politiques, et l'affirmation ultérieure de géographes allemands soutenant que la géographie politique se distinguait complètement de la géopolitique ne tient pas (Kost, 1999, p. 290). Haushofer reconnaissait à Mackinder une grande influence. L'ordre politique au niveau macro occupait une rubrique importante du *Zeitschrift*. Elle comportait des propositions et des spéculations sur les amis et les adversaires potentiels de l'Allemagne en Europe, lesquelles s'inspiraient des cartes de répartition des terres et de la mer, en montrant aussi de l'intérêt pour l'essor du monde colonial. Les conceptions d'Haushofer furent immédiatement critiquées (par Ter Veen aux Pays-Bas (1931) par exemple), sous la conduite des géographes français. Parker (1988) a analysé leurs positions. Plus récemment, il a souligné à nouveau les arguments en faveur de la spécificité française dans les réactions à des défis intellectuels et politiques au cours de différentes périodes du xxe siècle, en établissant les similitudes et les différences par la comparaison de la réaction de Vidal de la Blache à Ratzel, de celle de Goblet et Ancel à Haushofer et à la menace allemande et de la tentative de Lacoste après 1968 de lancer une nouvelle géopolitique critique (Parker, 2000). Pendant la Seconde Guerre mondiale, les géographes ont dénoncé aux États-Unis la géopolitique d'Haushofer en tant que soutien majeur à la campagne expansionniste d'Hitler. Des travaux plus récents, sans occulter les liens entre Haushofer et les nazis, surtout dans les premières années, ont apporté quelques bémols à cette lecture (Bassin, 1987). Vers la fin de la Seconde Guerre mondiale, Spykman (1944) a publié un ouvrage aux États-Unis où il voit, lui, juste une recommandation pour une politique ultérieure d'endiguement. Il se fonde sur les conceptions mêmes de Mackinder relatives à la pertinence des masses continentales et océaniques pour conduire la politique étrangère, en fonction d'une position géographique donnée, tout en apportant quelques éléments nouveaux au débat, en introduisant la catégorie de « pays limitrophe » pour conforter la puissance.

Un second caractère géographique qui a été sans cesse utilisé pour interpréter l'ordre politique et la place d'un pays fut le zonage climatique et la base de ressources correspondante. En insistant sur cette relation, cela voulait dire que le potentiel agricole continuait à avoir beaucoup d'importance pour le développement à long terme. De plus, on prenait en compte les gisements de minéraux et les autres ressources non renouvelables, pour constater leur inégale répartition dans le monde. Fairgrieve (1915) donne un exemple précurseur de ces conceptions selon lesquelles la disponibilité de l'énergie était considérée comme la condition essentielle du développement social. Il fut publié, pendant l'entre-deux-guerres, d'innombrables études pour interpréter les dotations en ressources des différents pays et leur distribution, comme indicateur majeur de puissance et, par voie de conséquence, de leurs chances en cas de conflit (Leith, 1931; Dickenson, 1943).

Cela a servi de base pour la vue d'ensemble de l'ordre politique qui suggérait une partition du monde en trois ou quatre groupes pan-régionaux, ancrés chacun sur une puissance majeure et disposant d'une zone de dépendance relevant des différentes zones climatiques (O'Loughlin et Van der Wusten, 1990; Taylor, 1993, pp. 47-48). Chaque bloc ainsi constitué pouvait être quasi autonome et n'avait pas à redouter des interférences avec l'extérieur. Il ne devait plus y avoir de raison à la rivalité entre les plus grandes puissances. Cette option était jugée séduisante, et le monde semblait en mutation. Les principales puissances identifiées étaient les États-Unis, l'Europe continentale, dominée par l'Allemagne dans certains cas (la Grande-Bretagne, sur le déclin, n'était pas comptée), le Japon, peut-être aussi la Russie avec un rôle hégémonique sur le sous-continent indien. Ces conceptions faisaient l'objet de discussion dans les cercles des partisans enthousiastes de l'intégration européenne de l'entre-deux-guerres (comme Coudenhove Kalergi) et étaient élaborées par Haushofer et ses proches (Hefferman, 1998, pp. 125-138). Haushofer (1931) a attiré l'attention, en plus de la base matérielle et politique de la puissance pour tel ou tel ordre politique comparable à un bloc politique, sur la nécessité d'une base idéologique ou d'idées pan-régionalistes que l'on pouvait tirer des caractéristiques civilisationnelles. Il est évident que des idées rejoignaient une option traditionnelle aux États-Unis connue sous le nom de doctrine Monroe et la préférence séculaire du Japon pour une zone d'influence sur l'Asie-Pacifique qui, plus tard, allait être en passe de se réaliser, avant 1945, dans cette zone de prospérité et qui s'est matérialisée dans une certaine mesure dans la politique extérieure japonaise de l'après-guerre (Rumley *et al.* (eds), 1996; Grant, 1998).

Un autre principe structurant de l'ordre politique mondial était la répartition géographique quasi stable des domaines de civilisation. L'accent portait moins sur la possibilité d'un « clash des civilisations » que sur les possibilités intérieures du maintien de l'ordre fondé sur l'homogénéité culturelle et les possibilités d'une coopération mutuelle et fructueuse, s'appuyant sur leurs différences. Cette approche appartenait déjà à l'ordre général que nous venons d'évoquer, comme la conséquence d'une géographie des idées pan-régionalistes. Cette conception inspira aussi les politiciens et les géographes français qui voyaient clairement la fin de la position centrale de l'Europe dans l'ordre mondial, après la Première Guerre mondiale et pensaient à de nouvelles formes de coopération au-delà des frontières traditionnelles (Parker, 1988). Lorsque la France a organisé la dernière exposition universelle, avant la Seconde Guerre mondiale, en 1937 à Paris, deux des plus imposants pavillons étaient ceux de l'Allemagne et de l'Union soviétique et démontraient clairement l'impulsion totalitaire qui animait leurs régimes (Strohmayer, 1996). Ils préfiguraient symboliquement le désastre qui a suivi et une démonstration du peu de chances pour un ordre politique basé sur les signes bienfaisants des civilisations, dans le climat politique de l'époque. La géographie russe a connu le développement d'une conception similaire au cours des années qui ont précédé la révolution , conception qui a été entretenue au sein de certains milieux d'émigrés après 1917 (Hauner, 1992). La civilisation de la Russie était perçue comme un mélange unique d'éléments européens et asiatiques. On pensait nécessaire, pour la Russie, d'en garder l'esprit vivant, d'avoir conscience de cette identité unique et de la position du pays pour contribuer au concert des nations. Le débat actuel sur la position de la Russie, dans le monde postcommuniste, reprend de nombreux arguments du passé.

Pendant les années de l'entre-deux-guerres, la plus grande part du travail de terrain était consacrée à une question qui sert à nouveau considérablement les géographes politiques : la connexion entre les caractères géographiques d'un pays et l'identité que ses habitants tirent du territoire qu'ils partagent. Cet intérêt remonte au XIXe siècle et ne se limite pas aux seuls territoires étatiques, mais à tous les territoires qui ont connu des efforts pour fonder une identité commune des groupes sociaux qui les occupent. Les constructeurs de mythes nationaux se sont toujours montrés prompts à exploiter le cadre géographique et historique qui était le leur. Pendant l'entre-deux-guerres, les géographes professionnels sont apparus actifs sur ce terrain pour réfléchir sur les propriétés d'une situation donnée, comme l'environnement maritime ou montagneux, la position par rapport aux grandes puissances, l'aptitude à protéger les frontières, les types de régions, etc., comme conditions du développement de l'État, de la nation et de la population des régions. La création de nombreux États en Europe centrale et orientale, de la Finlande à la Yougoslavie invitait des géographes du cru à réfléchir sur cette question (un exemple bien connu est celui de Jovan Cvijic en Serbie). Plusieurs points de vue géopolitiques ont ainsi été développés. En coulisses, ils ont grandement contribué à la construction nationale en cours dans ces pays. L'intérêt actuel pour cette question est, dans l'ensemble, bien plus critique, et il sert à révéler en général les mythes du nationalisme et les exigences et travers idéologiques de telles constructions. Il y a beaucoup à faire avec les entités régionales et les régions frontalières qui sont toujours en quête de reconnaissance de leur identité propre et de leur qualité d'exception.

La série des accords de paix conclus au terme de la Première Guerre mondiale – ce qu'on appelle de façon pas tout à fait exacte le traité de Versailles – a été négociée par des hommes d'État qui étaient conseillés par des géographes. Dans la délégation américaine, Bowman a joué un rôle important, de Martonne soutenait les Français, et il y en avait d'autres comme Oglivie du côté britannique ; Cvijic conseillait les Serbes et Marinelli, l'Italie. L'expérience de la guerre et la conférence de Paris furent l'occasion d'âpres débats qui allaient se poursuivre ultérieurement au sein de l'Union géographique internationale (l'UGI), où les Allemands eurent du mal à s'exprimer pendant une longue période. C'était le commencement du déclin de l'hégémonie allemande sur la discipline géographique – hégémonie qui prit fin après l'accession d'Hitler au pouvoir – et la géographie, comme nombre de disciplines universitaires, souffrit de la perte de nombreux scientifiques qui avaient fui alors que d'autres se compromettaient avec le nouveau pouvoir. Le traité de Versailles a donné naissance à plusieurs nouveaux États et a rectifié de nombreuses frontières. Il y eut, en contrecoup, les premiers échanges de population – ce qu'on a appelé plus récemment nettoyage ethnique –, organisés entre États, et qui se firent, parfois, sous contrôle international. Les nouvelles frontières étaient le résultat de négociations qui, dans de très rares cas, se sont terminées par des référendums organisés à partir de cartes détaillées de la répartition des groupes ethniques, des groupes linguistiques, etc. (Bowman, 1922). Ces cartes constituaient des éléments d'information évidemment contestés. Plus tard, les géographes entreprirent d'analyser ces référendums et leurs conséquences. En 1938, le géographe américain Hartshorne, qui, à cette époque, résidait en Europe pour écrire son célèbre *The Nature of Geography,* publia également un article sur le sort des référendums et des frontières, depuis Versailles (Hartshorne, 1939).

Pendant l'entre-deux-guerres, la géographie électorale suscita peu d'intérêt. Siegfried (1913), qui, en fait, était un marginal par rapport au sérail des géographes français et dont la reconnaissance par ce dernier est arrivée bien plus tard, avait publié, en 1913, une analyse des votes sous la IIIe République, anticipant grandement un résultat majeur des travaux de sociologie politique sur la stabilité des préférences de vote, comme l'ont noté Lipset et Rokkau (1967). Taylor et Johnston (1979, p. 21) relèvent deux articles plus géographiques publiés en 1916 et 1918, qui anticipaient l'intérêt pour la géographie d'après-guerre. Aux Pays-Bas, un article de géographie électorale parut dans l'entre-deux-guerres, écrit par un réfugié allemand en 1936 et qui portait sur les référendums organisés en vue de la formation de l'État après la Première Guerre mondiale.

Finalement, les symboles et l'appareil d'État étaient des objets de recherche pour les géographes. Une autre question, relevant aussi de la création de nouveaux États ou de leur redéfinition à l'issue de la Première Guerre mondiale, était le choix et la localisation des capitales. Les nouveaux régimes bolchevik et kemaliste avaient déplacé leur capitale davantage vers l'intérieur du pays : Moscou et Ankara. Helsinki et Prague étaient fort éloignés du centre de leur propre pays ; la position de Belgrade, Vienne, Budapest, etc., avait changé par rapport aux frontières nationales. Ces questions suscitèrent peu d'intérêt chez les géographes politiques (Cornish, 1923 ; Whittlesey, 1939 ; Spate, 1942).

Le système administratif s'imposa progressivement pendant l'entre-deux-guerres comme centre d'intérêt. Il avait déjà été un sujet de recherche à la fin du XIXe siècle, en France notamment où les arguments de continuité politique et d'efficacité de l'État furent à l'origine d'un débat animé concernant les unités administratives optimales (Claval, 1996, p. 54 sq.). Peu à peu, ces considérations furent appliquées aux villes qui continuaient de croître et aux régions qui en dépendaient. Le débat relatif au gouvernement urbain, dans le cas de Londres, s'était poursuivi pendant toute la seconde moitié du XIXe siècle (Barlow, 1991). Or, à partir du début du XXe siècle, il devint une question beaucoup plus générale. Comme le nouveau sujet de l'organisation de l'espace et de l'urbanisme s'était professionnalisé, prenant les traits du modernisme au cours des années 1920, un débat international s'ouvrit, portant sur les institutions administratives dans des régions urbaines toujours plus étendues. Les géographes n'en étaient pas les seuls participants, mais ils y jouaient un rôle (Hall, 1988, pp. 86-173). Après la Seconde Guerre mondiale, lorsque l'extension de l'État providence a requis une bureaucratie territoriale beaucoup plus sophistiquée pour mener à bien toutes les politiques sectorielles, ce problème, toujours récurrent, devint un centre d'intérêt majeur pour les géographes politiques. La géographie politique se transforma alors en géographie administrative, où les notions d'efficience de la bureaucratie d'État, des identités locales et des avantages (politiques, fiscaux, etc.) de l'inclusion et de l'exclusion déterminaient l'issue des confrontations d'alors (pour une analyse à long termes sur deux exemples différents, voir Terhorst et Van de Ven, 1997).

Les grandes tendances de la seconde moitié du XXe siècle

À l'instar de se qui se passa pour la géographie humaine, le monde anglo-saxon fit des avancées en géographie politique après la Seconde Guerre mondiale. C'est dans ce cadre linguistique et culturel que les idées qui eurent le plus d'influence furent émises et les tendances, affirmées, même si leurs origines venaient d'ailleurs. Un exemple célèbre est l'utilisation de von Thünen, A. Weber, Lösch et Christaller en géographie économique depuis la fin des années 1950. Un exemple comparable en géographie politique est l'usage des travaux de l'historien français Braudel (travaux qui remontent aux années 1940 et auxquels est étroitement liée la géographie régionale française) sur l'émergence du centre et l'expansion du capitalisme (Braudel en publia une première version en 1949, et sa forme définitive en 1979) par l'universitaire américain Wallerstein dans sa conception du système-monde depuis les années 1970 (1974, 1980, 1988). Cela a servi de base à la réorganisation de la géographie politique à laquelle s'est livré Taylor depuis les années 1980 (Taylor, 1985 ; réimprimé et complété en 1989, 1993, 2000). L'importance croissante des États-Unis, du Royaume-Uni et du monde anglophone est en partie due aux terribles échecs de la science allemande pendant les années du national-socialisme et, en partie, à la position hégémonique des États-Unis après la Seconde Guerre mondiale (Taylor, 1996).

Notre lecture du développement de la géographie politique après 1945 est avant tout adaptée au monde anglo-saxon. Au cours des dernières années, on a noté une augmentation significative de la participation de géographes politiques d'autres parties du monde à ces débats, et il en sera tenu compte dans notre présentation. Vers la fin de la section, nous mentionnerons brièvement certains développements dans le reste du monde, en France, en Allemagne et en Russie notamment.

La seconde partie du xxe siècle n'a pas été, en général, une période facile pour la géographie politique. Malgré ses références historiques, la sous-discipline a lutté pour prouver sa valeur en adaptant les notions aux réalités de l'époque. Dans cette lutte, les géographes politiques ont fait front et relevé trois défis qui menaçaient fondamentalement l'existence même de la sous-discipline en tant que projet intellectuel viable. Tout d'abord, la géographie politique est sortie de la Seconde Guerre mondiale ternie par son association à la géopolitique nazie : les années 1950 et le début des années 1960 illustrent sa réhabilitation apolitique. Ensuite, la révolution quantitative en géographie a laissé la géographie politique à l'écart de la transformation en science sociale de la géographie humaine : la fin des années 1960 et les années 1970 ont été marquées par des tentatives pour moderniser la géographie politique selon des normes scientifiques. Enfin, l'empirisme aboutissait à l'incohérence dans le contenu, à un méli-mélo de sujets vaguement politiques : les années 1980 et 1990 ont vu l'épanouissement de la géographie politique dans un nouveau pluralisme tant théorique que pratique. En fait, en relevant chaque défi, les géographes politiques créèrent des problèmes inédits pour la viabilité de la sous-discipline. Nous allons examiner successivement les nouvelles approches issues de ces défis.

La solution fonctionnaliste à la débâcle de la géopolitique

Comme nous l'avons vu, pendant la Seconde Guerre mondiale, les géographes politiques livrèrent bataille aux géographes anglo-américains, qui condamnaient la *Geopolitik* allemande, comme « pseudo-science » dépourvue de l'objectivité intellectuelle de la géographie politique. Ce débat se régla avec l'issue de la guerre, mais il n'était pas établi que la tentative de prise de distance avec son origine nazie avait totalement réussie. La géographie politique demeura certainement un domaine d'étude inacceptable dans le bloc soviétique tant que dura la guerre froide. Même aux États-Unis, Richard Hartshorne (1954) dut rappeler à ses lecteurs, dans le bilan qu'il fit de la sous-discipline à l'occasion du cinquantième anniversaire de l'Association des géographes américains, que la géographie politique était « une partie essentielle de la géographie », une assertion qui n'était pas nécessaire pour les autres sous-disciplines. Même si Hartshorne en était venu à considérer que la géographie politique était l'une des parties les moins développées de la géographie, le début des années 1950 fut une période particulièrement féconde au cours de laquelle les géographes politiques firent d'importants efforts pour relancer leur sous-discipline, à commencer par Hartshorne.

L'embarras que suscitait la *Geopolitik* disparut en omettant la géopolitique, quelle qu'en soit l'origine nationale. En général, les géographes de l'époque se désintéressèrent de la géostratégie mondiale et des grandes régions continentales et recentrèrent leurs préoccupations à l'échelon de l'État. Bien sûr, la géopolitique écartée était censée dépasser ce choix d'échelle ; la géographie politique devait se libérer ouvertement de son biais politique. La création d'une géographie politique apolitique s'est réalisée en appliquant une approche fonctionnelle à la sous-discipline. Hartshorne (1950) conçut ce projet en identifiant « la fonction primaire de tout État » avec l'organisation de l'État-espace. Il proposa une analyse des États par la géographie politique, qui comprenait l'identification des forces centrifuges et centripètes pour montrer comment les différentes régions étaient liées ensemble en « un tout effectif ». À peu près à la même époque, Gottmann (1951, 1952) développait des idées similaires sur l'interaction entre la circulation (le « facteur mouvement » et l'« iconographie » pour produire les structures spatiales des États. Plus dynamique que celui de Hartshorne était le modèle qu'avait développé Jones (1954) en une « théorie des champs » en tant que chaîne de liens : idée politique – décision – mouvement – champ – région politique. Ces contributions du début des années 1950 devaient dominer la géographie politique pendant plus de deux décennies, et elles sont reproduites dans les manuels universitaires des années 1960 (Jackson, 1964 ; Kasperson et Minghi, 1969) et elles conservèrent une place importante dans les ouvrages des années 1970 (Berman, 1975 ; Muir, 1975).

Plutôt qu'un nouveau départ, il y a une véritable continuité avec la géographie politique antérieure. D'une certaine façon, le fonctionnalisme est une version tronquée de la théorie organique de l'État ; le régionalisme apparaît manifeste dans l'accent mis sur le domaine politique, et l'environnementalisme est présent dans l'intérêt porté aux caractères physiques comme forces politiques. Ils convergent avec le progrès sous la forme du « développement du système étatique européen » dans le modèle de Pounds et Ball (1964), où les « régions du centre », favorisées par leur environnement, deviennent des États modernes. Bien que cette étude soit circonstancielle, sa diffusion ultérieure dans les manuels de Pounds (1963) et de de Blij (1967), où le modèle est extrapolé au reste du monde, est tout à fait fonctionnaliste avec des accents nettement téléologiques.

Les débats dans cette école de géographie politique ont été plutôt prévisibles. Les meilleures critiques ont été faites par Burghardt (1969, 1973), qui affirme que le fonctionnalisme dans les versions d'Hartshorne et de Gottmann est fondé sur la préexistence de territoires souverains, sans historiciser ce résultat de la constitution de l'État européen. Quand Pounds construit son modèle, il y a confusion dans la spécification de la région centrale, notamment en confondant les centres historiques avec les centres économiques d'alors dans le même modèle. En fait, cette approche fonctionnaliste n'a pas été sapée par un débat interne à la sous-discipline, mais elle ne convenait pas en tant que réponse à des changements disciplinaires plus importants.

Nous utiliserons les *Readings on the Nature of Political Geography* de Jackson (1964) comme publication charnière, reflètant cette école tout en cherchant son dépassement. On dénombre neuf publications des trois géographes que nous venons de citer, lesquels ont relancé la sous-discipline, mais Jackson ne suit pas exactement leurs prescriptions. La pensée géostratégique faisait doucement un retour, mais cela correspondait, avant tout, à la réinsertion de la politique et des questions de pouvoir dans la géographie politique. Jackson choisit de commencer, non pas avec les modèles fonctionnalistes, mais avec deux articles, l'un sur la nature de la politique, et l'autre sur la nature du pouvoir politique. Il s'agit d'une tentative majeure pour établir un lien entre la géographie politique et la science politique : bien que le propos de l'ouvrage soit la nature de la géographie politique, les géographes ne sont auteurs que de treize des trente-quatre chapitres. Cela reflète à la fois la pénurie en recherches sur les modèles fonctionnalistes et les changements survenus en géographie dans les années 1960, une ouverture sur des perspectives élargies.

Des systèmes et des échelles, comme solutions pour une branche moribonde

Si l'on considère les bouleversements survenus dans les années 1960, la géographie politique « n'avait pas de chance » à l'intérieur de sa science sociale « sœur ». Tandis que l'économie, avec ses théories de localisation des activités primaires, secondaires et tertiaires, et la sociologie, avec ses modèles d'écologie urbaine, pouvaient toutes les deux fournir des cadres théoriques aux nouvelles analyses spatiales, il n'existait pas de modèles équivalents de localisation à emprunter à la science politique. D'où l'absence criante de la géographie politique dans les textes fondamentaux de la « nouvelle géographie » des années 1960 : la sous-discipline n'est pas représentée dans l'ouvrage qui a fait autorité *Models in Geography* (Chorley et Haggett, 1967) et elle est ignorée dans l'ouvrage de Haggett (1965) *Locational Analysis in Human Geography.* C'est donc sans surprise que Berry (1971) a pu déclarer que la géographie politique était un « bras mort en voie d'assèchement ».

La géographie politique n'a pas été tout à fait éludée par l'école spatiale et sa révolution quantitative. Bien que les frontières des États, les capitales et les régions centrales ne se prêtassent pas facilement à des analyses utilisant les méthodes les plus récentes, il y avait certains domaines de la sous-discipline qui pouvaient être analysés par ces méthodes. Parmi eux, citons la géographie électorale, qui disposait de données enregistrées par circonscription électorale. Comme ces données étaient étudiées traditionnellement sur la base de comparaisons de cartes, il n'y avait qu'un petit pas à faire pour en tirer des modèles statistiques, notamment des analyses de corrélation et de régression (Roberts et Rumage, 1965). Ces études empiriques à l'échelle nationale n'ont pas pallié l'absence de théorie spatiale en général, mais elles le firent au niveau local. Construisant des analyses d'effets structuraux à partir de la sociologie politique, notamment l'effet de voisinage, Cox (1969) et Reynolds (1969) ont abouti à un nouveau thème qui relevait de la localisation des décisions de vote, en sortant ce domaine de la géographie politique pour l'école, qui était en train de se constituer, de la géographie du comportement. Cependant, contrairement aux autres sous-disciplines de la géographie, où les modèles de localisation ont révolutionné les pratiques, ces modèles restent la préoccupation d'une minorité en géographie politique. Ils ont eu néanmoins un effet important sur la sous-discipline en termes d'échelle d'analyse.

Le thème du local, et particulièrement de l'urbain, avait été largement négligé dans toutes les formes de la géographie politique, qui s'intéressaient à l'État, que cet intérêt soit interne ou externe. En partie pour répondre à la politisation de la géographie humaine en général (Harvey, 1973), le début des années 1970 enregistra les premiers travaux de géographie politique urbaine (Cox, 1973) qui traitaient des conflits intercommunautaires (Cox, Reynolds et Rokkan, 1974). Cox a notamment développé son approche en une géographie politique générale. Déduisant de l'hypothèse de la théorie de la localisation que les choix de localisation sont des choix de marché (Cox, 1978), Cox a examiné comment les avantages et désavantages résultants étaient influencés par la politique publique, par les gouvernements intervenant sous la pression de publics en conflit, pour faire quelque chose relevant d'un « problème de localisation ». Ce fut la tentative la plus ambitieuse pour restructurer la géographie politique depuis Hartshorne et, contrairement à celui-ci, elle se posait comme une discontinuité radicale avec l'héritage de la sous-discipline. On peut considérer que c'est là que la révolution conceptuelle des années 1960 a finalement rattrapé la sous-discipline pour engendrer vraiment une « nouvelle géographie politique ».

Toutes les réactions aux approches plus rigoureuses issues des années 1960 n'ont pas été aussi déstabilisatrices. Le fonctionnalisme des années 1950 a pu se traduire par un regain d'intérêt pour les systèmes dans l'analyse géographique. Il était issu d'une réactualisation de la théorie organique – débarrassée de son tour téléologique –, venue du domaine en pleine expansion de l'ingénierie électrique sur laquelle se fondait l'informatique. Ce nouveau discours est explicitement appliqué par Cohen et Rosenthal (1971) dans leur développement des idées de Wittlesey (1939) sur le paysage juridique qui fournit un cadre systématique pour étudier les problèmes traditionnels de géographie politique. Les autres usages de la pensée systémique se révélaient assez décevants, recourant au concept de Easton (1963) du système politique (structures d'input - output) à faible effet (Bergman, 1975 ; Muir, 1975). La seule exception fut la tentative de Johnston (1979) d'intégrer la géographie électorale dans une géographie politique plus vaste, en utilisant des « systèmes spatiaux ». Bien que contribuant à l'esprit de la « nouvelle géographie politique », il est curieux que la dimension anhistorique de cette étude revienne si complètement au fonctionnalisme de Hartshorne (1950).

Le trait principal qui se dégage de ces géographies politiques de 1970 est l'utilisation de l'échelle politique pour organiser le domaine. Avec l'introduction du niveau local/urbain et la réhabilitation de l'échelle internationale/mondiale à côté de l'échelle de l'État, émerge une organisation omniprésente à trois niveaux qui commence avec les textes de Bergman (1975) et Muir (1975), continue avec ceux de Cox (1979) et Johnston (1979), et qui comprend aussi une référence issue de la géographie néomarxiste, de Short (1982). Encore qu'il a toujours été difficile – et c'est sans doute le fondement de sa popularité – de faire une partition bien nette du domaine des processus politiques par les échelles géographiques (Taylor, 1982). Dans de nombreux cas, cela masquait une pensée assez superficielle quant à la nature de la géographie politique. En réalité, la géographie politique avait émergé comme un large éventail de sujets à la recherche d'un cadre – comme l'annonçait l'ouvrage de Jackson (1964) avec ses 34 chapitres répartis en pas moins de 14 sections – et les « systèmes avec échelle » n'apportèrent pas de réponse.

Dans les débats sur les réponses apportées à la révolution quantitative, il y avait de la reconnaissance pour quelques travaux individuels, parmi les meilleurs, et quelques éléments théoriques intéressants, mais le manque total de cohérence a été considéré comme le signe d'un sérieux malaise, à la fois par Cox (1979) et Claval (1984). C'est d'autant plus surprenant que la sous-discipline s'est montrée davantage réactive qu'active pendant toute cette période de mue intellectuelle – selon Claval (1984, p. 8) « le champ s'est développé de façon plutôt chaotique ». Cela aboutit à une géographie politique sans coordination – Cox (1979, VII, parle d'une « collection de thèmes mal connectés » et non d'« un corpus de connaissances bien articulé » qu'on aurait pu attendre d'une sous-discipline. Cependant le temps pour réaliser un tel corpus passait. Au moment où des appels à la cohérence se faisaient entendre, le courant intellectuel avait dépassé un tel autoritarisme normalisateur.

Nous utiliserons l'ouvrage qu'ont coordonné Burnett et Taylor comme publication charnière entre les réactions à l'analyse spatiale quantitative et le pluralisme à venir. Ici, les chapitres (22 en tout) sont tous écrits par des géographes, de sorte qu'il n'y a pas à recourir à des non-géographes pour colmater les brèches. Le contenu varie beaucoup, des thèmes traditionnels comme les frontières et la géopolitique, aux élections et à la séparation ethnique, mais l'essentiel tient à la présentation d'approches alternatives de ces thèmes. Les modèles de choix publics voisinent avec des approches néomarxistes de l'État et la modélisation classique en sciences sociales. Ce mélange éclectique peut être vu, négativement, comme de l'incohérence, ou, positivement, comme un vibrant pluralisme. Comme nous entrions alors dans la décennie 1980, c'est cette dernière interprétation qui commence à s'imposer.

La réponse pluraliste à la critique de cohérence

Les années 1980 sont importantes dans l'histoire de la géographie politique parce que, pour la première fois, l'institutionnalisation était internationale. D'abord, une revue internationale *Political Geography Quarterly*, dédiée à la sous-discipline, était lancée en 1982. Elle se développa et abandonna rapidement son titre originel pour devenir simplement *Political Geography*. Ensuite, il y eut la tenue de conférences internationales organisées sous les auspices de l'Union géographique internationale (UGI), la création de la Commission de la carte politique mondiale[2] (qui était avant tout un groupe d'étude). La première conférence eut lieu en 1982 à Haïfa et la seconde à Oxford, où fut rédigée la demande de reconnaissance et de soutien, adressée à l'UGI. Ces deux innovations institutionnelles, à la fois comme débouché de la recherche nouvelle et comme cadre pour la formation d'un réseau de recherche, sont reconnues pour avoir représenté des impulsions majeures à la résurgence de la géographie politique, à la fin du xxe siècle.

La nouvelle revue s'ouvrait par un éditorial qui illustrait la variété de la géographie politique d'alors – 21 thèmes ont été recensés qui figuraient dans le programme de recherche proposé pour les années 1980 (Editorial Board, 1982a) auxquels d'autres ont été ensuite ajoutés (Editorial Board, 1982b). Rejetant le principe de promulgation d'une « nouvelle orthodoxie », l'article assimilait le pluralisme à l'« aspect le plus sain du développement récent de la géographie politique » (Editorial Board, 1982, p. 2). Cette position s'est reflétée dans les sommaires de la revue pendant près de deux décennies (Waterman, 1998) et a été réaffirmée dans un éditorial récent (Slater, 2000). L'article de Waterman souligne la grande diversité des thèmes abordés dans la revue. Il suggère qu'il « manque peut-être encore un point central dans cette nouvelle géographie politique ». Mais il ne voit rien de mal à cela : « bien que certains parmi les membres les plus doctrinaires de la discipline, obnubilés par le dogme, puissent se sentir frustrés, elle doit quand même être accueillie favorablement » (Waterman, 1998, p. 387). Pour preuve encore, la diversité des thèmes des numéros spéciaux de la revue (tableau 1). La série a commencé avec un numéro classique sur les redécoupages administratifs et elle se termine avec le même thème, les SIG en plus. Entre ces deux numéros, on trouve tous les thèmes qui ont été abordés par les géographes politiques pendant ces années-là.

Depuis le début des années 1980, la commission de l'UGI sur la carte politique mondiale a organisé une ou deux conférences chaque

[2] Le groupe d'étude et la commission avait choisi le terme de « carte politique mondiale » plutôt que celui de « géographie politique » afin de contourner l'aversion du bloc soviétique que suscitait cette seconde dénomination.

année. Des sessions spéciales et des réunions eurent lieu en relation avec les congrès de l'UGI à Paris (1984), Sydney (1988), Washington (1992), La Haye (1996) et Séoul (2000). Deux conférences supplémentaires furent organisées en Israël et il y eut différentes réunions en Europe centrale (Prague, puis à la frontière italo-slovène) et orientale (Moscou), en Inde (deux fois à New Delhi, une fois au Punjab), en Extrême-Orient (Tokyo), en Amérique latine (Rio de Janeiro). Plusieurs réunions se tinrent à l'initiative conjointe de groupes nationaux de géographes politiques en France et aux États-Unis ou, à la faveur d'initiative de scientifiques individuels, au Canada et en Suisse. De nombreuses conférences donnèrent lieu à des publications éditées spécialement. On peut citer comme exemples : Rumley et Minghi (eds.) 1991 ; O'Loughlin et van der Wusten (eds.) 1993 ; Claval et Sanguin (eds.) 1997 ; Becker et Miranda (eds.) 1997.

Le pluralisme ne veut pas dire que toutes les approches revêtent la même importance dans le développement de la sous-discipline. Dans ce domaine, l'analyse en termes de systèmes mondiaux de Wallerstein (1979) comme l'a adaptée Taylor (1982) a eu un impact certain, notamment à travers un manuel de géographie politique des systèmes mondiaux (taylor, 1985) qui en est maintement à sa quatrième édition (Taylor et Flint, 2000). Le pluralisme ne peut être cohérent qu'avec des exemples solidement fondés en théorie pour fixer la variété. L'analyse en termes de systèmes mondiaux a joué ce rôle en géographie politique, qui avait été critiquée en raison de son « déficit en théorie » (Reynolds, 1981). Le seul autre texte à avoir fondé la sous-discipline dans une théorie clairement articulée est celui de Cox (1979), mais il a souffert de son désengagement vis-à-vis de l'héritage de la géographie politique. Par contre, la géographie politique des systèmes mondiaux a incorporé à la fois des thèmes traditionnels – les capitales, les frontières et la géopolitique –, et des thèmes nouveaux – la théorie néomarxiste de l'État, les élections, les conflits urbains – en les réinterprétant en termes de systèmes mondiaux. Cela a abouti à une géographie politique systématique, qui restait malgré tout historique et mondiale, mais aussi locale, en traitant les échelles géographiques comme partie intégrante des processus politiques, et non pas comme des dimensions séparées. Cette manière de réorganiser la géographie politique ne s'est pas faite sans opposition. À l'origine, Dear (1986, pp. 295-297) a essayé de contrer vigoureusement cette tendance et de ramener la géographie politique vers ses thèmes traditionnels de l'État. D'autres textes encore ont tenté de fonder la géographie politique dans une autre théorie, comme l'économie politique (Short, 1993) et les théories socio-culturelles (Painter, 1995).

Bien sûr, les revues, les conférences et les textes ne racontent qu'une partie de l'histoire. La géographie politique dispose maintenant d'une littérature abondante sur des thèmes et des sujets spécifiques. Reynolds et Knight (1989) fournissent la revue de littérature récente la plus complète pour la géographie politique, mais elle commence à dater. Aujourd'hui, on peut identifier quatre domaines marquants qui sont de véritables contributions de la géographie politique à la géographie contemporaine : les études sur les États, la recherche sur le nationalisme, la poursuite des analyses électorales, et la totale réhabilitation de la géopolitique.

Réactiver l'étude traditionnelle de l'État s'apparentait plutôt à vouloir faire du neuf avec du vieux. En combinant les niveaux national et local, par exemple, Paasi (1996) a appliqué des approches socioculturelles récentes du territoire et de la frontière à l'engagement finnois à sa frontière politique avec la Russie. Un autre thème traditionnel de la géographie politique, le fédéralisme, en relation avec les bouleversements politiques contemporains, est illustré est illustré dans une série d'essais dirigés par Smith (1995). Les textes de l'ouvrage examinent les défis ethniques récents lancés aux États, notamment dans les anciens États communistes, et réfléchissent sur la pertinence de la théorie fédérale comme idéologie et pratique pour conduire le changement politique. Par contre, Staeheli, Kodras et Flint (1997) rassemblent des contributions centrées sur un pays, les États-Unis et son évolution vers une dégénérescence néolibérale. Dans tous les chapitres, les communautés et les groupes locaux sont considérés dans leurs interrelations avec les processus qui s'inscrivent à l'échelle nationale, pour créer de nouveaux effets géographiques.

Bien que thème central de la sous-discipline, la recherche sur la nation et le nationalisme n'a jamais conduit à une contribution majeure de la part des géographes politiques. Cela est en train de changer. Un ouvrage collectif, *Geography and National Identity* (Hooson, 1994), et la publication des essais de Colin Williams en un volume (1993) ont annoncé un nouveau départ de la recherche géographique dans ce domaine. En retour, on peut noter de substantielles ramifications dans la mesure où les travaux récents allient à la fois les dimensions culturelle (par exemple Johnson, 1992) et géopolitique (comme Dijkink, 1996) dans l'investigation géographique. C'est dans ce domaine que la sous-discipline a créé l'un des exercices les plus intéressants de la géographie d'autoréflexivité intellectuelle. Falah et Newman (1997), en partant de positions nationales opposées, adoptent un projet de collaboration qui explore les limites de recherche de la compréhension mutuelle dans un contexte nationaliste fort (Israël / Palestine).

La géographie électorale quantitative a survécu aux nombreux bouleversements méthodologiques des deux dernières décennies. Bien représentée dans un texte fondamental sur la géographie politique des États-Unis (Shelley *et al.*, 1996), le principal centre pour cette recherche fut le Royaume-Uni, sous la direction de Ron Johnston. Ses travaux ainsi que ceux de ses collègues se sont intéressés à deux domaines. Tout d'abord, l'évolution géographique des élections générales britanniques qui a été mise en évidence (par ex. Johnston *et al.*, 1988) souligne l'importance persistante du lieu et de la région malgré la défection de l'électorat pour les partis. Deuxièmement, l'organisation spatiale des élections a été explorée plus avant, en recourant à des analyses combinatoires (par exemple, Rossiter *et al.*, 1999). Plus généralement, la grande vague mondiale de démocratisation n'a pas échappé à un examen minutieux de la part des géographes politiques (O'Loughlin *et al.*, 1998).

La période qui a suivi la guerre froide a eu davantage d'impact sur la recherche en géopolitique : il y eut une réhabilitation définitive de la géopolitique, laquelle fut réintroduite dans la géographie politique dominante. Cet événement a influencé trois groupes de chercheurs. Le premier, poursuivant les débats autour de la géographie politique des systèmes mondiaux, développa une économie politique centrée sur le concept d'hégémonie mondiale (Agnew et Corbridge, 1995 ; Taylor, 1996 ; Agnew, 1999). Le deuxième groupe, une école de sciences sociales quantitatives, a effectué des recherches sur les structures internationales du comportement politique, comme l'organisation diplomatique (Nijman, 1993 ; Nierop, 1993). Le troixième a créé une géographie politique critique en appliquant des approches néostructuralistes au pouvoir et à l'espace, qui aboutit à une école de pensée totalement nouvelle et radicale (Dalby, 1990 ; O'Tuathail, 1996 ; Dalby, O'Tuathail et Routledge, 1998). Celle-ci réalise le potentiel en grande partie latent d'interdisciplinarité de la géographie politique à travers des liens solides noués avec des chercheurs dissidents des relations internationales.

Ce courant, tant par l'objet que la méthodologie, ne ressemble évidemment à aucun autre. Dear (1986) donna très tôt le ton : « J'affirme avec force que l'objet d'analyse en géographie politique est l'État. » Mais il a aussi dit : « Je ne suis pas prêt à privilégier une théorie ou une méthode particulière dans le discours. » Comme le note Waterman (1998) : il s'est reflété dans les pages de *Political Geography (Quarterly)* pendant des années que les géographes politiques d'intéressent pour la grande majorité d'entre eux à la question de l'État, sans que cela soit leur unique centre d'intérêt. Ils font appel à une vaste panoplie de méthodes. Parallèlement, les architectes de la sous-discipline, c'est-à-dire ceux qui recherchent les lignes directrices au fil de leurs recensions régulières pour *Progress in Human Geography* préfèrent généralement une multiplicité de thèmes abordés en privilégiant une méthode unique.

Contrairement à ce que nous avons fait pour les deux autres sections, il n'est nul besoin ici de conclure par une « publication charnière » parce que nous ne savons pas maintenant où mène cette géographie politique pluraliste. Néanmoins, un travail universitaire récent (Agnew, 1997) retrace idéalement le chemin parcouru et les résultats obtenus après un siècle de géographie politique. Ce texte se dit explicitement pluraliste dans son approche : Agnew recense trois « points de vue théoriques » (l'analyse spatiale, l'économie politique et l'approche postmoderne) et cinq grands domaines (la méthodologie, les États, la géopolitique, les mouvements, les identités et le nationalisme) qui lui permettent de construire une grille de la discipline en croisant points de vue et domaines (3 x 5), dans laquelle il place ses quinze commentaires. C'est le pluralisme triomphant dans la géographie politique contemporaine conduite par les Anglo-saxons, un cri lointain, venu du cœur de la biologie, une vue centrée sur l'État, qui a duré presque tout au long de l'histoire de la sous-discipline.

Le développement de la géographie politique en France reprend en partie l'histoire de la discipline telle qu'elle s'est épanouie dans le monde anglo-saxon, par contre, elle était par ailleurs fermement enracinée dans la tradition géographique française. Au début de la période d'après-guerre, Gottmann (1952) a tracé un panorama de la géographie politique centré sur l'État en suivant une veine fonctionnaliste. Sa perspective est, à de nombreux égards, comparable au programme de Hartshorne complété par les adjonctions que lui avait faites Jones à l'époque. Or Gottmann a migré peu après vers les États-Unis, puis à Oxford et ce n'est que bien plus tard que sa voix fut de nouveau entendue dans la géographie française (grâce aux efforts de Prevelakis, 1996, notamment).

Depuis les années 1970, la géographie politique suscita partout un intérêt soutenu. Lacoste s'est toujours préoccupé de l'usage possible des notions de géographie et notamment des cartes dans la définition de la politique étrangère et militaire et pour infléchir le discours public sur les événements politiques majeurs. Dans sa revue *Hérodote*, il a essayé depuis 1976 de former le public aux analyses géographiques des problèmes d'actualité. Selon lui, la géopolitique est ce débat géographique public sur la notion de l'État, les affaires étrangères, les conflits internationaux et les perceptions de la société qu'elle essaie d'influencer. Cette démarche présente beaucoup de points communs avec la géopolitique critique que nous avons déjà évoquée. On pourrait ajouter que le débat géopolitique en France est devenu particulièrement vif récemment. Alors que la géographie française s'est souvent opposée violemment aux conceptions d'Haushofer au cours de l'entre-deux-guerres, le débat universitaire qui s'est développé autour des questions géopolitiques classiques (qui ne venaient pas seulement de la géographie, mais aussi des relations internationales) est largement répandu en France maintenant.

Claval a conjugué ses propres préoccupations en géographie urbaine, régionale et culturelle, avec des questions de géographie politique et il a écrit une série de livres, d'articles, de chapitres d'ouvrages sur différents sujets relevant de ces thèmes pendant des années. Il a fait office de lien précieux entre le monde non francophone et la géographie française pour les deux parties. Il a écrit sur la stratégie militaire (1994), mais aussi sur l'importance des grandes villes et du réseau urbain mondial pour déterminer les entités politiques (1997). De cette manière, il s'inscrit dans la continuité de l'opposition française traditionnelle à une géographie politique trop exclusivement intéressée par l'État et à sa politique du pouvoir. Claval écrit toujours, mais les efforts d'organisation pour réunir les géographes français et les autres géographes politiques sont maintenant assumés par Sanguin.

Actuellement, la géographie française s'ouvre lentement au monde anglo-saxon. Un bon exemple est fournit par le travail de Lévy, qui écrit dans une perspective comparable à celle de Lacoste, tout en se montrant nettement plus à l'aise avec la littérature postmoderne issue de la géographie anglo-saxonne (il est influencé, en cela, par les linguistes et les philosophes français). La géographie politique française est restée française : elle est pétrie de traditions régionalistes, non pas tant de niveau subnational, mais à toutes les échelles géographiques. Le dernier livre de Lévy constitue un nouvel effort pour revenir à la notion d'Europe à partir d'une perspective régionaliste propre (Lévy, 1997).

La géographie politique allemande est longtemps restée dans l'ombre pour des raisons évidentes. L'histoire des relations entre les nazis et la géopolitique n'a pas invité à revenir sur le sujet. Si tant est qu'il y eût un intérêt pour la discipline, il a été canalisé vers les problèmes de géographie administrative (les luttes de compétences entre niveaux administratifs, etc., voir notamment les travaux de Boesler). Ce n'est qu'au cours des dix dernières années que s'est révélé un intérêt pour réintroduire le débat sur la géographie politique. Plus que dans les autres pays, l'historiographie de la géopolitique a été un sujet de recherche pour les géographes politiques. Sandner, en particulier, et un certain nombre de ses collègues s'y sont employés. Des synthèses précieuses ont paru dans *Political Geography* (comme vol. 6, p. 107 sq. ; vol. 8, p. 311 sq.). Pendant les années 1990, on note un regain d'effort pour ressusciter la géopolitique classique par des experts de la défense et des académies militaires dans la presse. Comme en France, le débat a été vif, mais l'intérêt des milieux universitaires se révèle moindre que dans cette dernière. Récemment, les géographes politiques allemands se sont mieux intégrés dans les réseaux anglo-saxons, faisant croître d'autant l'intérêt dans la sphère académique. Il y a peu, l'exposé programmatique de Reuber (2000) s'est montré très proches des thèmes actuels du monde anglo-saxon comme le montrent les références fournies.

En Russie, la géographie politique a été un fruit défendu jusqu'au milieu des années 1980. La communauté géographique de l'URSS resta inflexible dans sa réprobation de la moindre activité dans le domaine qui pouvait établir un lien entre la géographie et la politique. Lorsque l'histoire a tourné, la géographie politique devint extrêmement utile et elle revêtit même un caractère urgent. Elle s'avérait nécessaire pour les politiciens des démocraties nouvellement instaurées à la recherche d'une audience captive. Les analyses électorales fournirent bientôt des indications pour la carte des préférences. Toute une série d'analyses ont été publiées en russe, mais aussi en anglais et en français, par Kolossov notamment (voir O'Loughlin *et al.*). De plus, la géographie politique devenait urgente avec le changement de la carte politique et la nécessité de trouver de nouvelles interprétations pour réintroduire la position de la Russie dans le monde. Il s'ensuivit, parmi les politiciens et au sein du public averti, un débat continu dans lequel les géographes purent jouer un rôle. Comme nous l'avons indiqué, il y eut un débat en Russie sur la place et la mission du pays en relation avec sa position géographique depuis le début du XXe siècle. Bien qu'elle n'eût pas le qualificatif de géopolitique, il est clair qu'après la révolution, la position internationale de l'URSS a constamment été discutée en fonction de ses caractères géographiques. Lorsque l'URSS s'est désintégrée, des notions originelles (comme la Russie, tête de pont entre l'Europe et l'Asie ; sa vocation européenne, son héritage asiatique) revinrent au premier plan. L'interprétation géopolitique de la sécurité de la Russie et l'exactitude de ses frontières dans toutes les directions donnèrent lieu à un débat politique véhément . Dugin (1999) fait un exposé programmatique sur une base nationaliste, très contesté, tandis que Kolossov (2000) donne une réinterprétation de l'ensemble du débat (2000).

On peut conclure en disant que, dans la seconde moitié du XXe siècle, la géographie politique, hors du monde anglo-saxon, a évolué en fonction de son propre environnement. Cela est une évidence pour les différentes approches de la géopolitique, mais cela reste également pertinent pour d'autres questions de la géographie politique. Parallèlement, ces géographies politiques nées sous des cieux différents se sont ouvertes sur l'extérieur et sont entrées en relation avec le monde anglophone. Le métissage des expériences et des perspectives renforce le pluralisme dont nous avons déjà parlé.

Annexe 1.

Principaux périodiques – Géographie politique :

Zeitschrift für Geopolitik (Berlin : Vohwinckel, 1924-1944, et après-guerre 1951-1969)

Hérodote (Paris, La Découverte, depuis 1976)

Political Geography Quarterly (Oxford, Butterworths, 1982-1991)

Political Geography (Oxford, Elsevier, depuis 1992)

Environment and Planning D ; Society and space, (Londres, Pion, depuis 1983)

Limes. Revue française de géopolitique, (Paris, Gallimard, 1996-1998)

Annexe 2.

Tableau synoptique de l'évolution de la géographie politique depuis 1900

Les principaux ouvrages et articles

1897 – F. Ratzel : *Politische Geographie oder die Geographie der Staaten, des Verkehrs und des Krieges.* (édition revisée en 1903).

1904 – H.J. Mackinder : *The Geographical Pivot of History*

1915 – J. Fairgrieve : *Geography and World Power*

1920 – A. Demangeon : *Le Déclin de l'Europe*

1922 – I. Bowman : *The New World. Problems in Political Geography*

1931 – K. Haushofer : *Geographie der Panideen*

1938 – J. Ancel : *Géographie des frontières*

1944 – N. J. Spykman : *The Geography of the Peace*

1950 – R. Hartshorne : *The Functional Approach in Political Geography*

1952 – J. Gottmann : *La Politique des États et leur géographie*

1964 – W. A. D. Jackson : *Politics and Geographic Relationships*

1969 – R. E. Kasperson, & J. V. Minghi : *The Structure of Political Geography*

1976 – Y. Lacoste : *La Géographie, ça sert d'abord, à faire la guerre*

1978 – P. Claval : *Espace et pouvoir*

1979 – K. R. Cox : *Location and Public Problems : a Political Geography of the Contemporary World*

1985 – P. J. Taylor : *Political Geography : World-eEconomy, Nation-State and Locality*

1988 – R. J. Johnston, C .J. Pattie, & J. G Alsopp : *A Nation Dividing ? The Electoral Map of Great Britain 1987-1997*

1994 – P. Claval : *Géopolitique et géostratégie. La pensée politique, l'espace et le territoire au xx*e *siècle*

1994 – W. A. Gallusser : *Political Boundaries and Coexistence*

1996 – G. O'Tuathail : *Critical Geopolitics*

1996 – A. Paasi : *Territories, Boundaries and Consciousness*

1996 – P. J. Taylor : *The Way the Modern World Works : From World Hegemony to World Impasse*

1997 – J. Agnew : P*olitical Geography : a Reader*

1997 – R. D. Dikshit : *Developments in Political Geography. A Century of Progress*

1997 – G. J. Dijkink : *National Identities and Geopolitical Visions*

2002 – K. R. Cox : *Political Geography : Territory, State, and Society*

Références

ANTONSICH, M., KOLOSSOV V., PAGNINI M.P. (eds.), 2001 : *On the Centenary of Ratzel's Politische Geographie. Europe Between Political Geography and Geopolitics.* 2 vols, Rome, Societa Geografica Italiana.

AGNEW, J., 1997 : *Political Geography : a Reader,* London, Arnold.

AGNEW, J., 1998 : *Geopolitics : Revisioning World politics,* London, Routledge.

AGNEW, J. et CORBRIDGE, S., 1995 : *Mastering Space : Hegemony, Territory and International Political Economy*, London, Routledge.

ANCEL, J., 1938 : *Géographie des frontières*, Paris, Gallimard.

BARLOW, I.M., 1991 : *Metropolitan Government*, London, Routledge.

BASSIN, M., 1987 : « Race contra space. The conflict between German Geopolitik and National Socialism », *Political Geography Quarterly*, 6, pp. 115-134.

BECKER, B.K. & M. MIRANDA (eds.), 1997 : *A Geografica politica do desenvolvimento sustentavel*, Rio de Janeiro, Editora UFRJ.

BERGMAN, E. F., 1975 : *Modern Political Geography,* Dubuque, IA, William Brown.

BERRY, B. J. L., 1969 : « Review of Russett, B.M. International Regions and the International System », *Geographical Review*, 59, pp. 450-451.

DE BLIJ, H. J., 1967 : *Systematic Political Geography,* New York, Wiley.

BOWMAN, I., 1922 : *The New World. Problems in Political Geography,* New York, World Book Company.

BRAUDEL, F., 1979 : *Civilisation matérielle, économie, et capitalisme, XVe-XVIIe siècle*, Paris, Armand Colin. 3 vols.

BROOK, CHR., 1995 : « The drive to global regions », in ANDERSON, J., BROOK, C. & COCHRANE, A. (eds.) *A Global World ? Re-ordering Political Space.*, Oxford, Oxford University Press, pp.113-165.

BURGHARDT, A. F., 1969 : « The core concept in political geography : a definition of terms », *Canadian Geographer*, 63, pp. 349-353.

BURGHARDT, A. F., 1973 : « The bases of territorial claims », *Geographical Review,* 63, pp. 225-245.

BURNETT, A. D. & TAYLOR, P. J., (eds.) 1981 : *Political Studies from Spatial Perspectives,* New York, Wiley.

Buttmann, G., 1977 : *Friedrich Ratzel. Leben und Werk eines deutschen Geographen 1844-1904*, Stuttgart, Wissenschaftliche Verlagsgesellschaft MBH.

Chorley, R. J. & Haggett, P. (eds.) 1967 : *Models in Geography,* London, Methuen.

Claval, P., 1978 : *Espace et pouvoir,* Paris, PUF.

Claval, P,. 1984 : « The coherence of political geography » in Taylor, P. J. & House, J. W. (eds.) *Political Geography : Recent Advances and Future Directions*, London, Croom Helm, pp. 8-24.

Claval, P., 1994 : *Géopolitique et géostratégie. La pensée politique, l'espace et le territoire au xxe siècle,* Paris, Nathan.

Claval, P., 1998 : *Histoire de la géographie francaise de 1870 à nos jours*, Paris, Nathan.

Claval, P. et Sanguin, A.-L. (eds.), 1997 : *Métropolisation et politique,* Paris, L'Harmattan.

Cohen, S.B., 2003 : « Geopolitical realities and US foreign policy », *Political Geography* 22, pp. 1-33.

Cohen, S. B. and Rosenthal, L. D., 1971 : « A geographical model for political systems analysis », *Geographical Review* 61, pp. 5-31.

Cornish, V., 1923 : *The Great Capitals*, London, Methuen.

Cox, K. R., 1969 : « The voting decision in spatial context », *Progress in Human Geography* 1, pp. 81-117.

Cox, K. R., 1973 : *Conflict, Power and Politics in the City,* New York, McGraw Hill.

Cox, K. R., 1978 : *Urbanization and Conflict in Market Societies*, Chicago, Maaroufa.

Cox, K. R., 1979 : *Location and Public Problems : a Political Geography of the Contemporary World*, Chicago, Maaroufa.

Cox, K.R., 2002 : *Political Geography : Territory, State and Society,* Oxford, Blackwell.

Cox, K. R., Reynolds, D. R. and Rokkan, S. (eds.), 1974 : *Locational Approaches to Power and Conflict,* New York, Wiley.

Dalby, S., 1990 : *Creating the Second Cold War*, London, Pinter.

Dalby, S., Routledge, P. and O'Tuathail, G., 1998 : *Rethinking Geopolitics,* London, Routledge.

Dear, M., 1986 : « Theory and object in political geography », *Political Geography Quarterly* 5, pp. 295-297.

DEMANGEON, A., 1920 : *Le Déclin de l'Europe*, Paris, Payot.

DICKENSON, R. E., 1943 : *The German lebensraum*, Harmondsworth, Penguin.

DIJKINK, G., 1997 : *National Identities and Geopolitical Visions*, London, Routledge.

DIKSHIT, R. D., 1997 : *Developments in Political Geography. A Century of Progress*, New York, Sage.

DRAKE, C. and HORTON, J., 1983 : « Comment on editorial essay : sexist bias in political geography », *Political Geography Quarterly* 2, pp. 329-337.

DUGIN, A.G., 1999 : *Osnovy geopolitiki. Geopoliticheskoe budutchee Rossii* [The basics of geopolitics. The geopolitical future of Russia], Moscow, Arctogea-center.

DURKHEIM, E., 1893 : *La Division du travail social*, Paris, n.p.

DURKHEIM, E. (ed),. 1898 : *L'Année sociologique* 1, pp. 533-539.

EASTON, D., 1963 : *Systems Analysis of Political Life*, New York, Wiley.

Editorial Board, 1982a : « Editorial essay : political geography - research agendas for the 1980s », *Political Geography Quarterly* 1, pp. 1-18.

Editorial Board, 1982b : « Research agendas for the nineteen eighties : comments, additions and critiques », *Political Geography Quarterly* 1, pp. 167-180.

FAIRGRIEVE, J., 1915 : *Geography and World Power*, London, University of London Press.

FALAH, G. and NEWMAN, D., 1995 : « The manifestation of threat : Israelis and Palestinians seek a "good" border », *Political Geography* 14, pp. 689-706.

FAWCETT, H., 1919 : *The Provinces of England*, London, Hutchinson.

FLINT, C. and SHELLEY. F. M., 1996 : « Structure, agency and context : the contributions of geography to world-systems analysis », *Sociological Inquiry* 66, pp. 496-508.

GOTTMANN, J., 1951 : « Geography and international relations », *World Politics* 3, pp. 153-173.

GOTTMANN, J., 1952 : « The political partitioning of our world », *World Politics* 4, pp. 512-519.

GOTTMANN, J., 1952 : *La Geographie des États et leur géographie*, Paris, Flammarion.

GALLUSER, W.A. (ed.), 1994 : *Political Boundaries and Coexistence*, Berne, Peter Lang.

GRANT, R., 1999 : « Japan. A foreign aid super power », in GRANT, R. & NIJMAN, J. (eds.) *The Global Crisis in Foreign Aid*, Syracuse, Syracuse University Press, pp. 44-60.

HAGGETT, P., 1965 : *Locational Analysis in Human Geography*, London, Arnold.

HALL, P., 1988 : *Cities of Tomorrow. An Intellectual listory of Urban Planning and Design in the 20th Century*, Oxford, Blackwell.

HAUNER, M., 1992 : *What is Asia to Us Today? Russia's Asian Heartland Yesterday and Today*, London, Routledge.

HARTSHORNE, R., 1938 : « A survey of the boundaries problems of Europe », In COLBY, C. C. (ed.) *Geographic Aspects of International Relations*, New York, Books for Libraries Press, pp. 163-216.

HARTSHORNE, R., 1950 : « The functional approach in political geography », *Annals of the American Association of Geographers* 40, pp. 95-130.

HARTSHORNE, R., 1954 : « Political Geography », In JAMES, P. E. & JONES, C. F. (eds.) *American Geography : Inventory and Prospect*, Syracuse, NY, Syracuse University Press.

HARVEY, D., 1973 : *Social Justice and the City*, London, Arnold.

HAUSER, H., 1935 : *La Paix économique*, Paris, A. Colin.

HAUSHOFER, K., 1931 : *Geographie der Panideen*, Berlin, Zentral Verlag.

HEFFERNAN, M., 1998 : « The meaning of Europe », *Geography and Geopolitics*, London, Arnold.

HOLDAR, S., 1992 : « The ideal state and the power of geography. The life work of Rudolf Kjellen », *Political Geography* 11, pp. 307-323.

HOLMES, J., 1944 : *The Geographical Basis of Government*, Sydney, Angus & Robertson.

HOOSON, D. (ed.), 1994 : *Geography and National Identity*, Oxford, Blackwell.

KORINMAN, M., 1990 : *Quand l'Allemagne pensait le monde ; grandeur et decadence d'une geopolitique*, Paris, Fayard.

JACKSON, W. A. D., 1964 : *Politics and Geographic Relationships*, Englewood Cliffs, NJ, Prentice Hall.

JOHNSTON, N. C., 1992 : « Nation-building, language and education : the geography of teacher recruitment in Ireland, 1925-1955 », *Political Geography Quarterly* 11, pp. 170-189.

JOHNSTON, R. J., 1979 : *Political, Electoral and Spatial Systems*, London, Oxford University Press.

JOHNSTON, R.J., 2001 : *From Votes to Seats : the Operation of the UK Electoral System since 1945*, Manchester, Manchester University Press.

JOHNSTON, R. J., PATTIE, C. J. and ALSOPP, J. G., 1988 : *A Nation Dividing? The Electoral Map of Great Britain, 1979-1987*, London, Longman.

JONES, S. B., 1954 : « A unified field theory of political geography », *Annals of the American Association of Geographers* 44, pp. 111-123.

KASPERSON, R. E. and MINGHI, J. V. (eds.), 1969 : *The Structure of Political Geography,* Chicago, Aldine.

KNOX, P.L. and TAYLOR, P. J. (eds.), 1995 : *World Cities in a World System*, New York, Cambridge University Press.

KOLOSSOV, V.A. (ed.), 2000 : *Geopoliticheskoe polozhenie Rossii : predstavlenija i realnost* [The geopolitical position of Russia. Perceptions and reality], Moscow, Art-courier.

KOST, K., 1999 : « Anti-semitism in German geography 1900-1945 », *GeoJournal* 46, pp. 285-291.

LACOSTE, Y., 1976 : *La Géographie, ça sert d'abord à faire la guerre*, Paris, Maspero.

LACOSTE, Y., 1993 : *Dictionnaire de géopolitique. Préambule,* Paris, Flammarion, pp. 1-35.

LEITH, C. K., 1931 : *World Minerals and World Politics,* New York.

LÉVY, J. (ed.), 1991 : *Géographies du politique*, Paris, Presses de la Fondation nationale des sciences politiques.

LÉVY, J., 1997 : *Europe. Une geographie,* Paris, Hachette.

MACKINDER, H.J., 1904 : « The geographical pivot of history », *Geographical Journal* 23, pp. 421-442.

MACKINDER, H.J., 1919 : *Democratic Ideals and Reality : a Study in the Politics of Reconstruction*, London, Constable.

MACKINDER, H.J., 1943 : « The round world and the winning of the peace », *Foreign Affairs* 21, pp. 595-605.

MERTON, R.K., 1957 : « Manifest and latent functions », In Merton, R. K. *Social Theory and Social Structure*, Glencoe, The Free Press, pp. 19-84.

MUIR, R., 1975 : *Modern Political Geography,* London, Macmillan.

NIJMAN, J., 1993 : *The Geopolitics of Power and Conflict : Superpowers in the International System, 1945-1992*, Chichester, Wiley.

NIEROP, T,. 1994 : *Systems and Regions in Global Politics. An Empirical Study of Diplomacy, International Organization and Trade 1950-1991*, Chichester, Wiley 1994.

O'Loughlin, J. and Van der Wusten, H., 1990 : « The political geography of panregions », *Geographical Review* 80, pp. 1-20.

O'Loughlin, J. and van der Wusten, H. (eds.), 1993 : *A New Political Geography of Eastern Europe*, London, Belhaven.

O'Loughlin, J. *et al.*, 1998 : « The diffusion of democracy 1946-1994 », *Annals of the Association of American Geographers* 88, pp. 545-574.

O'Loughlin, J., Staeheli L., Greenberg E., 2004 : *Globalization and its Outcomes*, New York, Guilford.

O'Loughlin, J., Kollossov, V. and Vendina, O., 1997 : « The electoral geographies of a polarizing city : Moscow 1993-1996 », *Post-Soviet Geography and Economics* 38, 10, pp. 567-600.

O'Tuathail, G., 1996 : *Critical Geopolitics*, Minneapolis, Minnesota University Press.

Paasi, A, 1996 : *Territories, Boundaries and Consciousness*, New York, Wiley.

Painter, J., 1995 : *Politics, Geography and « Political Geography »*, London, Arnold.

Parker, G., 1982 : *Mackinder. Geography as an Aid to Statecraft*, Oxford, Clarendon Press.

Parker, G., 1988 : « French geopolitical thought in the interwar years and the emergence of the European idea », *Political Geography Quarterly* 6, pp. 145-150.

Parker, G., 2000 : « Ratzel, the French school and the birth of alternative geopolitics », *Political Geography* 19, pp. 957-970.

Pounds, N.J.G., 1963 : *Political Geography*, New York, McGraw Hill.

Pounds, N. J. G. and Ball, S. S., 1964 : « Core areas and the development of the European states system », *Annals of the American Association of Geographers* 54, pp. 24-40.

Prevelakis, G. (ed.), 1996 : *La Géographie des diasporas*, Paris, Harmattan.

Ratzel, F., 1903 : *Politische Geographie oder die Geographie der Staaten, des Verkehrs und des Krieges*, Muenchen, Oldenbourg (rev.ed.).

Reuber, P., 2000 : « Conflict studies and critical geopolitics – theoretical concepts and recent research in political geography », *GeoJournal* 50,1, pp. 37-43.

Reynolds, D. R., 1969 : « A spatial model for analyzing voting behavior », *Acta Sociologica* 12, pp. 122-130.

Reynolds, D. R., 1981 : « The geography of social choice », in Burnett, A. D. & Taylor, P. J. (eds.) *Political Studies from Spatial Perspectives*, New York, Wiley, pp. 91-110.

Reynolds, D. R. and Knight, D. B., 1989 : « Political geography », in Gaile, G. L. & Willmott, A. (eds.) *Geography in America*, Columbus, Merrill.

Roberts, M. C and Rumage, K. W., 1965 : « The spatial variations in urban left-wing voting in England and Wales in 1951 », *Annals of the American Association of Geographers* 55, pp. 161-178.

Rossiter, D. J., Johnston, R. J. and Pattie, C. J., 1999 : *The Boundary Commissions : Redrawing the UK's Map of Parliamentary Constituencies*, Manchester, Manchester University Press.

Rumley, D. and Minghi, J. V. (eds.), 1991 : *The Geography of Border Landscapes*, London, Routledge.

Rumley, D, Chiba, T., Takagi, A. and Fukushima, Y. (eds.), 1996 : *Global Geopolitical Change and the Asia-Pacific : a regional perspective*, London, Avebury.

Said, E., 1978 : *Orientalism*, London, Routledge & Kegan Paul.

Shelley, F. M., Archer, J. C., Davidson, F. M and Brunn, S. D., 1996 : *Political Geography of the United States*, New York, Guilford.

Short, J. R., 1982 : *An Introduction to Political Geography*, London, Routledge.

Siegfried, A., 1913 : *Tableau politique de la France de l'Ouest sous la Troisième République*, Paris, A. Colin.

Siegfried, A., 1937 : *Le Canada, puissance internationale*, Paris, A. Colin.

Siegfried, A., 1947 : *Géographie éléctoral de l'Ardèche*, Paris, A. Colin.

Slater, D., 2000 : « Editorial statement : the process and prospect of political geography », *Political Geography* 19, pp. 1-4.

Smith, G., 1995 : *Federalism : the Multiethnic Challenge*, London, Longman.

Smith, N., 2003 : *American Empire : Roosevelt's Geographer and the Prelude to Globalization*, Berkeley, University of California Press.

Spate, O.H.K., 1942 : « Factors in the development of capital cities », *Geographical Review* 32, pp. 622-631.

Sprengel, R., 2000 : « Geopolitik und Nationalsozialismus : Ende einer deutschen Fehlentwicklung oder fehlgeleiteter Diskurs », in I. Diekmann, P. Krueger & J.H. Schoeps (eds.) *Geopolitik. Grenzgaenge im Zeitgeist*, Potsdam, Verlag fuer Berlin-Brandenburg, pp. 147-168.

Spykman, N.J., 1944 : *The Geography of the Peace*, New York, Harcourt, Brace.

SOJA, E.W., 1968 : *The Geography of Modernization in Kenya*, Syracuse, Syracuse University Press.

STAEHELI, L. A. KODRAS, J. E. and FLINT, C., 1997 : *State Devolution in America*, Thousand Oaks, CA, Sage.

STEINMETZ, S.R., 1920 : *De nationaliteiten in Europa. Een sociographische en politische studie*, Amsterdam, Van Looy.

STEINMETZ, S.R., 1927 : *Die Nationalitaeten in Europa. Zeitschrift der Gesellschaft fuer Erdkunde zu Berlin*, Erganzungsheft II, pp. 5-67.

STROHMAYER, U., 1996 : « Pictorial symbolism in the age of innocence : the 1937 world's fair in Paris », *Ecumene* 3,3, pp. 282-304.

TAYLOR, P. J., 1982 : « A materialist approach to political geography », *Transactions, Institute of British Geographers*, NS7, pp. 15-24.

TAYLOR, P. J., 1985a : *Political Geography : World-Economy, Nation-State and Locality*, London, Longman.

TAYLOR, P. J., 1985b : « The value of a geographical perspective », in JOHNSON, R. J. (ed.) *The Future of Geography*, London, Methuen, pp. 92-110.

TAYLOR, P.J. (ed.), 1993 : *Political Geography of the Twentieth Century. A Global Analysis*, London, Belhaven.

TAYLOR, P. J., 1996 : *The Way the Modern World Works : from World Hegemony to World Impasse*, New York, Wiley.

TAYLOR, P.J., 2000 : « World cities and territorial states under conditions of contemporary globalization. (Political Geography Plenary Lecture 1999 plus comments) », *Political Geography* 19, pp. 5-54.

TAYLOR, P.J. and FLINT, C., 2000 : *Political Geography : World-Economy, Nation-State and Locality*, London, Longman (4th edition).

TERHORST, P. and VAN DE VEN, J., 1997 : « Fragmented Brussels and consolidated Amsterdam », *Netherlands Geographical Studies* 223, KNAG Amsterdam.

TILLY, CH. (ed.), 1975 : *The Formation of Nation States in Western Europe*, Princeton, Princeton University Press.

VALLAUX, C., 1911 : *Le Sol et l'État*, Paris, Doin.

VEEN, H.N. ter, 1931 : *De geopolitiek als sociale wetenschap*, De Gids pp. 285-308.

WALLERSTEIN, I., 1974, 1980, 1988 : *The Modern World-System*, New York, Academic Press. 3 vols.

WALLERSTEIN, I., 1979 : *The Capitalist World-Economy*, Cambridge, UK, Cambridge University Press.

WATERMAN, S., 1998 : « Political Geography as a mirror of political geography », *Political Geography* 17, pp. 373-88.

WHITTLESEY, D., 1939 : *The Earth and the State : a Study in Political Geography,* New York, Holt.

WILLIAMS, C. H., 1994 : *Called unto Liberty! On Language and Nationalism*, Clevedon, UK, Multilingual Matters.

WUSTEN, H. VAN DER, 1991 : « Echoes of 1920, Steinmetz views on the "nationalities question" », in AMERSFOORT, H. VAN & KNIPPENBERG, H. (eds.) *States and Nations. The Rebirth of the « Nationalities Question » in Europe.* (Netherlands Geographical Studies 137 KNAG) Amsterdam, pp. 30-41.

Cinquième partie

Lieu et paysage entre ontinuité et changement : erspectives sur l'approche culturelle

Paul Claval et J. Nicholas Entrikin

La géographie a derrière elle une longue histoire, mais la géographie humaine n'est apparue qu'à la fin du XIXe siècle, avec la publication du premier volume de l'*Anthropogeographie* de Friedrich Ratzel (Ratzel, 1881-1891). Dès le départ, la culture est considérée comme un aspect important de la géographie humaine, mais l'approche culturelle de la discipline se trouve gênée par les épistémologies naturaliste et positiviste, qui dominent alors.

Les géographes ne partagent pas tous la même vision de leur discipline. Pour la majorité d'entre eux, celle-ci a pour mission d'expliquer la différenciation régionale (et locale) de la Terre. Sous l'influence grandissante de l'environnementalisme, l'étude des relations hommes/milieu apparaît comme la concurrente la plus sérieuse de la perspective régionale, qui l'a précédée. Pour éviter les heurts entre les deux conceptions, l'idée que la géographie est la science des paysages commence à se répandre. Cette façon de voir offre un avantage majeur : elle réserve un champ spécifique à la recherche géographique.

Ces trois conceptions sont généralement combinées : les géographes explorent la diversité de la Terre et préparent des cartes pour la mettre en évidence ; ils manifestent de l'intérêt pour la diversité des paysages, ce qui introduit une composante de grande échelle, locale, dans leur approche ; ils mettent l'accent, à des échelles globale, régionale ou locale, sur les relations hommes/milieu. Leur ambition est de présenter une description objective de la Terre et de développer la connaissance des lois qui expliquent son organisation. Ils ne manifestent généralement pas de curiosité pour les vues ou interprétations géographiques développées par les populations qu'ils étudient. Ces conceptions évoluent peu à peu, mais leur base épistémologique reste remarquablement stable jusqu'au milieu du XXe siècle.

Pourquoi une approche culturelle en géographie

Culture contre nature

La géographie humaine est née du défi posé par l'évolutionnisme : quel est le rôle des contraintes naturelles et de l'environnement dans la formation des sociétés humaines et dans leur distribution à la surface de la Terre ? C'est l'environnementalisme qui fait naître la nouvelle discipline, mais il apparaît vite que sous sa forme la plus simple ; il ne lui offre pas un paradigme satisfaisant.

De là l'émergence d'une nouvelle idée : dans les répartitions géographiques, deux types de facteurs sont à l'œuvre, la nature et la culture. Dans ce premier sens, la culture représente tout ce qui, dans les comportements humains, échappe aux contingences physiques. Dans certains pays, la légende des cartes appelle un tel classement : elles sont organisées sous deux titres, nature et culture.

La perspective positiviste : la culture comme variable résiduelle

La plupart des géographes conçoivent leur discipline comme une science naturelle, mais se tiennent au courant des progrès qui interviennent dans les sciences sociales. Beaucoup combinent la perspective naturaliste qui convient aux sciences de la Terre avec les vues positivistes adoptées par les sciences sociales. Le résultat, c'est que la géographie apparaît comme la combinaison de sous-disciplines rangées en deux blocs : la géographie physique est une science naturelle qui traite de la géomorphologie, de l'hydrologie, de la climatologie, de la biogéographie ; la géographie humaine analyse les faits objectifs de production, de distribution et de consommation des biens, la diversité des relations sociales et des institutions, et le rôle du pouvoir. Dans cette perspective, cette partie de la discipline est composée de la géographie économique, de la géographie politique, et de la géographie sociale – bien que celle-ci tienne une place plus modeste.

En plus de ses deux versants physique et humain, la géographie étudie les relations entre environnements naturels et sociétés quand elle analyse les lieux, les régions, les pays, les paysages ou les zones rurales et urbaines. Ces approches prennent en compte les relations hommes/milieu, qui sont généralement présentées en termes de contraintes, celles-ci étant comprises dans un sens étroit, déterministe. Le succès de l'interprétation possibiliste proposée par Vidal de la Blache et les vidaliens vient de l'assouplissement partiel des contraintes déterministes qu'elle permet (Vidal de la Blache, 1922 ; Berdoulay, 1981 ; Claval, 1998).

En mobilisant ce type de démarche, les géographes parviennent à expliquer une bonne partie des distributions qu'ils observent, mais il subsiste toujours une part résiduelle. Comment en rendre compte ? Les chercheurs se contentent généralement de dire qu'elle est due au facteur culturel. La culture est-elle alors une variable explicative ? Non : c'est seulement une manière de reconnaître les carences des approches auxquelles on a eu recours.

Dans un contexte intellectuel où le paradigme scientifique dominant est positiviste et/ou naturaliste, les géographes manquent de liberté pour explorer les dimensions culturelles des distributions géographiques : comme ce sont des spécialistes de la surface terrestre, ils n'osent pas explorer les aspects mentaux des relations hommes/milieux. Lorsqu'ils traitent des aspects religieux de la vie, par exemple, ils s'intéressent à la manière dont les croyances des fidèles s'expriment par la construction d'églises, de temples, de sanctuaires, de mosquées, de stupas, et exercent des influences variées sur l'agriculture, l'élevage et les types de calendrier qu'ils utilisent. Les géographes refusent d'explorer les croyances en elles-mêmes, la manière dont elles sont vécues par les gens, la conception du cosmos qu'elles offrent et leur traduction en espaces sacrés et espaces profanes.

L'expérience personnelle des géographes et leurs antécédents religieux et philosophique

Le refus de se pencher sur les représentations a un fondement méthodologique. Il n'empêche pas les géographes de développer des vues personnelles sur la nature des sociétés, le rôle de la sociabilité et l'évolution des formes de la vie sociale. En France, Vidal de la Blache est marqué par les philosophies néokantiennes qui s'affirment alors à la fois en Allemagne et en France. Il s'intéresse à l'évolutionnisme et se sent plus proche du lamarckisme que du darwinisme (Berdoulay et Soubeyran, 1991 ; Soubeyran, 1997). L'accent qu'il met sur le rôle de l'habitude vient certainement de sources lamarckiennes – mais l'habitude tient aussi un rôle central dans d'autres interprétations de la vie sociale, celle de Maine de Biran par exemple.

L'ambiance intellectuelle dans laquelle évolue Jean Brunhes est différente : il est plus à cheval sur la méthodologie positive que les autres géographes de son temps à cause de l'orientation scientifique de sa famille, mais c'est en même temps un catholique de gauche, très intéressé par les nouvelles orientations sociales de l'Église (Jean-Brunhes Delamarre, 1975 ; Claval, 1998). Il s'inspire de John Ruskin, sur lequel lui et sa femme publient un essai.

En Allemagne, Friedrich Ratzel doit beaucoup aux formes de darwinisme développées par Ernst Haeckel, dont l'influence est dominante durant les premières phases de sa vie (Büttmann, 1977). Après 1876, il accorde plus de place au rôle des migrations que souligne Moritz Wagner, un autre darwiniste allemand. Il mène un temps des recherches parallèles en ethnographie et en géographie. C'est à cette époque qu'il élabore sa conception de la géographie humaine. À la fin de sa vie, il est plus proche des *Naturphilosophie* du début du XIXe siècle et reconnaît la présence d'une force divine créatrice au sein du monde matériel.

Eduard Hahn naît dans une famille luthérienne. Formé comme zoologiste, il partage les vues dominantes de son époque dans le domaine de la méthodologie scientifique, mais s'en distingue par la place qu'il attribue aux croyances religieuses dans son interprétation de la domestication des plantes et des animaux, et de l'origine de l'agriculture (West, 1990). Il met l'accent sur le rôle des femmes dans l'invention de l'agriculture à la houe. Il se montre très critique à l'égard des aspects techniques de la civilisation européenne.

Grâce à l'influence du néokantisme, à l'importance revêtue par le *Methodenstreit* pour toutes les sciences sociales et au développement de l'ethnologie, les chercheurs allemands sont en règle générale plus attentifs que leurs collègues français, britanniques ou américains au rôle des valeurs (Strohmayer, 1997).

Carl Sauer doit une partie de sa formation au contexte familial, à son enfance dans une communauté allemande du Middle West (Sauer, 1956), et aux années qu'il passe comme étudiant en Allemagne (Leighly, 1978 ; Hooson, 1981). Il est très au fait de la pensée sociale telle qu'elle s'est développée entre les années 1880 et les années 1920. Dans son travail sur *La Morphologie du paysage*, il cite le philosophe allemand Keyserling, ce qui montre qu'il est au courant des premières manifestations de la phénoménologie moderne (Sauer, 1925). Le résultat, c'est qu'il développe une réflexion originale sur la nature de la vie sociale et l'évolution des civilisations. Elle explique la vue critique qu'il a de la technologie occidentale et de son impact sur la nature (Sauer, 1938).

La plupart des géographes de la fin du XIXe siècle et du début du XXe sont parfaitement conscients du rôle des forces spirituelles dans la vie collective. S'ils refusent de mettre en œuvre ce qu'ils ont appris en ce domaine lorsqu'ils traitent de problèmes humains, c'est parce qu'ils désirent n'employer que des méthodes réellement « scientifiques » : les idéologies positiviste et naturaliste qui guident leurs recherches leur interdisent d'aller plus profond dans l'analyse des dimensions culturelles de la vie collective et de leur expression géographique – mais le poids de leurs sensibilités personnelles se traduit par les incursions qu'ils font dans des domaines qu'ils ne considérent pourtant pas comme leurs.

Dans ce contexte, les géographes cherchent, lorsqu'ils abordent les réalités culturelles, à mettre l'accent sur les aspects de la vie matérielle à travers lesquels les dimensions sociales et mentales de la vie des groupes qu'ils étudient s'expriment. Trois pistes sont explorées : le rôle des techniques, l'idée que la géographie est une science des paysages, l'idée de lieu.

Les premières versions de l'approche culturelle

1- la signification des techniques

La signification des techniques matérielles pour l'analyse des relations hommes/milieux

La culture cesse d'apparaître comme une variable résiduelle lorsque les géographes commencent à explorer les aspects techniques des relations hommes/milieux, et la mobilité des hommes, des biens et des informations (à partir de Ritter, de Ratzel et de Vidal de la Blache, l'idée de circulation apparaît comme le complément de l'approche écologique).

Les techniques ont évidemment des dimensions mentales : elles existent comme schémas mentaux dans l'esprit des travailleurs qui fabriquent les outils et les machines, et dans ceux qui les utilisent.

Mais elles s'expriment matériellement sous la forme d'outils, de constructions, de parcellaires, etc. Il n'y a pas de tabou pour les géographes en ce domaine : ils peuvent l'étudier librement.

L'accent mis sur les techniques est particulièrement important dans la géographie française. Au départ, Vidal de la Blache essaie d'expliquer les relations hommes/milieux par l'influence directe des faits climatiques sur le corps et l'esprit humains – le vieux thème hippocratique. Grâce à l'analyse du climat méditerranéen proposée par Théodore Fischer, il découvre que le climat méditerranéen est mieux caractérisé par la sécheresse de ses étés et ses effets sur la végétation, que par la pureté de sa lumière. Les gens doivent s'adapter aux contraintes climatiques ainsi définies : ils développent des types spécifiques d'agriculture et d'élevage, adaptent leur alimentation aux produits locaux et organisent leur vie en fonction des types d'activité qu'ils pratiquent (Claval, 1988). Le concept de genre de vie qu'il met ainsi en œuvre pour la première fois est complexe : il met l'accent sur les moyens d'exploiter l'environnement et décrit leurs aspects sociaux. À travers l'attention accordée à la force de l'habitude, Vidal ouvre des perspectives sur les rapports entre vie sociale et représentations.

L'analyse des genres de vie implique que l'on s'attache aux techniques : labour, récolte et transformation des grains, mobilisation de la force animale par l'usage de jougs ou de harnais, transformation du lait en beurre et en fromage, utilisation du bois, du pisé, de la brique ou de la pierre pour construire fermes et maisons, recours aux roues et au charrettes pour jouir d'une plus grande mobilité, etc. Vidal de la Blache et les géographes vidaliens ne parviennent cependant jamais à conceptualiser complètement cet aspect de leur méthode : selon Jean-René Trochet, c'est la faiblesse principale de l'école française de géographie (Trochet, 1998). Les techniques jouent un rôle central dans l'explication par les genres de vie, mais elles ne sont jamais systématiquement explorées.

Il y a plusieurs raisons à cette incapacité : la principale réside dans l'interdiction d'étudier les processus mentaux. Si l'on désire construire des typologies d'outillages et comprendre la manière dont ils sont conçus, construits et transformés, il faut accepter l'idée que les techniques existent en tant que schémas de structures dans l'esprit de ceux qui fabriquent les outils et comme modèles de gestes et de pratiques dans ceux qui les utilisent. Il faut savoir comment les différentes parties des outils sont appelées, puisque ces noms font partie intégrante des processus de construction et d'utilisation. Les géographes refusent généralement d'aller aussi loin du monde sensible, qui est leur raison d'être.

Jean Brunhes subit l'influence de Vidal de la Blache, mais cela ne l'empêche pas de développer des conceptions originales. Comme il vient d'une famille de physiciens formés aux disciplines rigoureuses des sciences dures, il propose une interprétation très positiviste des bases de la discipline, mais plaide pour le développement d'un second niveau d'interprétation, dans lequel l'histoire et l'ethnographie ont un rôle à jouer (Brunhes, 1904 ; 1909). Sa curiosité pour les techniques est certainement plus forte que celle de Vidal. Cet intérêt se retrouve chez Pierre Deffontaines, qui donne une impulsion décisive à l'approche culturelle en France dans les années 1930, 1940 et 1950, à travers en particulier la collection qu'il dirige. Il la bâtit sur le modèle : « l'Homme et ... », par exemple *L'Homme et la montagne* (Blache, 1934), *L'Homme et l'hiver au Canada* (Deffontaines, 1957), etc. La collection inclut des monographies sur les genres de vie et leurs fondements techniques ; elle explore l'influence d'outils spécifiques : *L'Homme et la charrue* (Haudricourt et Jean-Brunhes Delamarre, 1955).

Les géographes français accordent plus de place à la dimension technique de la géographie que beaucoup de leurs collègues, mais l'intérêt pour ce domaine est partout présent, en Allemagne et aux États-Unis en particulier. En Allemagne, où l'idée du paysage comme objet central de la géographie devient populaire aux alentours de 1900, le défrichement des forêts, l'organisation des champs, la présence ou l'absence de haies, les formes des fermes, apparaissent de plus en plus comme des traits intéressants pour la discipline (Schlüter, 1952-1954-1958). Ils ne peuvent pas être expliqués sans références aux techniques employées par les groupes qui peuplent et mettent en valeur les zones étudiées. Eduard Hahn fait un pas de plus : il souligne le rôle joué par la domestication des plantes et des animaux dans la maîtrise des environnements naturels. Il montre combien sont différentes, dès l'origine, les agricultures à la charrue et à la houe (Hahn, 1896 a et b ; 1914) : dans le premier cas, les hommes préparent un environnement homogénéisé pour semer une seule plante ; dans le second, les femmes tirent avantage de la variété des niches écologiques pour planter une grande variété de boutures.

Aux États-Unis, Carl O. Sauer est très au courant des développements de la géographie allemande. Il souligne personnellement la signification du paysage et met l'accent, dans l'approche culturelle qu'il développe, sur les composantes du paysage créées par l'homme : il est fasciné par la façon dont les paysages naturels sont transformés en paysages culturels ; il explore les complexes de plantes et d'animaux utilisés par l'homme en vue de domestiquer le paysage (Sauer, 1938 ; 1947). Sa géographie humaine repose donc sur des inventaires botaniques. Il s'interroge sur l'impact de l'action humaine sur les équilibres naturels. Les ensembles de plantes cultivées et d'animaux domestiques introduits par les colons échappent parfois à leur contrôle, avec des conséquences à long terme dommageables pour l'environnement. L'étude de Clark sur les transformations de l'île du Sud, en Nouvelle-Zélande, à partir de la fin du XVIIIe siècle, est certainement la meilleure des monographies inspirées par ce thème (Clark, 1949).

Les idées relatives aux techniques de domestication sont systématisées, dans la période de l'entre-deux-guerres, par le botaniste russe N. N. Vavilov (Vavilov, 1951). Se fondant sur la génétique, il montre que la domestication des plantes et des animaux s'est faite dans un petit nombre de régions : le Moyen-Orient, l'Asie du Sud-Est, l'Indonésie et la Nouvelle-Guinée, la Chine du Nord et du Centre, la partie nord-est de l'Afrique, l'Afrique occidentale dans l'Ancien Monde, et les hautes terres du Mexique et des Andes en Amérique.

Les géographes jouent un rôle significatif dans l'étude scientifique des techniques au cours de la première moitié du XXe siècle, mais, par suite de leur refus de prendre en compte les processus mentaux qu'elles impliquent, ils cessent d'être à la pointe de la recherche dès les années 1930. Une discipline scientifique se développe alors pour étudier l'origine des techniques, la manière dont elles se sont diffusées et leur rôle dans l'histoire humaine. En France par exemple, les ethnographes développent des typologies (Mauss,

1947) et des réflexions sur la conception des outillages (Leroi-Gourhan, 1943-1945). Proches des géographes, mais indépendants, Georges Haudricourt – un ancien élève de Vavilov – et Mariel Jean-Brunhes Delamarre, la fille de Jean Brunhes, publient des études très originales sur les techniques de transport et sur la charrue (Haudricourt, 1987 ; Haudricourt et Jean-Brunhes Delamarre, 1955).

L'analyse de l'influence des techniques sur les relations hommes/milieux a un impact profond sur l'école historique des *Annales*. Fernand Braudel doit beaucoup à l'idée vidalienne de genre de vie. En tant qu'historien, il en tire la conviction que les contraintes environnementales freinent le rythme des transformations à l'œuvre dans la partie populaire des sociétés ; les changements dépendent d'inventions toujours aléatoires, et de la lente diffusion de nouvelles technologies : l'historien doit donc donner une place importante à la longue durée. Pour Braudel, les techniques jouent un rôle central dans l'explication des tendances longues de l'histoire : de là son ouvrage merveilleux : *Monde matériel et capitalisme* (Braudel, 1967).

L'idée de techniques sociales

Pierre Gourou travaille surtout dans le monde tropical, le Viêt-nam avant la Seconde Guerre mondiale, l'Afrique centrale plus tard. Alors qu'il prépare sa thèse sur les zones rurales du delta du fleuve Rouge, au Nord-Viêt-nam, il est fasciné par les techniques utilisées par les fermiers locaux pour contrôler le niveau des eaux et produire du riz irrigué (Gourou, 1936). Ces techniques, quoique menues, sont si complexes que leur efficacité dépend de leur coordination : les savoir-faire qui permettent à la société locale de maîtriser, à travers ses genres de vie, l'environnement où elle vit, ne sont pas seulement matériels, ils sont aussi sociaux. C'est parce que le village vietnamien constitue un groupe cohérent, avec des formes efficaces de contrôle et un sens aigu de l'intérêt collectif, que le système d'irrigation fonctionne bien, même si les outils et les machines sur lesquelles il repose sont de petite taille, dans un environnement où les inondations, les typhons et les autres risques naturels impliquent des actions correctives importantes de la part des agriculteurs.

L'idée de technique sociale est rapidement adoptée par la géographie française. Plus tard, travaillant en Afrique, Pierre Gourou parle volontiers du déterminisme des cultures : dans les environnements plutôt uniformes de la savane ou de la forêt pluviale qui dominent dans la plus grande partie de l'Afrique centrale et occidentale, les différents groupes ethniques utilisent des outillages qui se ressemblent, mais n'obtiennent pas de résultats comparables. La différence tient à leur organisation sociale, aux domaines où ils investissent leur travail et leur énergie, à la part des hommes et à celle des femmes dans la préparation des champs, et à la distribution des récoltes au sein de la population (Gourou, 1970; 1973).

Dans une telle perspective, les techniques sont conçues comme des ensembles qui assurent la médiation entre les hommes et leur environnement; elles sont aussi analysées en tant que structures mentales, et en tant qu'ensembles de combinaisons sociales à la disposition des groupes. Quand ils font face à la nature, les hommes mettent en œuvre une large gamme d'outils, de plantes cultivées et d'animaux domestiques, et des modes plus ou moins efficients d'organisation sociale.

Techniques, communication et diffusion

En mettant l'accent sur les techniques, l'approche culturelle conduit nécessairement à une réflexion sur les conditions de leur transmission : les manières dont les outillages sont conçus, réalisés et mis en œuvre sont apprises et impliquent des processus de communication. Dans la mesure où les techniques reposent davantage sur l'expérience que sur des savoirs formalisés, leur apprentissage ne peut tirer avantage des modes parfaitement rationalisés d'explication de la science; il ne peut pas reposer sur les formes scolaires d'enseignement que celle-ci autorise. L'observation et l'imitation des gestes sont des éléments essentiels du processus de transmission. Les techniques, les techniques matérielles tout au moins, font donc nécessairement partie des cultures populaires à base orale : leur passage d'une génération à l'autre est, localement, relativement aisé; leur diffusion d'un lieu à un autre est difficile.

Les techniques sociales diffèrent des techniques matérielles dans la mesure où leur base est en partie morale : elles sont fondées sur des valeurs, ce qui signifie qu'elles peuvent être exprimées de manière précise par des discours cohérents qui prennent souvent la forme écrite. En conséquence, leur diffusion est plus facile à assurer sur de larges espaces.

À partir des années 1880, la diffusion apparaît comme le domaine essentiel des recherches relatives aux processus de communication à l'œuvre dans la sphère de la culture. Certains géographes, Friedrich Ratzel en particulier (Ratzel, 1885-1888), se tournent vers l'anthropologie, dans la mesure celle-ci accorde beaucoup d'attention aux phénomènes de diffusion. Les géographes comme les anthropologues tirent parti des arguments évolutionnistes développés au XIXe siècle en matière de transformation des espèces, ce qui confère une autorité scientifique à leurs arguments environnementalistes (Campbell et Livingstone, 1983 ; Entrikin, 1988). L'élève américaine de Ratzel, Ellen Churchill Semple, applique par exemple la nouvelle géographie humaine à l'évolution culturelle de la région méditerranéenne en décrivant le rôle clef que la diffusion y joue :

> « *Quel que fût, dans le domaine culturel, ce que chaque petite région faisait fleurir dans le jardin qui lui était propre, cela était diffusé dans tout le bassin [méditerranéen] par les routes multiples de la mer. Les conditions locales de température, de précipitation, de sol, de relief, d'extension des rivages et de groupement local, conféraient à chaque district, dans sa contribution propre à la civilisation du tout, une combinaison particulière d'avantages naturels. En conséquence, les résultats obtenus localement revêtaient à leur tour, une fois transplantés sur des rivages lointains, de nouveaux aspects en réponse à un environnement différent, ou au génie que faisaient naître les besoins de ceux qui venaient d'apprendre à les maîtriser* ».
>
> (SEMPLE, 1931, p. 9-10).

La recherche sur la diffusion repose sur une hypothèse simple : la culture est considérée comme un ensemble de traits indépendants. Chaque trait culturel est né à une date précise et en un lieu ou dans une zone culturelle à partir desquels il s'est répandu. Il convient donc de localiser les lieux où les traits culturels sont nés et de cartographier les différentes étapes de leur expansion. L'intérêt pour les processus de diffusion est renforcé par la sensibilité néolamarckienne de beaucoup des géographes qui contribuent à bâtir la discipline aux alentours de 1900 : la force de l'habitude, sur laquelle ils insistent volontiers, est telle que les migrants transportent avec eux leurs techniques et leurs goûts (Roger, 1979 ; Berdoulay et Soubeyran, 1991 ; Soubeyran, 1997).

Les fondements théoriques des hypothèses diffusionnistes ne sont presque jamais discutés : l'idée qu'une innovation peut surgir à la même époque en des lieux différents est rarement prise en considération. Dans beaucoup de cas, l'idée d'un foyer d'origine unique n'est heureusement pas controuvée par les données. Mais, même dans ce cas, une des hypothèses retenues ne cadre pas avec la réalité : l'idée que les traits culturels sont indépendants les uns des autres. Il apparaît vite que la diffusion n'intervient pas à la même vitesse dans toutes les directions. Dans certaines zones, les innovations sont rapidement adoptées ; dans d'autres, on leur résiste. Dans le cas de la diffusion des plantes cultivées, par exemple, les cultures qui apparaissent comme des substituts parfaits de celles qui sont traditionnellement pratiquées, sont promptement acceptées : une nouvelle céréale, par exemple, est incorporée au système de culture lorsqu'elle produit des récoltes plus abondantes, fournit les mêmes aliments que celle qu'elle remplace, et résiste mieux aux risques naturels. Quand la plante nouvelle implique de nouveaux modes de consommation, le processus est plus lent. En Europe, le régime alimentaire habituel était davantage basé sur les grains que sur les tubercules : de là le long délai avant que la pomme de terre ne soit incorporée dans les systèmes de culture, en dépit de ses hautes performances comme plante nourricière.

À travers la découverte des différences d'attitudes à l'égard des innovations, les géographes prennent conscience d'une nouvelle dimension des faits culturels : celle de structures mentales qu'il est difficile de transformer. Le changement prend plus facilement place là où il n'implique pas une transformation complète des cadres sociaux et mentaux existants, et n'entraîne que des substitutions partielles.

2- le paysage

De la perspective fonctionnelle à la perspective archéologique et culturelle dans l'analyse des paysages

Une autre manière de traiter de la culture sans trop s'attarder aux processus mentaux et aux problèmes sociaux est de mettre l'accent sur les paysages. Otto Schlüter est le premier, en Allemagne, à comprendre l'avantage que présente une telle approche en géographie (Schlüter, 1899 ; 1906). À une époque où les gens ne sont pas d'accord sur l'influence de la nature sur l'esprit humain et sur la vie sociale, l'approche par le paysage offre une voie pour surmonter la difficulté sans avoir besoin de s'appuyer sur des hypothèses trop restrictives, qu'elles soient déterministes ou possibilistes. Les paysages sont faits de traits matériels; ceux-ci ont une origine naturelle, sont modelés par l'activité humaine ou résultent d'un mélange des deux.

La partie humaine – ou « culturelle » – du paysage est principalement faite de champs, de prairies, de haies, de fermes, de routes. La première hypothèse utilisée dans les études consacrées à ces assemblages voit alors dans le paysage une expression fonctionnelle de l'activité humaine. Une telle interprétation mène à l'analyse des terroirs, des rotations qui y sont mises en œuvre, et de la manière dont l'élevage et la production de grains sont combinés en vue de constituer un système durable de production agricole. Meitzen est un des premiers à s'attacher à ce type de problème et propose d'associer chaque type d'établissements humains et de paysages agraires à un groupe ethnique particulier (Meitzen, 1895). L'analyse échappe aux simplifications de ce type d'interprétation ethnique entre 1900 et 1930 (Vinogradoff, 1905; Gray, 1915; Bloch, 1931).

Il apparaît vite, cependant, que tous les traits qu'il est possible de distinguer dans le paysage ne sont pas fonctionnellement liés aux formes présentes d'exploitation. Les systèmes agraires ont souvent été organisés il y a des siècles, à une époque où les charrues et les attelages étaient différents. Les agriculteurs semaient des espèces et des variétés qui ont disparu, et n'écoulaient pas leurs productions sur les mêmes marchés qu'aujourd'hui, etc. La persistance de traits qui étaient fonctionnels il y a quelques décennies ou quelques siècles, mais ont cessé de correspondre aux conditions économiques et techniques aujourd'hui dominantes, a d'importantes conséquences pour l'approche culturelle :

1– Elle introduit l'idée que le paysage n'est jamais le reflet parfait des conditions actuelles : c'est aussi – et dans certains cas, surtout – un document archéologique. Il peut être utilisé comme tel pour reconstituer les utilisations du sol passées et les sociétés qui les avaient conçues. En France, une bonne partie de l'école historique des *Annales* est née de cette découverte; celle-ci offre en effet aux historiens une nouvelle source documentaire à exploiter, et leur fournit des moyens pour explorer l'histoire lente des composantes de base des cultures et des sociétés traditionnelles (Friedman, 1996).

2– Cette persistance conduit à se poser des questions sur les raisons pour lesquelles tel ou tel trait a survécu : dans certains cas, la présence de traits non fonctionnels dans les paysages actuels n'entraîne pas de coût important. Dans d'autres cas, les gens doivent accepter une productivité plus faible, une efficacité moins grande, ce qui signifie que la permanence de traits du paysage qui ne sont plus fonctionnels ne peut s'expliquer qu'à travers la valorisation dont ils sont l'objet : une nouvelle dimension se trouve ajoutée à l'approche culturelle. Selon les cas, elle souligne le poids des particularismes locaux, du nationalisme ou de la religion.

Le paysage et l'idée d'harmonie

Les études de paysage tiennent un rôle central dans la géographie allemande. Elles s'y éloignent souvent des conceptions fonctionnelles ou archéologiques que nous venons de présenter. À partir de l'époque de Johann Gottfried Herder, l'idée d'une subtile correspondance entre les peuples et les pays où ils habitent y est volontiers acceptée. Cette correspondance peut être interprétée comme résultant d'une influence exercée par la nature sur le comportement des gens. Dans une perspective romantique, elle peut aussi être perçue comme le témoignage d'une harmonie profondément enracinée entre les différentes composantes de la nature (topographie, paysages végétaux, etc.) et le paysage culturel (Bartels, 1969). Une dimension esthétique est ainsi introduite dans l'étude du paysage culturel. Elle joue un rôle important dans le développement des études consacrées à la différenciation régionale des cultures populaires ; il importe de préserver cette diversité, comme en témoigne la création de musées de plein air en Suède, au Danemark et plus tard, dans toute l'Europe centrale et orientale.

Au début du XXe siècle, les géographes allemands se considèrent comme des naturalistes. Ils consacrent beaucoup de leur temps à déchiffrer l'histoire des composantes naturelles des paysages, de la déforestation, de l'évolution des aires défrichées, de l'érosion qui en résulte, et des processus d'accumulation des sédiments que l'on observe en aval. Ils montrent de l'intérêt pour le paysage humain (« culturel »), mais surtout à travers ses dimensions fonctionnelles et archéologiques. Mais le concept d'harmonie, qui leur est également familier, les pousse à introduire d'autres considérations : les paysages ruraux sont parfois plaisants et agréablement ornés. Dans d'autres contextes, ils offrent l'image d'une société désordonnée et donnent le sentiment de groupes incapables de créer des relations durables entre eux et leur environnement. Les considérations esthétiques introduisent de la sorte une échelle morale pour juger des relations entre les groupes et la nature. Au cours de la période nazie, cette forme particulière d'analyse culturelle est mise en œuvre par quelques géographes allemands, pour justifier l'expansion vers l'est ou vers l'ouest de la domination allemande sur des pays de langues latines ou slaves (Eisel, 1980).

Sauer, les paysages et la dimension biologique des cultures

Même si Sauer est au courant des différentes orientations de la géographie allemande et se montre ouvert à l'accent qu'elle met sur le paysage, il n'introduit jamais d'échelle similaire pour évaluer le rôle des groupes sociaux comme agents géographiques. Il est trop critique à l'égard des formes modernes de la civilisation. Il considère que les sociétés rurales, les communautés d'immigrants allemands du Missouri au sein desquelles il a grandi en particulier, étaient à bien des égards supérieures aux formes que la modernisation a créées. Il n'estime pas que la formulation de jugements moraux soit exclue du domaine de la recherche géographique, mais l'harmonie qu'il apprécie n'est pas fondamentalement esthétique. Elle est écologique.

Pour Carl Sauer, les paysages sont d'abord des réalités vivantes. Les paysages naturels ont été transformés par l'activité humaine. À travers la déforestation et la mise en culture, les sociétés ont remodelé la biosphère. Pour Sauer, l'objet central de la géographie culturelle est de mesurer les transformations écologiques de l'environnement sous l'action des hommes. Les paysages étaient dans un état d'équilibre. L'activité humaine y a introduit des perturbations. Les groupes diffèrent par les plantes qu'ils cultivent et les animaux qu'ils élèvent, si bien que leur impact sur l'environnement n'est pas partout le même. Leur action peut se retourner contre eux : les parasites et les maladies vivant des récoltes constituent un des problèmes majeurs des sociétés traditionnelles.

Carl Sauer met l'accent sur les paysages, mais nourrit en même temps des vues profondes sur les sociétés humaines. Même s'il s'intéresse surtout à la manière dont les groupes modifient la nature et produisent des artefacts culturels, il sait qu'ils sont structurés par des valeurs et organisés par une culture. Cette culture est plus ou moins sensible aux réalités biologiques. À une époque où personne ne parle de croissance durable, la curiosité essentielle de Sauer concerne l'aptitude des cellules sociales à organiser des relations stables et de longue durée avec leur environnement.

L'étude des lieux et les premières formes de l'approche culturelle en géographie

Dans le cadre des épistémologies naturaliste et positiviste et du paradigme dominant, focalisé sur les relations hommes/milieux, les géographes ont besoin, pour aborder les réalités culturelles, d'appuyer leurs études sur des relais comme les techniques, ou sur des concepts transversaux comme celui de paysage. Le lieu est un autre de ces concepts transverses. Il ne tient pas un rôle aussi important que celui de paysage, mais il est pourtant significatif, dans la géographie française en particulier.

Tout le monde connaît la définition que Vidal de la Blache proposait de notre discipline : « La géographie est science des lieux, et non des hommes. » Même si cette phrase doit être interprétée en se replaçant dans le contexte dans lequel elle a été prononcée, elle indique combien le concept de lieu – et plus généralement, ceux de région et de pays – sont significatifs pour les géographes du début du xxe siècle.

Il y a alors différentes raisons à cela.

1- La vision kantienne de la géographie comme science de la différenciation régionale est alors partagée par beaucoup de géographes, ce qui veut dire que toutes les différences doivent être analysées, même si elles sont plus subjectives qu'objectives.

2- À partir de la fin du xviiie siècle, les géographes estiment que leur rôle est de rendre sensibles l'atmosphère des lieux et les sentiments qui y sont associés ; ils y parviennent grâce à leurs descriptions et aux documents qu'ils mettent en œuvre pour illustrer celles-ci. Ce projet est né de la place conférée au XVIIIe siècle à l'observation comme fondement des approches naturalistes de la science.

3- Lorsqu'on étudie un pays, il est nécessaire d'utiliser des noms de lieux. Certains sont associés à une localité spécifique. À côté des toponymes, il existe des choronymes, des noms de pays ; ils sont très utiles aux géographes, car ils prennent en compte des ensembles complexes de spécificités liées entre elles, et permettent de les évoquer en prononçant un seul mot. En France, les géologues sont les premiers à comprendre, dès la fin du XVIIIe siècle, l'utilité des noms de lieux locaux ou régionaux. À la fin du XIXe siècle, les géographes y ont également recours et essaient d'évaluer leur portée scientifique.

L'étude du lieu mêle ces différentes catégories de curiosités et de motivations. Elle introduit l'expérience vécue de l'espace comme catégorie de l'analyse géographique, mais les géographes acceptent un peu à contrecœur ce thème, comme le montre l'étude critique de Lucien Gallois (Gallois, 1907).

L'impulsion principale vient donc des travaux de Jules Michelet. Dans son *Tableau de la France*, publié en 1833, il écrit que « la Grande-Bretagne est un empire, l'Allemagne, une race et la France, une personne » (Michelet, 1833). Qu'entend-il par personne ?

Les idées de Michelet sont reprises plus tard, lorsque la défaite française face à la Prusse, en 1871, fait naître un effort de réflexion sur la nature de la France, du peuple français et de l'identité française. À cause de l'histoire du pays, il est impossible de considérer les hommes et les femmes de France comme les représentants d'une même race – ils sont issus d'un mélange de composantes celtes, romaines et germaniques. Les hommes politiques français sont critiques à l'égard de l'idée allemande selon laquelle la nation serait fondée sur son unité ethnique. De là l'intérêt manifesté à l'égard de la réflexion que les géographes développent alors et l'écho réservé au *Tableau de la géographie de la France* de Vidal de la Blache (Vidal de la Blache, 1903). Son interprétation est subtile : à cause de la superposition et de l'entremêlement des influences méridionales, septentrionales et occidentales que prépare la distribution naturelle du relief et du climat, les mêmes thèmes sont repris sans cesse à travers tout le pays, apprenant aux gens qui y vivent une manière de construire l'unité à partir de la diversité, et conférant à l'ensemble une personnalité spécifique.

L'étude de Vidal se situe à l'échelle nationale, mais elle peut évidemment être transposée à d'autres échelles : le thème de la personnalité géographique est surtout utilisé aux niveaux local et régional durant la première moitié du xxe siècle. Il incorpore une composante physique significative, mais s'attache surtout à la façon dont les gens vivent l'espace dans lequel ils résident, et aux valeurs qu'ils lui associent.

Les limites des formes traditionnelles de l'approche culturelle en géographie

Pour les géographes de la première moitié du xxe siècle, la culture n'est pas seulement une autre façon de parler de la géographie humaine, ou une catégorie résiduelle découverte lorsque toutes les autres démarches ont déjà été mises en œuvre. Les approches culturelles qui se développent alors ouvrent des perspectives intéressantes sur les distributions géographiques et font de l'expérience de l'espace une des catégories de l'analyse géographique. Ces ouvertures sont cependant limitées par les contraintes épistémologiques inhérentes aux paradigmes naturaliste et positiviste qui dominent alors. Ceux-ci interdisent l'exploration des processus culturels et interdisent l'analyse des représentations mentales en dehors de leur traduction matérielle dans le paysage.

Ces impératifs méthodologiques sont certainement responsables de bien des simplifications qui gâtent l'analyse culturelle des distributions spatiales dans la première moitié du xxe siècle. La conception superorganique de la culture correspond à l'une de ces interprétations réductrices (pour une évaluation critique de cette hypothèse, voir Duncan, 1980). Comme les géographes refusent de se pencher sur les processus culturels dès que ceux-ci comportent une composante mentale, ils en sont réduits à faire de la culture une réalité toute faite. Dans l'anthropologie américaine, la vue superorganique de la culture avait été utilisée par Franz Boas et popularisée ensuite par A. L. Kroeber et Clyde Kluckhohn en réaction contre l'environnementalisme biologique des évolutionnistes (Hoefle, 1999). Sauer adopte leur point de vue, même s'il ne joue pas un rôle central dans sa conception de la culture. Sa contribution essentielle se trouve ailleurs : dans l'incorporation d'une dimension écologique dans les conceptions du paysage et de la culture d'une part, et dans la réfutation des formes naïves du déterminisme environnemental, de l'autre.

Au milieu du siècle, beaucoup de géographes sont devenus impatients des limitations qui leur sont imposées par les méthodologies naturaliste ou positiviste développées à la fin du XIXe siècle ou au début du XXe. Dans une étude concernant la géographie religieuse, Pierre Deffontaines est conscient du caractère superficiel de beaucoup de publications géographiques, puisque celles-ci ne prennent pas en compte les croyances et les attitudes des gens qu'elles analysent. Certains de ses textes sont parfaitement explicites à ce sujet.

> *« Le plus grand événement dans l'histoire géographique de la Terre, ce n'est pas tel plissement de montagne, tel déplacement de mers, telle modification de climat, c'est l'apparition avec l'homme d'une sorte de sphère spéciale, plus extraordinaire que la pyrosphère, l'hydrosphère, l'atmosphère ou même la biosphère ; ce qu'on pourrait appeler la sphère pensante, que le R. P. Teilhard de Chardin a appelé la « noosphère », enveloppe immatérielle sans doute, qui cependant s'inscrit matériellement dans le paysage [...].*
>
> *Il s'agit là du développement de la pensée libre [de l'homme], dominant la nature, s'imposant à elle, la marquant d'une empreinte spéciale ».*
>
> (Deffontaines, 1948).

Deffontaines n'essaie cependant pas de construire un cadre compréhensif pour développer l'approche culturelle. Il manque encore, pour que cela soit possible, une remise en cause des paradigmes dominants.

La géographie culturelle perd en fait du terrain dans le courant des années 1950 et 1960. C'est parfaitement compréhensible : les géographes avaient jusque-là mis surtout l'accent sur les aspects matériels de la culture. Comme le progrès rend les techniques de plus en plus similaires, l'intérêt de l'approche culturelle pour expliquer le monde contemporain diminue. L'approche culturelle apparaît de plus en plus comme rétrospective.

La géographie culturelle dans la seconde moitié du xxe siècle

Les limites que les conceptions matérialistes, naturalistes et positivistes de la science imposaient au développement d'une approche pleinement culturelle disparaissent dans la seconde moitié du xxe siècle. Le choc à l'origine de cette transformation se trouve pour l'essentiel hors de la géographie culturelle, puisqu'il provient de changements intervenus dans les sciences sociales et dans d'autres compartiments de la géographie. Au sein de la discipline, les sources de l'autorité étaient localisées au sein de la tradition géographique; elles passent aux philosophes et aux théoriciens de la société. Dans le même temps, la géographie humaine s'élargit pour englober une gamme plus large de méthodes et d'approches. L'herméneutique, le structuralisme et le poststructuralisme introduisent des modes plus complexes d'analyse du sens dans la recherche géographique, et transforment les conceptions que l'on se faisait de l'agent géographique. À cette occasion, les thèmes de géographie culturelle que constitue l'analyse du paysage et des lieux se trouvent transformés, dans la mesure où ils cessent de s'attacher à des « objets » géographiques naturalistes pour s'appliquer à des phénomènes géographiques inséparables de personnes ou de sujets géographiques plus complexes. L'intérêt traditionnel pour le lieu et le paysage se trouve transformé dans la mesure où ceux-ci sont désormais saisis à travers les intermédiaires que constituent le moi et le corps (Sack, 1997).

Ces transformations prennent place à l'issue d'une période où la géographie culturelle s'était quelque peu endormie, au milieu du xxe siècle. Les géographes sauériens de la seconde génération suivent des pistes divergentes, mais chacune représente un élément de l'héritage de Berkeley, qu'il s'agisse des études de paysage, de l'histoire de la culture, de l'écologie culturelle historique et de la diffusion de la culture matérielle (Wagner et Mikesell, 1962). D'autres sujets, qui font une part plus large au mental, comme le langage, la communication et les religions, sont pris en considération, mais sans que l'on se soit encore affranchi des contraintes du positivisme. La *Cultural Geography of the United States* de Wilbur Zelinsky (1973,

73) met par exemple l'accent à la fois sur la distribution des artefacts et sur celle des idées, mais les idées sont présentées par Zelinsky comme des *mentifacts* que l'on peut représenter à travers leur localisation sur une carte. À l'époque de la révolution quantitative, beaucoup de géographes pensent d'ailleurs que les données culturelles devraient être traitées de la même manière que les autres phénomènes géographiques (Sopher, 1972).

Au cours des années 1960, cependant, c'est de plus en plus souvent par ses détracteurs, en particulier par ceux qui représentent l'avant-garde de la révolution quantitative, que l'héritage sauérien se trouve défini. Selon cette perspective critique, la géographie culturelle de Sauer aurait été l'équivalent de son opposé traditionnel, la vue chorologique associée à Richard Hartshorne (1939). Les analystes spatiaux fusionnent ces deux positions autrefois antagonistes en une seule : l'approche traditionnelle, qu'ils présentent comme protoscientifique, descriptive et idiographique.

En dépit de leurs critiques de la géographie culturelle et régionale, les analystes spatiaux partagent les présupposés matérialistes et positivistes de l'approche traditionnelle. Ils partagent aussi avec elle une conception relativement simple de l'action humaine. Dans la tradition culturelle sauérienne, les agents étaient les simples véhicules de la culture. La conception de l'action humaine proposée par l'analyse spatiale implique la mise en œuvre du calcul utilitarien, qui guide les décisions concernant la minimisation de la distance, les localisations optimales et d'autres éléments fondateurs de l'espace social moderne rationalisé. La communication demeure un point important, en particulier dans les modèles de diffusion, mais sous la forme d'unités de bits informationnels se déplaçant dans l'espace et reçues à l'occasion par les décideurs rationnels.

Ironiquement, la résurrection de la géographie culturelle à la fin du XXe siècle trouve ainsi son origine dans les défis posés par le paradigme analytique spatial en géographie humaine. Les deux vagues de contestation les plus significatives viennent alors de la géographie marxiste et de la géographie humaniste. La pensée marxiste en géographie était, originellement, structuraliste et économiste, mais elle conduit à l'analyse des sujets associés à la production sociale des paysages et à la production sociale de sens, thèmes qui continuent à avoir des échos dans la période postmarxiste actuelle (Harvey, 1989; Domosh, 1996).

Pour la géographie culturelle, le plus significatif de ces deux mouvements, c'est la géographie humaniste, car elle met l'accent sur le sens, l'expérience et l'interprétation (Yuan, 1976). L'idée d'action humaine s'élargit et inclut désormais la dimension subjective, comme cela paraît clairement dans les considérations de Yi-Fu Tuan sur le sens des lieux (Tuan, 1977) et plus tard dans le thème de la médiance proposé par Augustin Berque (Berque, 1990). Les questions de sens et d'expérience ne sont pas neuves en géographie : on peut en trouver les premières formulations dans la « géosophie » de John K. Wright (1947), la géographie perceptuelle de l'histoire de David Lowenthal (1961) et Hugh Prince (1971) et l'exploration de l'expérience géographique proposée par Eric Dardel (1952). Les études des paysages du quotidien associées à J. B. Jackson et à son journal, *Landscape*, offrent également une approche davantage fondée sur l'expérience que sur les aspects matériels de ce thème géographique traditionnel (Jackson, 1983; Meinig, 1976).

Les géographes tirent enfin une partie de leur inspiration de l'exploration du langage et de la langue. Cette vue s'exprime en particulier dans les conceptions qui font de la culture un composé de codes et de textes produits et utilisés par la collectivité des locuteurs. De bons exemples de cette orientation sont fournis par l'exploration que propose Predis des codes sociaux de dénomination des lieux et par son enquête sur les stratégies textuelles non conventionnelles, sur la « langue verte » (Predis, 1990; 1999). On peut trouver une analyse plus technique du langage géographique et de la sociolinguistique chez Mondada et Söderström (1993).

La géographie culturelle : discours et antidiscours

En dépit d'origines qui se situent dans la géographie française ou dans la géographie allemande, la géographie culturelle est surtout, au milieu du xxe siècle, une entreprise nord-américaine. Dans les géographies française, allemande et britannique, les courants intellectuels sont alors tournés vers les problèmes de géographie sociale ; les thèmes culturels y sont abordés essentiellement en relation avec les questions de structure sociale, et en particulier de classe sociale. Il existe bien sûr des exceptions notables : on pense aux études que le géographe allemand Gerhard Hard (1970) consacre alors au paysage.

Au sein de la géographie nord-américaine, la géographie culturelle demeure alors relativement isolée, comme en témoigne la manière dont elle reste indissociable de la biographie de Carl Sauer et de sa descendance universitaire. La curiosité retrouvée pour la géographie culturelle, ce que l'on appelle « la nouvelle géographie culturelle », redonne à ce champ disciplinaire la dimension plus internationale qu'il avait à ses origines (Cosgrove et Jackson, 1987 ; Claval, 1992). Les nouveaux géographes de la culture continuent malheureusement à évoquer les fantômes de l'héritage sauérien, en dépit de la position manifestement inconfortable dans laquelle ils se mettent en faisant cela. Les références incessantes à Sauer contribuent à entretenir un conflit mutuellement dommageable, ou, selon les mots de James Duncan (Duncan, 1994), une « guerre civile » au sein de la géographie culturelle.

Comme l'indique cette formule provocatrice de Duncan, un des objectifs de la géographie culturelle américaine demeure la mise au point d'une narration intergénérations, qui insérerait sans couture apparente l'œuvre de Sauer et de ses élèves dans la nouvelle géographie culturelle – mais c'est un objectif qui se dérobe. Ce caractère insaisissable est à la fois la conséquence de l'ambiguïté intrinsèque et du caractère amorphe du concept de culture, et du fait que plusieurs bouleversements épistémiques dramatiques se sont produits en ce domaine. La complexité sémantique du terme de culture a été bien mise en évidence (Williams, 1983). En partie à cause de la confusion inhérente au mot lui-même, les géographes ont eu tendance à travailler avec la culture comme s'il s'agissait d'un concept non défini (Wagner, 1994). Quelques disciplines ont revendiqué ce concept, l'anthropologie en particulier, mais son usage courant s'étend à cheval sur plusieurs sciences et sur les humanités. Dans sa pleine dimensionnalité sémantique, la culture intègre le sens subjectif et la contrainte sociale structurale, les codes préexistants et la créativité humaine (Alexander, 1990). Ses frontières avec la structure sociale d'une part et les valeurs morales de l'autre, sont poreuses, c'est bien connu. Les tentatives pour réduire la culture à l'économie, à la structure sociale et à la biologie n'ont cependant servi qu'à mettre en valeur ses fonctions autonomes.

Les bouleversements épistémiques qui ont affecté la géographie culturelle sont surtout évidents dans la complexité croissante de l'idée que l'on se fait des agents culturels. Au cours d'une période relativement courte (moins de quatre décennies), les géographes culturels sont passés du royaume sans agents, qui correspond implicitement à la conception superorganique de la culture, aux préoccupation centrées sur les agents de la géographie humaniste. Ces mêmes géographes sont ensuite retournés au modèle relativement sans agents qui est associé au sujet décentré du poststructuralisme. Une caractérisation différente, mais qui recouvre en partie la précédente, met l'accent sur le glissement effectué à partir d'interprétations fonctionnalistes et historicistes de la culture matérielle, vers la prise en compte herméneutique et radicalement réflexive du moi et du sens, du lieu et du langage. La nature, elle-même, qui avait à peu près disparu comme concept central de la géographie au cours du XXe siècle, réapparaît dans une construction historisée et culturelle (Olwig, 1996 ; Gandy, 1997).

Ces changements ont moins été induits par une problématique spécifiquement géographique que par des discussions métathéoriques au sein des humanités et des sciences sociales. C'est en partie pour cette raison que de nouvelles formes de géographie culturelle ont remplacé les traditions plus anciennes. Ou plutôt, chacune avance indépendamment des autres, avec à l'occasion des points d'intersection qui conduisent à l'utilisation de qualificatifs péjoratifs, comme ceux d'« ancien/nouveau », « théorique/empirique » ou « explicatif/descriptif ». Il est intéressant de noter que ce sont les concepts centraux de paysage et de lieu qui semblent passer le plus aisément de l'une à l'autre des catégories et des traditions de recherche ; c'est également vrai de la curiosité pour la communication.

On a élaboré quelques récits qui établissent un lien entre les générations de géographes culturels, mais aucun n'a fait l'unanimité. La plupart de ces narrations ont été écrites dans la perspective de l'une ou de l'autre des nombreuses factions qui existent pour l'instant au sein de la géographie culturelle américaine. On peut, en termes très généraux, les diviser en fonction de la manière dont elles caractérisent la géographie sauérienne comme large par son champ, antipositiviste par sa méthode, et intégrant facilement des membres nouveaux, ou, à l'inverse, comme étroite, tendant vers le positivisme et marquée par un recrutement strictement limité par les filiations académiques.

L'une des tentatives récentes les plus synthétiques en vue d'élaborer des discours qui reconstruisent la discipline se trouve dans l'ouvrage de Kenneth Foote *et al.* (1994) intitulé *Re-Reading Cultural Geography*. Son titre joue avec celui d'un texte plus ancien publié par Philip Wagner et Marvin Mikesell (1962), *Readings in Cultural Geography*, qui avait établi les catégories de base de la géographie culturelle pour la période de la seconde génération sauérienne. *Re-Reading Cultural Geography* retrace les trajectoires multiples de la géographie culturelle américaine de la fin du XXe siècle et montre à l'évidence la vanité de toute généralisation ambitieuse dans ce domaine.

Les auteurs qui ont contribué à ce volume offrent plusieurs récits de l'évolution de la géographie au XXe siècle. Plusieurs types de scénarios se dégagent. Ils couvrent un large spectre de possibilités, et incluent l'unification et l'intégration, la confédération, l'hétérotopie ou célébration de la différence, et ceci sous des formes qui vont de la narration à l'antinarration. Dans ce cadre, l'argument unification/intégration est offert par Karl Butzer (1994) autour du thème de l'écologie culturelle. Pour Butzer, la nouvelle géographie culturelle apparaît comme une addition récente à un édifice savant d'une dimension déjà impressionnante et mis en place par les sauériens et leurs prédécesseurs allemands. L'espoir de cohérence vient en partie de la définition très large de la culture qu'acceptent les écologistes culturels, et qui inclut tout ce qui n'est pas nature. La conception de la culture comme représentation, une des caractéristiques qui définit la nouvelle géographie culturelle, est ainsi incluse en partie – mais pas en totalité – dans le domaine. Dans sa thèse confédérale, Marvin Mikesell (1994) plaide pour la tolérance en matière de diversité thématique et épistémologique et pour la prise en compte d'un certain nombre de préoccupations communes, l'analyse du paysage par exemple ; dans sa perspective, ces préoccupations encouragent la coopération plutôt que l'intégration. La vision hétérotopique de James Duncan (1994, p. 407) célèbre la fragmentation et l'hétérotopie postmodernes des épistémologies. Il offre l'hétérotopie comme une vision de paix qui pourrait arrêter la « guerre civile » et soutient l'idée que les projets intellectuels regroupés à l'heure actuelle sous l'étiquette de « géographie culturelle » sont si « disparates » qu'il y a très peu de territoire commun « à propos duquel on puisse se quereller ».

Plusieurs débats récents illustrent les antagonismes qui continuent à se manifester et suggèrent que l'hétérotopie paisible de Duncan cherche à faire cohabiter des orientations inconciliables. Marie Price et Martin Lewis critiquent, par exemple, ce que l'on appelle les « nouveaux géographes culturels » pour avoir caricaturé les orientations de recherche de Sauer et de ses élèves, et en avoir réduit l'ouverture (Price et Lewis, 1993a). En défendant l'idée que la géographie culturelle sauérienne est parfaitement capable de traiter les problèmes d'actualité, ils contestent l'interprétation que l'on donne de son œuvre comme compilation de descriptions de paysages théoriquement naïves, et d'histoires de la culture sans fondement théorique. L'échange académique qui s'ensuivit n'apporte pas grand-chose au fond, mais constitue un bon résumé des récits multiples et souvent contradictoires qui coexistent dans la géographie culturelle contemporaine (Cosgrove, 1993 ; Duncan, 1993 ; Jackson, 1993 ; Price et Lewis, 1993b).

Des points communs qui n'ont guère été remarqués

Les études postmodernes, poststructurales et postcoloniales en géographie culturelle ont encore compliqué l'histoire. Ceux qui proposent ces nouvelles approches prennent grand soin de dissocier leurs travaux de tous ceux qui les ont précédés. Un exemple : dans un récent débat né dans les colonnes d'un journal à l'occasion de la publication d'un article traitant des politiques culturelles qui guidaient les activités forestières menées aux XIXe et XXe siècles en Colombie britannique, Andrew Sluyter critique l'auteur Bruce Willems-Braun pour n'avoir pas reconnu ses liens culturels avec la tradition sauérienne (Sluyter, 1997 ; Willems-Braun, 1997a). Willems réagit avec force en soulignant :

> « *Mon souci était de montrer comment la « nature » et les paysages naturels sont rendus culturellement intelligibles (comme des textes qui peuvent être lus) […] Sauer cherchait à localiser la « culture » dans la forme physique du paysage ; je cherche à explorer les « politiques culturelles » impliquées dans la représentation des paysages.* »
>
> (Willems-Braun, 1997b, p. 706).

Pour Willems-Braun, le paysage a glissé de la sphère du matériel à celle des représentations, et de ce qui est naïvement donné à ce qui est politiquement contesté.

Pour les poststructuralistes, les décisions individuelles et collectives impliquées dans la construction des paysages sont enracinées dans des discours, si bien que le paysage devient un discours « naturalisé » ou « matérialisé » (Schein, 1997). La culture n'est pas un tout unifié, mais elle est au contraire composée de différentes pratiques de représentation que les agents mettent en œuvre comme s'ils jouaient un scénario. Ce qui n'est pas clair cependant, c'est comment l'action humaine fonctionne dans ce monde foucaldien de relations de pouvoir. L'action humaine est-elle possible lorsque les décisions sont comprises comme des nœuds dans les courants croisés des discours ? Les individus sont-ils davantage des agents lorsqu'on les présente comme des lecteurs de scénarios que lorsqu'on faisait d'eux les véhicules des processus culturels ? Pouvons-nous poser la question de l'existence du paysage moral ou de la communauté morale dans le cadre d'une conception aussi limitée de l'action humaine ? Comment prendre une décision morale en ce qui concerne l'environnement ou l'inclusion/exclusion de quelqu'un au sein d'une communauté, si le discours qui conditionne le choix des gens est lui-même immoral ?

Les géographies du sens et de l'identité

Les conflits qui prennent place parmi les géographes culturels minent la crédibilité de ceux qui affirment la continuité disciplinaire ; ils masquent dans le même temps l'innovation et le changement. L'accent de plus en plus mis sur le sens et l'interprétation constitue le changement le plus évident et le plus significatif. Ce glissement en direction de l'herméneutique est un héritage de ces révolutionnaires tranquilles qu'étaient les géographes humanistes. Dans certains sous-secteurs de la discipline, dans ceux en particulier qui sont fermement restés attachés aux orientations matérialistes, ce tournant herméneutique n'a guère été sensible. Les écologistes culturels ne trouvent par exemple que peu de choses qui puissent les connecter à la géographie humaniste (Turner, 1997). Dans la plupart des autres sous-secteurs, les effets ont cependant été profonds.

La géographie humaniste a préparé le travail disciplinaire de fond qui permet de prendre en considération de nouveaux thèmes culturels, ceux qui donnent sa spécificité à la plus grande partie du discours géographique contemporain. Un sujet commun aux revues spécialisées dans ce domaine, comme *Géographie et cultures* et *Ecumene*, est celui de l'identité ; à la source de ce type d'études en géographie, on trouve les géographes humanistes, avec l'accent qu'ils mettaient sur l'intentionnalité et la relation au monde du sujet, que ce dernier soit individuel ou collectif (Ley et Samuels, 1978 ; Daniels, 1985).

Les identités communes créent des liens de solidarité. Ces liens sont en relation avec le lieu et le territoire, ou, en d'autres termes, témoignent de géographies culturelles partagées (Entrikin, 1991 ; 1997). En construisant des communautés qui sortent de leur imagination, les groupes créent des identités communes parmi les individus qui partagent un territoire et une histoire. Cette curiosité qui paraît se situer à un niveau élémentaire devient cependant tout à fait complexe lorsque l'on cherche un cadre théorique capable de faire comprendre l'identité. Paul Ricœur offre un point de départ lorsqu'il opère une distinction entre deux types d'identité, l'« idem » et l'« ipse ». Le premier se réfère à l'identité comme permanence et continuité du moi à travers le temps ; c'est le *cogito* cartésien. Le second met l'accent sur l'identité comme construite à travers l'interprétation personnelle des événements de la vie. C'est la vie interprétée, la vie reconstruite à travers un récit. De tels récits constituent les histoires qui fondent la vie collective.

Les modernes, qui vivent sans les larges horizons de sens qui étaient dans le passé offerts par le mythe ou par la religion, doivent faire preuve de plus de responsabilité individuelle pour donner du sens aux horizons de signification variés et souvent contradictoires qui constituent les cultures modernes. L'identité individuelle émerge de ce processus non comme un ensemble de traits, mais comme une conscience personnelle qui s'enracine dans la biographie de chacun (Giddens, 1991, p. 53). L'identité personnelle devient ainsi disponible à la conscience à travers un processus de construction de récits, récits qui portent non seulement sur le moi, mais aussi sur le moi en relation avec le groupe ou la communauté. Pour le philosophe moral Alasdair MacIntyre (1983, p. 221), l'histoire de l'identité que l'on possède, et la possession d'une identité historique individuelle, coïncident avec la possession d'une identité sociale ou communautaire. L'identité moderne devient ainsi une construction à plusieurs étages, représentant un mélange de préoccupations universalistes et particularistes (Taylor, 1998, p. 8). Une des caractéristiques de telles histoires, c'est leur nécessaire relation à des lieux et à des événements concrets.

On aurait pu s'attendre à trouver de tels thèmes dans la géographie régionale du début du xxe siècle, mais les restrictions qui étaient alors liées au caractère de « science naturelle » de la géographie interdisaient un tel travail. De fait, lorsque la géographie américaine s'orienta vers le régionalisme, ou vers l'analyse des formes d'identité collective associées au lieu et au territoire, cela fut jugé comme une transgression de la frontière avec la sociologie et la littérature (Whittlesey, 1954, p. 51). Il n'est donc pas étonnant que les meilleurs spécialistes américains du régionalisme aient été des sociologues, des historiens et des planificateurs comme Howard Odum et Lewis Mumford. De la même manière, les histoires relatives à la manière dont l'identité se forge dans les quartiers des cités en pleine croissance sont alors abandonnées à d'autres, et, plus particulièrement, aux sociologues urbains associés à Robert Park.

Ce sont les géographes humanistes qui ont introduit ces questions d'identité dans la géographie. En ajoutant l'agent volontaire au lexique de la géographie, l'humaniste fait glisser l'accent de la description du lieu, du paysage ou du territoire vers la signification qu'ils revêtent pour le sujet, qu'il soit individuel ou collectif (Berdoulay et Entrikin, 1998). La question de base de l'identité : « Qui suis-je ? », ou collectivement : « Qui sommes-nous ? », devient une question géographique dans la mesure où une telle identité vient en partie de la relation du sujet au monde et à l'environnement qui l'entourent. Comme des liens se développent entre l'identité individuelle et l'identité collective, on comprend mieux les attachements partagés et les conflits qui se développent sur le sens des paysages, des lieux et des territoires. On en vient à soutenir qu'un lien fortement partagé aux géographies locales est essentiel pour le développement d'une identité collective (Chivallon, 1995). Le culturel devient une force potentielle de motivation, liée, mais analytiquement indépendante, des questions de biologie, d'économie ou de société (Staszak, 1998).

Cette relation de base invite à traiter de toute une série de thèmes de recherches, tous présents dans les revues géographiques contemporaines. C'est par exemple le cas de la question des paysages de la mémoire, dans lesquels le souvenir du chez-soi, de la guerre et de la nation servent de symboles d'appartenance au groupe et de solidarité en son sein (Agnew, 1997 ; Heffernan, 1995 ; Withers, 1996). L'identité raciale, ethnique, de genre et de sexe a aussi été associée au lieu, comme l'illustre la liaison forte du lieu et de l'ethnicité dans les quartiers ethniques par exemple, ou celle du lieu et du sexe dans les marges urbaines la sexualité ; on le voit aussi à propos des débats que suscitent les politiques d'identité (Anderson et Gale, 1992 ; Forest, 1995 ; Bondi, 1995 ; McDowell, 1994). On a centré l'étude du conflit interethnique sur le symbolisme du lieu. Le territoire national a été défini à travers l'ethnicité et la citoyenneté, et étudié à l'occasion des transformations qu'il subit à la suite des migrations internationales et de la globalisation de l'économie (Agnew et Brusa, 1999). Une dimension supplémentaire de la relation que le moi noue avec le groupe et l'environnement est prise en compte, dans la mesure où l'on fait intervenir le corps, lui-même dépositaire de signification culturelle (Nast et Pile, 1998). Le moi et le corps ont été également explorés en termes de consommation culturelle et de lien avec l'identité (P. Crang, 1996 ; Bell et Valentine, 1997). Tous ces thèmes changent d'échelle lorsqu'ils sont évoqués dans le contexte des forces puissantes de la globalisation qui déracine les attachements traditionnels et homogénéise en même temps qu'elle stimule la différence (Pitte, 1995). Les formes culturelles hybrides qui émergent du mélange de vies conduites à plusieurs échelles, et qui vont du local au global, doivent conduire à un réexamen de la géographie culturelle de la vie de tous les jours (Werlen, 1997).

La signification croissante des réflexions sur le sens et l'identité en géographie culturelle n'est pas sans lien avec l'évolution du féminisme et des études sur les « genres ». Cette connexion est bien mise en évidence par le nouveau journal, *Gender, Place and Culture : A Journal of Feminist Geography*. La recherche en géographie féministe s'inscrivait, au départ, dans un « empirisme féministe » qui cherchait à rendre les femmes plus visibles au sein de la géographie sociale scientifique (Harding, 1996). Ces intérêts ont toutefois rapidement évolué vers la construction des identités de « genre » et vers l'examen critique de la nature masculine du discours géographique, que l'on s'inscrive dans le cadre de l'humanisme, du marxisme ou de l'humanisme (Rose, 1993 ; Bondi et Domosh, 1992 ; MacDowell, 1993). Le récent tournant poststructuraliste met l'accent sur l'hétérogénéité des femmes et de leurs expériences, et sur la nécessité d'une stratégie réflexive en géographie culturelle qui mette en lumière le caractère partiel et situé de la connaissance géographique (Haraway, 1991 ; Rose, 1997). Les thèmes culturels sont au centre de la prise en considération, par les géographes féministes, du sujet comme être situé et positionné dont l'identité est en partie construite à travers la manipulation discursive des symboles, des significations et des représentations, ou à travers ce qui peut être décrit comme des manifestations du pouvoir culturel.

Les politiques de la culture

Dans la perspective humaniste, l'accent était mis sur la coopération et le consensus, sur la manière dont l'individu s'insèrait dans le groupe et sur celle dont les groupes manifestaient un esprit collectif. Les humanistes se tournaient vers la culture pour traiter des liens sociaux qui rendent possible le consensus de groupe et forgent la solidarité de celui-ci. La solidarité émerge des façons de vivre partagées et des expériences communes du lieu et du territoire, qui donnent aux individus le sentiment de faire partie d'un collectif. Il y a des récits collectifs qui soulignent que l'on fait partie du groupe, qu'on lui appartient, et qui révèlent un sentiment communautaire.

Les critiques ont perçu cette perspective comme fondamentalement conservatrice et, par moment, exagérément sentimentale et romantique dans son souci des paysages et des lieux authentiques et harmonieux. Dans la géographie culturelle postmoderniste et poststructuraliste, les politiques de la culture répondent à des orientations différentes. Dans la perspective humaniste, la culture pose sa marque sur tous les aspects de la vie, politique compris. Dans les formulations poststructuralistes, la culture devient le support du pouvoir. La culture demeure étroitement liée à la communication, mais la communication ne s'établit jamais entre deux sujets libres et égaux ; elle s'inscrit entre des sujets pris dans des relations de pouvoir.

Dans les discussions postmodernistes et poststructuralistes, l'accent passe de la solidarité au conflit. C'est l'ouverture et le caractère litigieux du sens associé au lieu et au paysage qui passent au centre de l'étude. La possibilité, pour un groupe, d'imposer le sens qu'il a forgé à un paysage constitue une forme de domination culturelle et d'impérialisme (Pred, 1990). Si la culture se forme à travers les histoires qui donnent un sens et un ordre à l'expérience, le pouvoir se situe dans l'aptitude à raconter des histoires, et à empêcher les autres d'en faire autant avec les leurs (Said, 1993). Lorsqu'ils sont interprétés géographiquement, les paysages, en tant que textes ou discours, sont les sources d'une contestation continuelle entre les nombreuses voix qui composent une société moderne.

Les thèmes familiers aux humanistes reçoivent ainsi aujourd'hui des interprétations différentes. On souligne par exemple le rôle de l'identité ethnique, de genre ou de sexe, mais en relation avec l'oppression de l'autre (Pile et Thrift, 1995). Le nationalisme est exploré, mais d'abord comme une forme de résistance contre un État ou contre un autre groupe national puissant. Les relations inégales et asymétriques de pouvoir font du paysage et du lieu les sites de luttes intergroupes plutôt que d'un attachement commun.

Aperçus sur le lieu et le paysage

Au cours des cent ans environ de l'histoire du sous-domaine académique que constitue la géographie culturelle, ses concepts centraux sont restés remarquablement stables, même si les approches ont dramatiquement changé. Sa formulation comme une science matérialiste, positiviste et naturelle des artefacts humains a cédé devant sa réincarnation comme étude de plus en plus idéaliste, antipositiviste et réflexive de la signification géographique. L'histoire de cette transformation peut être racontée en termes de séquence historique d'approches, mais l'évolution réelle a été celle d'une prolifération horizontale et d'une fragmentation plutôt que celle d'une succession linéaire. Les récits sur l'harmonie des paysages coexistent avec ceux qui mettent l'accent sur des luttes et discordes perpétuelles. Ce qui reste constant à travers ces changements, c'est un vocabulaire commun du paysage et du lieu, et, dans une moindre mesure, du territoire et de l'espace.

Les sens donnés à ces concepts se sont toutefois considérablement élargis. Ils sont passés de références directes aux objets ou aux localisations à des représentations plus complexes des relations entre les sujets et le monde. La compréhension géographique de la culture a été au-delà de l'observation faite à distance pour inclure des considérations sur l'esthétique, l'éthique et l'interprétation. La représentation, dans ses formes et ses échelles multiples, et qui vont de l'image au mot, à la fois parlé et écrit, et du cosmos au local, est devenue une préoccupation centrale (Cosgrove, sous presse ; Debarbieux, 1995 ; Lewis et Wigen, 1997 ; Mondada et Söderström, 1993). L'expansion de la géographie culturelle dans ces domaines a effacé les frontières entre la géographie et les autres disciplines scientifiques et les humanités, dont beaucoup se sont mises à de plus en plus explorer la cartographie des significations et les politiques culturelles du paysage et du lieu.

Le thème du langage et de la communication continue de même à imprégner les études géographiques de la culture, mais d'une manière différente que par le passé (Claval, 1995 ; 1999). Les géographes ne considèrent plus seulement la langue comme un fait qu'il convient d'exprimer à travers des cartes de distribution. Le langage est plutôt devenu la source de la transmission et de la création du sens. Le processus de transmission et de communication a tenu un rôle permanent tout au long des études sur la diffusion, mais ses manifestations ont changé de manière significative : elles sont passées de l'accent mis sur les techniques matérielles de production, les connaissances techniques associées à la transformation de l'environnement et à la création de la culture matérielle, aux techniques de communication et à la transmission du sens. La globalisation de la culture repose sur les dernières technologies en ce domaine, y compris les systèmes d'information géographique. Ces nouveaux systèmes d'information transforment les géographies et le sens des lieux (Curry, 1999).

Le « tournant culturel » a effacé les frontières internes de la géographie. Les géographes du social et de l'économique, par exemple, prennent en compte la production des biens culturels comme les films et la musique, la production de paysages culturels, comme ceux liés à la préservation historique ou aux loisirs urbains, les habitudes particularistes de production et d'échange locaux ou la globalisation de la culture (Crang, 1997 ; Lévy, 1999 ; Scott, 1999). Les géographes qui étudient les villes s'attachent à la manière dont les images et les récits relatifs aux lieux influencent l'action politique (Lussault, 1993 ; 1997). Les géographes politiques cherchent à comprendre la nature narrative de la géopolitique, les paysages de la mémoire nationale, et la géographie du multiculturalisme. La renaissance de la géographie culturelle a aussi stimulé l'intérêt secondaire pour ce que l'on peut appeler une géographie morale, ou une géographie de l'éthique, dans laquelle la prise en considération des valeurs et des jugements normatifs est mise en relation avec les contraintes culturelles (Proctor et Smith, 1999).

Ces développements reflètent une compréhension plus riche et plus complexe de l'imagination géographique. Le terme a été utilisé de manière variée par différents auteurs pour décrire des perspectives structuralistes, néomarxistes et humanistes, mais, dans son sens le plus général, il décrit de manière adéquate une géographie qui s'intéresse aux idéaux humains plus qu'à la simple description du monde ou au catalogue de ses contenus. Ce sont de tels idéaux qui créent une distance entre les hommes et la nature, et différencient les communautés (Tuan, 1998). En tant que tels, ils expriment une tension constante entre les particularités des coutumes et habitudes, et l'universalité associée aux visions parfois utopiques des communautés humaines (Entrikin, 1999). Cette tension est présente dans les conceptions du paysage et du lieu proposées par les géographes culturels.

Comme ces conceptions deviennent plus complexes, leur représentation dans la littérature géographique devient de plus en plus partielle. Pour certains, ce caractère partiel constitue un signe de progrès, une indication sur le caractère moins impérialiste de la géographie culturelle. Pour d'autres, c'est un signe de recul. Donner un sens à ce caractère incomplet est un défi pour les géographes culturels du XXIe siècle. La vision scientifique naturaliste qui donnait forme et ordre à ce domaine au début du XXe siècle a progressivement cessé de focaliser l'attention. Elle n'a pas disparu, mais n'apparaît plus que comme l'une des nombreuses conceptions en compétition, et souvent contradictoires, de la géographie culturelle contemporaine.

Annexe 1.

Principaux périodiques – Géographie culturelle :

Cultural Geographies, (Londres, Arnold. A succédé en 2001 à *Ecumene*, publié depuis 1994 par le même éditeur)

Géographie et cultures, (Paris, L'Harmattan, depuis 1992)

Social and Cultural Geography, (Londres, Routledge, depuis 2000)

Annexe 2.

Tableau synoptique de l'évolution de l'approche culturelle depuis 1900

Les principaux ouvrages et articles

1880 – F. Ratzel : *Culturgeographie der Vereinigten Staaten von Nord-Amerika*

1896 – E. Hahn : *Demeter und Baubo. Versuch einer Theorie der Entstehung unseres Ackerbau*

1904 – J. Brunhes : *L'Irrigation. Ses conditions géographiques, ses modes et son organization*

1906 – O. Schlüter : *Die Ziele der Geographie der Menschen*

1911 – P. Vidal de la Blache : *Les Genres de vie dans la géographie humaine*

1925 – C. Sauer : *The Morphology of Landscape*

1932 – P. Deffontaines lance chez Gallimard la collection « Géographie humaine ».

1949 – P. Gourou : *Civilisation et malchance géographique*

1952 – E. Dardel : *L'Homme et la Terre*

1957 – X. de Planhol : *Le Monde islamique. Essai de géographie religieuse*

1967 – D. Sopher : *Geography of Religions*

1980 – J. S. Duncan : *The Superorganic in American Cultural Geography*

1982 – A. Berque : *Vivre l'espace au Japon*

1983 – J.-R. Pitte : *Histoire du paysage français*

1984 – D. Cosgrove : *Social Formation and Symbolic Landscape*

1986 – J. Bonnemaison : *Les Fondements d'une identité. Territoire, histoire et société au Vanuatu*

1989 – P. Jackson : *Maps of Meaning*

1991 – N. Entrikin : *The Betweenness of Place*

1992 – Parution de la revue *Géographie et cultures.*

1994 – Parution de la revue *Ecumene*, devenue *Cultural Geographies* en 2001.

1995 – P. Claval : *La Géographie culturelle* (2e édition)

1998 – M. Crang : *Cultural Geography*

2000 – D. Mitchell : *Cultural Geography. A Critical Introduction*

2001 – J. Bonnemaison : *La Géographie culturelle*

2003 – J.-F. Staszak : *Géographies de Gauguin*

2003 – D. Cosgrove, *Apollo's Canvas : A Cosmographic Geneology of Western Imaginings of the Globe and the Whole Earth*

Références

AGNEW, J. 1997 : « Places and the politics of identities », in AGNEW J. (ed.) *Political Geography : a Reader,* New York, Arnold, pp. 249-55.

AGNEW, J., BRUSA, C., 1999 : « New rules for national identity? The Northern League and political identity in contemporary Northern Italy », *National identities,* vol.1, pp.117-133.

ALEXANDER, J., 1990 : « Analytic debates : Understanding the relative autonomy of culture », in ALEXANDER J., SEIDMAN S. (eds.), *Culture and Society : Contemporary Debates,* Cambridge, Cambridge University Press, pp. 1-27.

ANDERSON, K., GALE F. (eds.), 1992 : *Inventing Places : Studies in Cultural Geography*, Melbourne, Longman Cheshire.

BARTELS, D., 1969 : « Der Harmoniebegriff », *Die Erde,* vol. 100, pp. 124-137.

BARTHES, F., 2003 : *La Géographie de la nudité. Être nu quelque part,* Paris, Bréal.

BELL, D. and VALENTINE, G., 1997 : *Consuming Geographies : We Are Where We Eat*, London, Routledge.

BERDOULAY, V., 1981 : *La Formation de l'école géographique française (1870-1914),* Paris, Bibliothèque nationale.

BERDOULAY, V., ENTRIKIN, J. N., 1998 : « Lieu et sujet. Perspectives théoriques », *L'Espace géographique*, vol. 27, pp. 111-21.

BERDOULAY, V., SOUBEYRAN, O., 1991 : « Lamarck, Darwin et Vidal : aux fondements naturalistes de la géographie », *Annales de Géographie,* vol. 100, pp. 617-634.

BERQUE, A., 1982 : *Vivre l'espace au Japon*, Paris, PUF.

BERQUE, A., 1990 : *Médiance. De milieux en paysages,* Montpelier, Reclus.

BLACHE, J., 1934 : *L'Homme et la montagne*, Paris, Gallimard.

BLOCH, M., 1931 : *Les Caractères originaux de l'histoire rurale française,* Oslo, Institut pour l'étude comparée des civilisations.

BONDI, L. and DOMOSH M., 1992 : « Other figures in other landscapes : On feminism, postmodernism and geography », *Environment and Planning D, Society and Space,* vol. 10, pp. 199-213.

BONDI, L., 1995 : « Locating identity politics », in KEITH M., PILE S., *Place and the Politics of Identity,* London, Rouledge.

BONNEMAISON, J., 1986 : *Les Fondements d'une identité. Territoire, histoire et société au Vanuatu,* Paris, ORSTOM, 2 vol.

Bonnemaison, J., 2001 : *La Géographie culturelle*, Paris, CTHS.

Bordo, S, 1990 : « Feminism, post-modernism and gender scepticism », in Nicholson L. (ed.), *Feminism/Postmodernism*, London, Routledge.

Braudel, F., 1967 : *Civilisation matérielle et capitalisme*, Paris, A. Colin.

Brunhes, J., 1904 : *L'Irrigation. Ses conditions géographiques, ses modes et son organisation*, Paris, Masson.

Brunhes, J., 1909 : *La Géographie humaine*, Paris, Alcan, 3 vol.

Büttmann, G., 1977 : *Friedrich Ratzel. Leben und Werk einer deutschen Geographer*, Stuttgart, Wissenschaftliche Verlagsgesellschaft M. B. H.

Butzer, K. , 1994 : « Towards a cultural curriculum for the future : A first approximation », in Foote K., Hugill P., Mathewson K., Smith J. (eds.), *Re-reading Cultural Geography*, Austin, University of Texas Press, pp. 409-428.

Campbell, J., Livingstone D., 1983 : « Neo-Lamarckianism and the development of geography in the United States and Britain », *Transactions, Institute of British Geographers*, vol.8, pp. 267-294.

Chivallon, C., 1995 : « Space and identity in Martinique : Towards a new reading of the spatial history of peasantry », *Environment and Planning D, Society and Space*, vol.13, 289-309.

Claval, P., 1988 : « Les géographes français et le monde méditerranéen », *Annales de Géographie*, vol. 97, pp. 385-403.

Claval, P., 1995 : *La Géographie culturelle*, Paris, Nathan.

Claval, P., 1992 : « Champ et perspectives de la géographie culturelle », *Géographie et cultures*, vol.1, pp.7-38.

Claval, P., 1998 : *Histoire de la géographie française de 1870 à nos jours*, Paris, Nathan.

Claval, P., 1999 : « Qu'apporte l'approche culturelle à la géographie ? », *Géographie et Cultures*, vol. 31, pp. 5-24.

Claval, P., 2003 : *Géographie culturelle*, Paris, Armand Colin, 2e édition remaniée.

Collignon, B. et Staszak J.-F., (eds.), 2004 : *Espaces domestiques*, Paris, Bréal.

Cosgrove, D., 1984 : *Social Formation and Symbolic Landscape*, London, Croom Helm.

Cosgrove, D., 1993 : « Commentary », *Annals of the Association of American Geographers*, vol. 83, pp. 515-516.

Cosgrove, D., 2003 : *Apollo's Canvas : A Cosmographic Geneology of Western Imaginings of the Globe and the Whole Earth*, Baltimore, Johns Hopkins University Press.

COSGROVE, D., JACKSON P., 1987 : « New directions in cultural geography », *Area*, vol.19, pp. 95-101.

CRANG, P., 1996 : « Displacements : geographies of consumption », *Environment and Planning, A*, vol. 28, n° 1, pp. 47-68.

CRANG, P., 1997 : « Cultural turns and the (re)-constitution of economic geography : Introduction to section one », in LEE R. , WILLS J. (eds.), *Geographies of Economies*, pp. 3-15.

CRANG, M., 1998 : *Cultural Geography*, London, Routledge.

CURRY, M., 1998 : *Digital Places : Living with Geographic Information Technologies*, London, Routledge.

DANIELS, S., 1985 : « Arguments for a humanistic geography », in JOHNSTON R. J. (ed.), *The Future of geography,* New York, Methuen, pp.143-58.

DARDEL, E., 1952 : *L'Homme et la Terre,* Paris, Presses universitaires de France.

DEBARBIEUX, B., 1995 : « Le Lieu, le territoire et trois figures de rhétorique », *L'Espace géographique*, vol. 2, pp. 97-112.

DEFFONTAINES, P., 1948 : *Géographie des religions,* Paris, Gallimard.

DEFFONTAINES, P., 1955 : *L'Homme et l'hiver au Canada,* Paris, Gallimard.

DI MÉO, G. (ed.), 2001 : *La Géographie en fêtes,* Paris-Gap, Ophrys.

DOMOSH, M., 1996 : *Invented Cities : the Creation of Landscape in Nineteenth-Century*, New York and Boston, New Haven, Yale University Press.

DUNCAN, J. S., 1980 : « The Superorganic in American Cultural Geography », *Annals of the Association of American Geographers,* vol. 70, n° 2, pp. 181-198.

DUNCAN, J. S., 1993 : « Commentary », *Annals of the Association of American Geographers*, vol. 83, pp. 517-18.

DUNCAN, J. S., 1994 : « After the civil war : Reconstructing cultural geography as heterotopia », in FOOTE K., HUGILL P., MATHEWSON K., SMITH J. (eds.), *Re-reading Cultural Geography,* Austin, University of Texas, pp. 401-408.

EISEL, U., 1980, *Die Entwicklung der Anthropogeographie von einer Raumwissenschaft zur Gesellschaftwissenschaft*, Cassel, Kasseler Schriftung zur Geographie und Plannung.

ENTRIKIN, J.N., 1988 : « Diffusion research in the context of the naturalism debate in twentieth-century social thought », in HUGILL, P. and D. B. DICKSON, (eds.), *The Transfer and Transformation of Ideas and Material Culture*, College Station, Texas A&M University Press, pp.165-178.

Entrikin, J.N. 1976 : « Contemporary Humanism in Geography », *Annals of the Association of American Geographers,* vol. 66, pp. 615-633.

Entrikin, J.N., 1991 : *The betweennness of place : Towards a geography of modernity,* Baltimore, Johns Hopkins University Press.

Entrikin, J.N., 1997 : « Lieu, culture et démocratie », *Cahiers de Géographie du Québec,* vol. 41, pp. 349-356.

Entrikin, J.N., 1999 : « Political community, identity and cosmopolitan place », *International Sociology*, vol. 14, pp. 269-82.

Foote, K., Hugill P., Mathewson K., Smith J. (eds.), 1994 : *Re-reading Cultural Geography*, Austin, University of Texas Press.

Forest, B. 1995 : « West Hollywood as a symbol : The significance of place in the construction of gay identity », *Environment and Planning D, Society and Space,* vol. 13, pp. 133-157.

Friedman, S., 1996 : *Marc Bloch, Sociology and Geography. Encountering Social Disciplines,* Cambridge, Cambridge University Press.

Gallois, L., 1908 : *Régions naturelles et noms de pays,* Paris, A. Colin.

Gandy, M., 1997 : « Contradictory modernities : Conceptions of nature in the art of Joseph Beuys and Gerhard Richter », *Annals of the Association of American Geographers*, vol. 87, pp. 636-659.

Giddens, A., 1991 : *Modernity and Self-Identity : Self and Society in the Late-Modern Age*, Palo Alto, Stanford University Press.

Gourou, P., 1936 : *Les Paysans du delta tonkinois. Etude de géographie humaine,* Paris, éditions d'Art et d'Histoire.

Gourou, P., 1949 : « Civilisation et malchance géographique », *Annales E.S.C.*, vol. 13, pp. 445-450.

Gourou, P., 1970 : *L'Afrique*, Paris, Hachette.

Gourou, P., 1973 : *Pour une géographie humaine,* Paris, Flammarion.

Gray, H. L., 1915 : *The English Field System*, Cambridge (Mass.), Harvard University Press.

Hahn, E., 1896-b : *Demeter und Baubo. Versuch einder Theorie der Entstehung unseres* Ackerbau, L¸beck.

Hahn, E., 1896-a : *Die Haustiere und ihre Beziehungen zur Wirtschaft des Menschens*, Leipzig, Duncker und Humblot.

Hahn, E., 1914 : *Von der Hacke zum Pfluge,* Leipzig, Quelle and Meyer.

Hancock, C., 2003 : *Paris et Londres. Représentations dans les guides et récits de voyage,* Paris, CNRS éditions.

Haraway, D., 1991 : *Simians, Cyborgs and Women. The Reinvention of Nature*, London, Free Association Books.

HARD, G., 1970 : *Die « Landschaft » der Sprache und die « Landschaft » der Geographen*, Bonn, Dmmlers.

HARDING, S., 1986 : *The Science Question in Feminism*, Milton Keynes, Open University Press.

HARTSHORNE, R. 1939 : *The Nature of Geography*, Lancaster, PA, Association of American Geographers.

HAUDRICOURT, A.-G., JEAN-BRUNHES DELAMARRE M., 1955 : *L'Homme et la charrue à travers le monde*, Paris, Gallimard.

HAUDRICOURT, A.-G., 1987 : *La Technologie, science humaine*, Paris, Maison des sciences de l'homme.

HEFFERNAN, M. 1995 : « For ever England : The Western Front and the politics of remembrance in Britain », *Ecumene*, vol. 2, pp. 293-323.

HOEFLE, S. W., 1999 : « Débats épistémologiques dans la géographie culturelle anglo-américaine », *Géographie et cultures*, n° 31, pp. 25-47.

HOOSON, D., 1981 : « Carl O. Sauer », in BLOUET B.W. (ed.), *The Origins of Academic Geography in the United States*, Hamden, New York, Archon Books, pp. 165-174.

JACKSON, J.B., 1984 : *Discovering the Vernacular Landscape*, New Haven, Yale University Press.

JACKSON, P., 1983 : « Berkeley and beyond : Broadening the horizons of cultural geography », *Annals of the Association of American Geographers*, vol. 83, pp. 519-20.

JACKSON, P., 1989 : *Maps of Meaning*, Londres, Unwin Hyman.

JEAN-BRUNHES DELAMARRE, M., 1975 : « Jean Brunhes (1869-1930) », in *Les Géographes français*, Paris, Bibliothèque Nationale, pp. 49-80.

LEIGHLY, J., 19 : « Carl Ortwin Sauer, 1889-1975 », in FREEMAN T. W., PINCHEMEL, Ph. (eds.), *Geographers*, pp. 99-108.

LEROI-GOURHAN, A., 1943-1945 : *Evolution et techniques*, vol. 1, *L'Homme et la matière*, vol. 2, *Milieu et techniques*, Paris, A. Michel.

LÉVY, J., 1999 : *Le Tournant géographique : Penser l'espace pour lire le monde*, Paris, Belin.

LEWIS, M., WIGEN K., 1997 : *Myth of Continents : A critique of Metacartography*, Los Angeles, University of California Press.

LEY, D., SAMUELS, M., 1978 (eds.) : *Humanistic Geography*, Chicago, Maaroufa.

LOWENTHAL, D., 1961 : « Geography, experience, and imagination : Towards a geographical epistemology », *Annals of the Asssociation of American Geographers*, vol. 51, pp. 241-260.

LUSSAULT, M., 1997 : « Des récits et des lieux : le registre identitaire dans l'action urbaine », *Annales de Géographie*, vol. 597, pp. 522-530.

LUSSAULT, M., 1993 : *Tours : image de la ville et politique urbaine*, Tours, Collection Sciences de la ville 3.

MACINTYRE, A., 1984 : *After Virtue : A Study in Moral Theory*, South Bend, University of Notre Dame Press.

MAUSS, M., 1947 : *Manuel d'ethnologie*, Paris, Payot.

MCDOWELL,L., 1992 : « Doing gender : feminism, feminists and research methods in human geography », *Transactions of the Institute of British Geographers*, 17, pp. 399-416.

MCDOWELL, L., 1994 : « The transformation of cultural geography », in GREGORY D., MARTIN R., SMITH G. (eds.), *Human Geography : Society, Space, and Social Science*, New York, Macmillan, pp.146-173.

MEINIG, D. (ed.) , 1979 : *Interpretation of Ordinary Landscapes*, New York, Oxford University Press.

MEITZEN, A., 1895 : *Seidelung und Agrarwesen der Westgermanen und Ostgermanen, der Kelten, R̂mer, Finnen und Slawen*, Berlin, Hertz, 4 vol.

MICHELET, J., 1833 : *Tableau de la France*, Paris.

MIKESELL, M., 1994 : « Afterword : New interests, unsolved problems, and persisting tasks », in FOOTE K., HUGILL P., MATHEWSON K., SMITH J. (eds.), 1994, *Re-reading Cultural Geography*, Austin, University of Texas Press, pp. 437-444.

MITCHELL, D., 1995 : « There is no such thing as culture : Towards a reconceptualization of the idea of culture in geography », *Transactions of the Institute of British Geographers*, vol. 20, pp.102-116.

MITCHELL, D., 2000 : *Cultural Geography. A Critical Introduction*, Oxford, Oxford University Press.

MONDADA, L., SÖDERSTRÖM, O., 1993 : « Lorsque les objets sont instables : les faits culturels comme processus », *Géographie et cultures*, vol. 8, pp. 71-82.

NAST, H., PILE, S.,(eds.), 1998 : *Places Throught the Body*, London, Routledge.

OLWIG, K., 1996 : « "Nature" : Mapping the ghostly traces of a concept », in EARLE C., MATHEWSON K., KENZER M., *Concepts in Human Geography*, Lanham, Rowman & Littlefield, pp. 63-96.

PILE, S., THRIFT, N., 1995 : *Mapping the Subject : Geographies of the Cultural Transformation*, London, Routledge.

PITTE, J.-R., 1983 : *Histoire du paysage français*, Paris, Tallandier, 2 vol.

PITTE, J-R., 1995 : « Cultures régionales, culture universelle. Éloge de la diversité », *Géographie et cultures*, vol. 14, 1995, pp. 3-8.

De Planhol, X., 1957 : *Le Monde islamique. Essai de géographie religieuse*, Paris, PUF.

Pred, A., 1990 : *Lost Words and Lost Worlds. Modernity and the Language of Everyday Life in Late Nineteenth Century*, Stockholm, Cambridge, Cambridge University Press.

Pred, A., 1999 : « From living with/in the lines to lines of questioning », *Gender, Place and Culture*, vol. 6, pp. 274-276.

Price, M., Lewis M., 1993a : « The reinvention of cultural geography », *Annals of the Association of American Geographers*, vol. 83, pp. 1-17.

Price, M., Lewis, M., 1993b : « "Reply" : On reading cultural geography », *Annals of the Association of American Geographers*, vol. 83, pp. 520-522.

Prince, H., 1971 : « Real, imagined and abstract worlds of the past », *Progress in Geography*, vol.3, pp. 1-86.

Proctor, J., Smith D., 1999 : *Geography and Ethics : Journeys in a Moral Terrain*, Londres, Routledge.

Ratzel, F., 1880 : *Culturgeographie der Vereinigten Staaten von Nord-Amerika*, Munich, Oldenbourg.

Ratzel, F., 1881-1891 : *Anthropogeographie, oder Grundz¸ge der Anwendung der Erdkunde auf die Geschichte*, Stuttgart, Engleborn, 2 vol.

Ratzel, F., 1885-1888 : *Völkerkunde*, Leipzig, Bibliographisch Institut, 3 vol.

Ricœur, P., 1992 : *Oneself as Another*, trans. by Blamey K., Chicago, University of Chicago Press.

Roger, J. (ed.), 1979 : « Les Néolamarckiens français », *Revue de Synthèse*, n° 95-96.

Rose, G., 1993 : *Feminism and Geography : The Limits of Geographical Knowledge*, Cambridge, Polity Press.

Rose, G., 1997 : « Situating knowledge : Positionality, reflexivities and other tactics », *Progress in Human Geography*, vol. 21, pp. 305-320.

Sack, R., 1997 : *Homo-Geographicus*, Baltimore, Johns Hopkins University Press.

Said, E., 1993, *Culture and Imperialism*, New York, Alfred Knopf.

Sauer, C. O., 1925 : *The Morphology of Landscape*, University of California Publications in Geography, vol. 2, n° 2, pp. 19-54.

Sauer, C. O., 1927 : « Recent Developments in Cultural Geography », in Hayes E. C. (ed.), *Recent Developments in the Social Sciences*, Philadelphia, Lippincott, pp. 154-212.

Sauer, C. O., 1938 : « Theme of Plant and Animal Destruction in Economic History », *Journal of Farm Economics*, vol. 20, pp. 765-775.

Sauer, C. O., 1947 : « Early Relations of Man to Plants », *Geographical Review*, vol. 37, pp. 1-25.

Sauer, C. O., 1956 : « The Education of a Geographer », *Annals of the Association of American Geographers*, vol. 46, pp. 287-299.

Schein, R., 1997 : « The place of landscape : A conceptual framework for interpreting an American scene » , *Annals of the Association of American Geographers*, vol.87, pp. 660-680.

Schlüter, O., 1899 : « Bemerkungen zur Siedlungsgeographie », *Geographisch Zeitschrift*, vol. 5, pp. 65-84.

Schlüter, O., 1906 : *Die Ziele der Geographie des Menschen*, Munich and Berlin, Antrittsrede.

Schlüter, O., 1952-1954-1958 : « Die Siedlungsformen MittelEuropas in frühgeshichtlischer Zeit », *Forschungen zur Deutschen Landeskunde*, vol. 67, 74 and 110.

Scott, A. 1999 : « The U.S. recorded music industry : On relations between organization, location, and creativity in the cultural economy », *Environment and Planning A*, vol 31, pp. 1965-1984.

Semple, E., 1931 : *The Geography of the Mediterranean Region. Its Relation to Ancient History*, New York, Holt.

Sluyter, A., 1997 : « On buried epistemologies : The politics of nature in (post)colonial British Columbia: On excavating and burying epsitemologies », *Annals of the Association of American Geographers*, vol. 87, pp. 700-702.

Sopher, D., 1967 : *Geography of Religions*, Englewood Cliffs (N. J.), Prentice-Hall.

Sopher, D., 1972 : « Place and location : Notes on the spatial patterning of culture », *Social Science Quarterly*, vol. 53, pp. 321-327.

Soubeyran, O., 1997 : *Imaginaire, science et discipline*, Paris, L'Harmattan.

Staszak, J-F, 1999 : « Détruire Détroit. La crise urbaine comme produit culturel », *Annales de Géographie*, vol. 108, pp. 277-99.

Staszak, J.-F., *et alii*, 2001 : *Géographies anglo-saxonnes. Tendances contemporaines*, Paris, Belin.

Staszak, J.-F., 2003 : *Géographies de Gauguin*, Paris, Bréal.

Strohmayer, U., 1997 : « The displaced, deffered or was it abandoned middle ? Another look at the idiographic-nomothetic distinction in the German social sciences », *Geographical Review (Fernand Braudel Center)*, vol. 20, n° 3-4, pp. 279-344.

TAYLOR, C., 1989 : *Sources of the Self : The Making of the Modern Identity*, Cambridge, Harvard University Press.

TROCHET, J.-R., 1998 : « Les géographes, les historiens et les autres. À propos des origines et de l'épistémologie de la géographie humaine en France », *Géographie et Cultures*, n° 25, pp. 3-16.

TUAN, Y-F., 1976 : « Humanistic geography », *Annals of the Association of American Geographers*, vol. 66, pp. 266-276.

TUAN, Y-F., 1977 : *Space and Place : The perspective of Experience*, Minneapolis, University of Minnesota Press.

TUAN, Y-F., 1998 : *Escapism*, Baltimore, Johns Hopkins University Press.

TURNER, B.L., 1997 : « Spirals, bridges and tunnels : Engaging human-environment perspectives in geography », *Ecumene*, vol. 4, pp. 196-217.

VAVILOV, N., 1951 : « The origin, variation, immunity and breeding of cultivated plants », *Selected Writings, Chronica Botanica*, vol. 13, pp. 1-361.

VIDAL DE LA BLACHE, P., 1903 : *Le Tableau de la géographie de la France*, Paris, Hachette.

VIDAL DE LA BLACHE, P.,1911 : « Les genres de vie dans la géographie humaine », *Annales de Géographie*, vol. 20, n° 111, pp. 193-212 et n° 112, pp. 289-304.

VIDAL DE LA BLACHE, P., 1922 : *Principes de géographie humaine*, Paris, A. Colin.

VINOGRADOFF, P., 1905 : *The Growth of the Manor*, London.

WAGNER, P., 1994 : « Forward : Culture and Geography : Thirty Years of Advance », in FOOTE K., HUGILL P., MATHEWSON K., SMITH J. (eds.), 1994, *Rereading Cultural Geography*, Austin, University of Texas Press, pp. 3-8.

WAGNER, P., MIKESELL, M. (eds.), 1962 : *Readings in Cultural Geography*, Chicago, University of Chicago Press.

WERLEN, B., 1997 : *Sozialgeographie alltäglicher Regionalisierungen*. Bd 2 : *Globalisierung, Region und Regionalisierung*, Stuttgart, Franz Steiner Verlag.

West, R. C. (ed.), 1990 : *Pioneers of Modern Geography*, Baton Rouge, Louisiana State University.

WHITTLESEY, D. 1954 : « The regional concept and the regional method », in JAMES P., JONES C. (eds.), *American Geography. Inventory and Practice*, Syracuse, University of Syracuse Press, pp. 19-68.

WILLEMS-BRAUN, B., 1997 : « Buried epistemologies : The politics of nature in (post)colonial British Columbia », *Annals of the Association of American Geographers*, vol. 87, pp. 3-31.

WILLEMS-BRAUN, B., 1997 : « « Reply » : On cultural politics, Sauer, and the politics of citation », *Annals of the Association of American Geographers*, vol 87, pp. 703-708.

WILLIAMS, R., 1983 : *Keywords*, London, Fontana.

WITHERS, C., 1996 : « Place, memory, monument : Memorializing the past in contemporary Highland Scotland », *Ecumene*, vol. 3, pp. 325-344.

WRIGHT, J.K., 1947 : « Terrae incognitae : The place of imagination in geography », *Annals of the Association of American Geographers*, vol. 37, pp. 1-15.

ZELINSKY, W., 1973 : *The cultural geography of the United States*, Englewood Cliffs, Prentice Hall.

Sixième partie

La géographie historique : localiser le temps dans les espaces de la modernité

Mark Bassin et Vincent Berdoulay

Introduction

Aux confins de l'histoire et de la géographie s'est développée une sous-discipline de la connaissance le plus souvent appelée géographie historique. Dès l'époque de l'*Encyclopédie*, les deux disciplines sont considérées comme complémentaires, mais c'est Kant qui insiste à la fois sur leur aspect préliminaire à toute connaissance et sur leur incontournable interdépendance. Depuis lors, ce point de vue est, à des degrés divers, contesté ou bien revalorisé. Les praticiens des deux disciplines ont annexé de façon variable ce champ de la connaissance, l'histoire géographique faisant écho à la géographie historique. Tout cela n'a fait qu'amplifier le problème plus fondamental de la place et de la pertinence de la démarche historique en géographie.

Le problème épistémologique du statut de la géographie historique perdure depuis deux siècles, d'autant plus qu'il croise, en partie, celui du pouvoir accordé au temps dans l'explication géographique. En partie seulement, car la question du temps dépasse celle du simple recours à l'historicité des phénomènes. Il en est ainsi parce que la temporalité renvoie aussi à l'explication en termes de processus, physiques ou non, comme dans la modélisation mathématique que développent certains géographes. En ancrant son approche dans l'historicité des phénomènes, la géographie historique ne privilégie pas nécessairement la temporalité dans l'explication, ni l'adoption de grandes théories ou philosophies de l'évolution historique.

En fait, la géographie historique s'est déployée de multiples façons. Tantôt elle s'est manifestée comme une sous-discipline autonome au sein de la géographie, tantôt elle est apparue comme transversale à la démarche même du géographe, quel que soit l'objet étudié. L'approche utilisée peut être autant synchronique, comme dans la reconstitution de paysages ou territoires à une époque donnée (par exemple, Darby, 1977), que diachronique, si l'accent est mis sur les évolutions (par exemple, Vidal, 1917, Fleure, 1947). Bien sûr, une combinaison des deux est possible, comme quand le géographe historique se concentre sur une série d'états sélectionnés dans le temps (par exemple, Broek, 1932). Quoi qu'il en soit, la question centrale demeure celle de l'importance, au sein de l'explication géographique, accordée à la dimension historique des phénomènes. S'il s'agit de la simple reconstitution d'un paysage ou territoire à un moment donné, l'enjeu épistémologique est moindre, car le problème est principalement celui de l'utilisation de sources archivistiques. En revanche, s'il s'agit d'avoir recours à l'histoire pour éclairer l'évolution de phénomènes, le problème est aussi celui d'interpréter des causalités qui se déploient dans le temps (Sauer, 1941, Sorre, 1953, Hartshorne, 1959, Driver, 1988, Berdoulay, 1995a).

La géographie historique jusque vers 1900

Quoique la géographie historique ne se soit pleinement constituée qu'au xxe siècle, ses origines se situent clairement au siècle précédent. La géographie avait notamment commencé le xixe siècle sous les auspices de Karl Ritter et d'Alexandre de Humboldt, pour lesquels la démarche historique était jugée indispensable. Toutefois, le succès croissant de l'histoire comme discipline universitaire et comme fondement des idéologies modernistes du progrès a contribué à un recul relatif des autres sciences de la société, dont la géographie. Celle-ci a alors été le plus souvent confinée à l'énoncé des grands traits de la scène où vont se produire les événements – les exceptions à ce rôle accessoire étant plutôt rares, comme le *Tableau de la France* de Michelet (1833). Quant à la géographie historique apparue dans quelques universités, elle a eu tendance à se borner à l'identification des divisions politiques ou administratives du passé, se confondant avec l'histoire de la connaissance géographique sur laquelle reposaient ces recherches, la situation ne changeant qu'avec la pleine institutionnalisation de la géographie dans les universités sous l'impulsion allemande à la fin du xixe siècle.

On peut remarquer, très tôt, trois types de questionnement, dont l'influence s'est manifestée dans l'évolution subséquente de ce champ d'intérêt. Le premier visait à aboutir à la reconstruction des paysages anciens, à partir de la description détaillée de la géographie d'une région considérée à un moment donné du passé. La « géographie », en ce sens, pouvait être comprise de façon large, incluant l'environnement physique, la flore et la faune, l'habitat, l'organisation agricole et industrielle, les systèmes de transports, etc., mais était communément réduite au milieu naturel. La géographie historique ainsi conçue était souvent intimement liée à l'histoire proprement dite. En fait, la conception alors répandue selon laquelle la relation historique devait partir du cadre physique pour aborder ensuite les événements sociaux, politiques, économiques et même culturels, faisait que les historiens commençaient par un chapitre préliminaire de géographie historique. Cette approche favorisa une conception de la géographie comme *Hilfswissenschaft* ou plus précisément comme « servante de l'histoire » : un élément nécessaire mais nécessairement subordonné à l'analyse historique. C'était particulièrement manifeste dans les « histoires nationales » – les parties introductives de *History of England* par Thomas Macauley (1848) ou de *History of Russia from the Earliest Times* par S.M. Solov'ev (1851-1876) en sont de bons exemples – mais c'était déjà le cas depuis au moins le XVIIIe siècle dans les études bibliques (Wells, 1708 ; Smith, 1894). Il est important de noter que la géographie, parce qu'invoquée comme la scène physique sur laquelle se jouait l'histoire humaine, était en général traitée comme statique et sans changements.

Un questionnement relativement différent s'exprimait par l'intermédiaire de la notion de « paysage historique », particulièrement associée à l'émergence de la *Landschaftskunde* ou science du paysage en Allemagne. Comme un examen détaillé de cet aspect crucial de l'évolution de la géographie moderne dépasserait les limites de ce chapitre, il suffira de rappeler ici que, fortement influencée par le romantisme d'un côté et par le progrès des sciences naturelles de l'autre, la *Landschaftskunde* insistait sur les qualités du paysage en tant qu'entité organique en évolution. Ainsi, tout paysage régional était vu comme le produit de la totalité des éléments – sociaux et physico-naturels – qui y sont actifs, et en même temps comme le produit d'un long processus de développement et de changement (Wimmer, 1885). De ce point de vue, tous les paysages actuels correspondaient, par simple définition, à des paysages historiques, conclusion implicitement reprise par Friedrich Ratzel, entre autres, dans ses discussions des « historische Landschaften » de l'Europe et de l'Amérique du Nord contemporaines (Ratzel, 1906a ; 1906b), et qui connut des prolongements importants au XXe siècle. Les études reposaient notamment sur des « reconstructions » descriptives, dans la mesure où, en dépit du moment particulier examiné dans la passé, l'intérêt se portait sur la compréhension profonde des forces évolutives et génétiques qui s'exercent de façon incessante dans la formation et la modification des différents paysages régionaux.

Le troisième type de questionnement portait sur ce que l'on peut appeler l'interaction environnementale en tant qu'aspect du développement de la société. Le rapport de la société au milieu naturel constituait une question centrale pour la géographie au XIXe siècle, qui exerça par là une influence exceptionnelle sur les sciences historiques. Cette influence prit surtout la forme de perspectives déterministes qui soutenaient que les principales orientations et caractéristiques de l'évolution historique de l'humanité étaient impulsées, ou déterminées, par les conditions physicogéographiques et biogéographiques des espaces où cette évolution se produisait. Peu importait, au fond, que ces influences géographiques fussent caractérisées de façon théologico-téléologique, comme au milieu du siècle chez Carl Ritter (1862), ou qu'on leur conférât une interprétation plus scientifico-naturelle et darwinienne, comme plus tard chez Ratzel (1882-1893 ; Bassin, 1987). Dans tous les cas, les historiens y trouvaient un puissant outil analytique qui fournissait une explication causale, convaincante et apparemment objective, aux scénarios et aux interprétations qu'ils présentaient. Les « histoires nationales » offraient encore un terrain fertile pour le développement de cette perspective, comme en témoigne, par leur appel à l'imagination, l'énorme et durable popularité d'histoires environnementales comme celle de la Grande-Bretagne par Buckle (1857-1861). Même l'historiographie marxiste du XIXe siècle manifesta un grand intérêt pour l'environnementalisme, qui fut rebaptisé « matérialisme géographique » et recadré dans sa propre vision du déterminisme économique et de l'évolution de la société (Bassin, 1992).

La géographie historique : 1900-1945

L'approche par coupe transversale

Ce n'est qu'après 1900 que commencèrent les efforts qui ont conduit à la constitution de la géographie historique comme sous-champ reconnaissable de la discipline à partir des orientations développées au siècle précédent. Probablement l'orientation qui eut le plus d'influence et de notoriété – du moins dans le monde anglophone – fut l'approche par coupe transversale (« *cross-section approach* »), qui cherchait à fournir une reconstruction de paysages anciens fondée méthodologiquement et scientifiquement (D.G., 1981). Adoptant d'Emmanuel Kant la distinction *nacheinander nebeneinander* pour caractériser l'histoire et la géographie, Hettner (1927), Hartshorne (1939) et de nombreux autres géographes n'eurent de cesse que de défendre l'idée que la tâche de la géographie historique consistait à faire une coupe transversale dans le temps (Unstead, 1907 ; 28), de sorte que la tranche qui en résulte puisse représenter pleinement ce qu'était une région ou un pays à un moment donné de leur histoire. Les implications méthodologiques de cette approche étaient doubles. D'un côté, elle renforçait le profil de la géographie comme *Hilfswissenschaft*, en lui fournissant un créneau bien défini et indéniablement utile dans l'édifice des sciences historiques, avec une contribution dont la qualité et le niveau étaient garantis par l'analyse minutieuse de sources de première main. Mais, d'un autre côté, la référence à Kant était invoquée pour renforcer le caractère exclusivement descriptif de la recherche géographique. Ce point de vue était absolument dominant, comme l'exprime avec clarté E.W. Gilbert dans sa réponse à la question « qu'est-ce que la géographie historique ? » :

> « *La vraie fonction de la géographie historique est de reconstruire la géographie régionale du passé. La géographie historique doit se limiter à une présentation géographique descriptive d'une région à un moment du passé, ne doit pas chercher à faire de l'explication des événements historiques son principal objectif.* »
>
> (Gilbert, 1932, cité dans Green, 1991: 12 ; voir aussi East, 1933)

À proprement parler, c'était seulement la dimension diachronique de l'histoire elle-même qui pouvait dégager le sens et la portée des configurations et tableaux chorologiques détaillés apportés par le géographe.

Un des exemples les plus célèbres des fruits de cette approche est l'œuvre du géographe britannique H.C. Darby. Après plusieurs essais méthodologiques exploratoires (par exemple, 1932), l'influent ouvrage collectif *An Historical Geography of England before AD*

1800 parut sous sa direction en 1936. Ce volume rassemblait une série de « tableaux d'époque » de l'Angleterre, correspondant à une succession de périodes différentes – par exemple, anglo-saxonne, du XIVe siècle, ou du XVIIe – sans véritable essai de liaison entre ces différents moments historiques. L'aboutissement des efforts de Darby, cependant, se trouve dans son œuvre sur le Domesday Book de 1086 (Darby, 1952 ; 1977), qui impliquait la reconstruction de la géographie de l'Angleterre au XIe siècle à partir du grand inventaire des terres fait par les conquérants venus de France. L'exceptionnelle richesse de cet inventaire et la remarquable précision avec laquelle l'information pouvait être datée permit à Darby de produire une présentation géographique de grande portée analytique, qui lui assura une grande postérité et renforça considérablement le statut de la géographie historique. Ce type d'approche a aussi eu ses partisans en Amérique du Nord, représentés de façon attachante par Ralph H. Brown dans son petit chef-d'œuvre littéraire *Mirror for Americans* (1943). Brown composa ce texte comme s'il émanait d'un narrateur fictif – un certain Thomas P. Keystone – qui décrivait la géographie de l'est des États-Unis sur la seule base des sources alors disponibles, c'est-à-dire au début du XIXe siècle.

Alors que beaucoup de géographes étaient heureux d'adopter la coupure épistémologique radicale, inhérente à cette aproche, entre histoire et géographie comme un moyen satisfaisant d'assurer une identité scientifique indépendante à leur sous-discipline (Darby, 1962), d'autres étaient préoccupés par l'élimination totale d'une dynamique chronologique dans leurs analyses. En réaction émergea une sorte de compromis méthodologique, dans lequel une série de coupes particulières était rassemblée chronologiquement. Comme déjà mentionné, l'ouvrage collectif publié en 1936 par Darby prenait déjà cette forme, mais celle-ci s'accusa quand en parut une nouvelle édition avec un nouveau titre en 1970. Les tableaux à différentes époques – *L'Angleterre du Domesday*, *L'Angleterre vers 1600*, etc., – étaient reliés par des chapitres intermédiaires consacrés explicitement au problème du changement géographique au cours du temps : « Changements pendant le haut Moyen Âge », « L'Âge de l'améliorateur, 1600-1800 », et ainsi de suite (Darby, 1973). Cette façon de rassembler une séquence de coupes transversales s'avéra très attrayante pour les géographes des États-Unis (par exemple, Friis, 1940; Dodge, 1932), et avec sa notion de « *sequent occupance* » Derwent Whittlesey chercha à la formaliser dans une perspective intellectuelle et analytique (Whittlesey, 1929). Les tableaux d'époques – se concentrant maintenant sur les formes d'occupation des terres – n'étaient plus considérés comme des entités séparées et organisées en elles-mêmes, mais plutôt comme des expressions variées d'une seule et même évolution, chacune reflétant à la fois les traces de ce qui était et les indices de ce qui devait arriver. Cette approche a ainsi exercé une influence considérable sur la recherche en géographie historique en Amérique du Nord (James, 1931; Platt, 1928; Mikesel,l 1975). Entre autres influences, elle servit à miner les conséquences de la distinction kantienne *nebeneinander nacheinander*, et en fin de compte à constituer un pont vers une autre orientation importante en géographie historique, à savoir la géographie culturelle de Carl Sauer et de l'école de Berkeley.

L'approche génético-historique

L'émergence de la *Landschaftskunde* dans la géographie allemande de la fin du xixe siècle a déjà été mentionnée. Or, cette perspective a été considérablement développée au tourant du siècle, au point de constituer une des plus importantes contributions de l'Allemagne à la communauté géographique internationale. Des traces de l'organicisme qui avait baigné les travaux antérieurs y étaient toujours très visibles. Ces géographes considéraient que leur objet d'études était le « paysage culturel génétique » et donc, dans leurs analyses, insistaient sur le processus historique de changement à partir d'un état premier postulé – le *Urlandschaft*. La géographie des formes d'occupation était encore leur principal objet d'attention, mais elle était étudiée par l'intermédiaire d'une reconstruction détaillée de l'évolution du paysage physico-géographique, surtout de la couverture forestière. Notamment Robert Gradmann (1901; 1931) et Otto Schlüter (1952-8) ont produit des études classiques en plusieurs volumes de la géographie historique de l'Europe centrale, mais sont parues aussi de nombreuses autres contributions importantes (par exemple, Kretschmer, 1904; Knüll, 1903). L'inspiration qui présidait à cette science de l'évolution du paysage a été transférée en Amérique du Nord surtout sous l'influence des travaux du géographe de Berkeley, Carl Sauer. Bien que l'approche de Sauer ait été plus ethnographique que celles de Gradmann ou de Schlüter, et qu'il ait été intéressé avant tout par l'étude des autochtones de l'Ouest et du Sud-Ouest américains plutôt que par celle des passés européens ou anglo-américains, son attention demeura fixée, au plan méthodologique, sur le paysage culturel compris comme une entité génétique et évolutive. Ce point de vue a émergé clairement dans son célèbre essai sur la morphologie du paysage (*The Morphology of Landscape*), qui identifiait la géographie culturelle comme l'étude, non pas de tranches de temps, mais plutôt du processus historique au cours duquel un paysage naturel est transformé par des forces d'origine humaine pour devenir un paysage culturel (Sauer, 1925). Sous l'influence de Sauer, l'« école de Berkeley » a produit toute une série de travaux dans cet esprit.

C'est cependant avec Sauer que s'est clairement manifestée l'instabilité inhérente à la méthodologie d'une géographie historique axée sur l'étude des processus. Quelles qu'aient été les limitations intellectuelles de l'approche par coupes transversales, celle-ci fournissait à la géographie historique un créneau particulier et transdisciplinaire, largement reconnu par les autres disciplines – point que n'avaient pas manqué d'apprécier des méthodologues aussi pointilleux que Hettner et Hartshorne. L'accent mis sur le point de vue génétique ou sur l'évolution comme constitutif du propre de la géographie historique, cependant, menaçait implicitement la sécurité de son statut, car – tout simplement – elle n'en a pas l'exclusivité. Tout au contraire, c'était une manière de voir le monde qui était très générale, de sorte que non seulement les paysages mais ausssi tous les phénomènes devaient être examinés en termes de processus ou d'évolution continue. Et donc cela voulait dire que *toute* la géographie était nécessairement de la géographie historique, du moins dans une certaine mesure. Ce point a émergé, par inadvertance mais avec force, dans le discours présidentiel de Sauer à l'Association des géographes américains en 1941, alors qu'il s'efforçait de présenter sa conception générale de la géographie :

> *« Si l'objet [de la géographie] est de définir et comprendre les associations humaines comme des développements spatiaux, nous devons trouver comment celles-ci, leurs répartitions (formes d'occupation) et leurs activités (utilisation du sol) advinrent où elles sont [...] Cette étude d'aire culturelle est la géographie historique. La qualité de la compréhension recherchée est celle de l'analyse des origines et des processus [...] En traitant de l'homme et en adoptant une approche génétique dans ses analyses, la discipline est nécessairement concernée par des séquences temporelles. »*

Sauer a donné pour titre à son discours « Avant-propos à la géographie hsitorique » (« *Foreward to Historical Geography* »), mais ce qu'il préconisait vraiment, c'était un point de vue analytique ou une épistémologie visant à être valable pour la recherche géographique. En réalité, *toute* la géographie était de la géographie historique, et quoique ce ne fût pas l'intention de Sauer, celle-ci voyait son caractère distinctif s'estomper. Nous allons voir que le phénomène s'est beaucoup accéléré pendant la deuxième partie du XXe siècle, avec des effets qui furent loin d'être négatifs. Mais, avant, l'école française de géographie avait déjà délibérément adopté ce point de vue.

La géographie historique comme consubstantielle à la géographie humaine

Même en ne s'affirmant pas comme une sous-discipline autonome, avec ses objectifs propres, la géographie historique peut jouer un rôle essentiel dans la démarche du géographe. C'est ce qu'illustre bien l'école française de géographie issue des enseignements de P. Vidal de la Blache.

Comme dans d'autres pays, la géographie historique en France avait longtemps été confondue avec l'histoire de la géographie, c'est-à-dire l'histoire de la connaissance scientifique de la Terre (Berdoulay, 1995a). Vidal et ses disciples n'ignorèrent pas ce type d'activité (par exemple, Vidal, 1880, Camena, 1893). Mais, renforcés dans leur démarche par leur lecture des travaux allemands, ils se montrèrent sensibles à l'historicité des phénomènes géographiques qu'ils étudiaient. Ils s'efforcèrent alors de bâtir une géographie humaine toute pénétrée d'histoire. Pour eux, en effet, l'interaction entre l'homme et la nature ne pouvait être saisie qu'à travers le temps. Mais c'était bien d'un temps historique qu'il s'agissait, dans la mesure où l'homme considéré par les vidaliens était bien un être dont l'organisation sociale dépendait du poids des habitudes, des évolutions lentes ainsi que des contingences de l'histoire.

Au fond, ce qu'apportait la *géographie humaine*, c'était une volonté d'étendre au maximum ce que peut apporter l'histoire à la géographie. Celle-ci devenait alors entièrement historique. Surtout, une théorie générale des rapports homme/nature sous-tendait cette approche. Il s'agissait du possibilisme, selon lequel les divers déterminismes sont tempérés par les contingences historiques et par l'initiative et la créativité humaines. En attirant l'attention sur les genres de vie, régions, pays, paysages, etc., cette approche théorique privilégiait la recherche des médiations au sein des interactions homme/nature, c'est-à-dire qu'elle était à la fois interactionniste et constructiviste (Berdoulay, 1995a et 1988). En adoptant aussi une épistémologie conventionnaliste (à la manière de Duhem et Poincaré), elle se réservait une grande liberté d'interrogation et d'utilisation du passé. C'est ainsi que, à la différence des historiens qui privilégiaient encore les événements politiques, les géographes français ont mis en lumière le type d'enseignements que pouvait susciter une attention portée à la vie quotidienne des populations et à ses conditions matérielles à travers l'histoire (Febvre, 1922). C'est ce point de vue que l'école des Annales en histoire adoptera, ce qui aura tendance, en retour, à figer la conception du travail du géographe aux yeux des historiens (Braudel, 1969).

Mais en même temps que cette géographie historique consubstantielle à la géographie humaine dévoilait sa pertinence et étendait l'intérêt de tenir compte de l'historicité des phénomènes, elle se diluait nécessairement, au point de contribuer à sa propre disqualification comme champ identifiable de la connaissance. C'est ainsi que l'école française n'a quasiment pas généré des enseignements particuliers de géographie historique : pourquoi l'enseigner si toute la géographie humaine est historique ? Surtout, étant donné que la majorité des géographes cherchent à expliquer des phénomènes contemporains, la liberté prise de remonter dans le passé pour y trouver ce qui rend compte du présent a conduit, en pratique, à un manque d'attention pour les phénomènes qui semblaient sans postérité. À la différence des travaux suivant une approche par coupes transversales ou bien une approche génético-historique, cette géographie historique n'est-elle pas ainsi devenue trop souvent exclusivement rétrospective et excessivement sélective? Elle a eu tendance, à son insu, à gommer les enseignements que d'autres potentialités indiquaient lors de bifurcations historiques. Ainsi s'expliquerait cette remarque si communément faite que la géographie historique a été trop souvent négligée en France (Planhol, 1972, Pitte, 1994).

Néanmoins, la pertinence de cette approche de la géographie historique s'est amplement manifestée au sein de la géographie humaine française. Quelques exemples de travaux méritent d'être rappelés. Les plus connus sont les monographies régionales ou les travaux privilégiant cette échelle d'étude (par exemple, Sion, 1908, Gallois, 1908). Dans le même esprit se remarquent aussi les travaux pionniers de géographie urbaine, qui, délaissant les approches synchroniques à base statistique ou fonctionnaliste, ont cherché à montrer, à l'aide d'une remontée aux origines de la ville, comment s'expliquait le devenir d'un ensemble urbain (Blanchard, 1912, Levainville, 1913). Moins connus, mais tout aussi fascinants, certains travaux ont démontré comment cette approche à la fois historique et sociale de la géographie humaine pouvait éclairer les phénomènes politiques, empêchant par là la géographie politique de se replier sur elle-même et l'ouvrant aux déterminations et contingences qui se déploient dans l'histoire (Vidal, 1917, Brunhes et Vallaux, 1921).

Une mention spéciale doit être faite des études du paysage rural. C'est certainement un domaine où la géographie historique a le plus apporté aux connaissances et où l'interaction avec les historiens (tels M. Bloch, G. Roupnel ou plus récemment C. Higounet) a été la plus forte. Quoique mobilisant des données et méthodes de plus en plus sophistiquées, cette géographie historique a eu tendance à se construire dans la critique sans cesse réaffirmée du déterminisme de l'environnement, à laquelle a été ajoutée celle du déterminisme ethnique (à la manière de A. Meitzen), au profit de facteurs économiques et sociaux. Ce faisant, les terrains d'étude se sont élargis, notamment aux paysages urbains et aux voies commerciales. C'est d'ailleurs dans cette référence au paysage et à son organisation que la géographie historique française a connu la plus grande continuité thématique, qui s'est poursuivie jusqu'à maintenant, malgré ses hauts et ses bas

(Dion, 1934, Meynier, 1959, Pitte, 1986, Trochet, 1998). C'est aussi en fonction de cette thématique que les convergences et échanges internationaux se sont le plus développés (Flatrès, 1979).

Symptomatique de cette évolution est l'étude des vignobles, qui s'est épanouie depuis les années 1940. La synthèse de R. Dion (1959) insistait sur le rôle essentiel joué par des facteurs anciens mais non environnementaux (romanité, encadrement religieux médiéval) dans l'émergence et la constitution des vignobles. D'autres auteurs ont ensuite montré que la construction des vignobles de qualité devait beaucoup à la persistance de stratégies socio-économiques après le Moyen Âge (Pijassou, 1980, Enjalbert, 1975). Mais on voit à travers cet exemple une tendance générale qui n'a fait que s'accentuer internationalement, celle d'une géographie historique qui devient de plus en plus indissociable d'une géographie culturelle. Ainsi, certains travaux continuent toujours à se déployer à la croisée des analyses de la culture mais aussi, à nouveau, du politique (Planhol, 1968, 1993 ; Lézy, 2000 ; Droulers, 2001).

Malgré le danger, qu'elle induit, de diluer l'intérêt d'une pleine prise en compte de l'historicité du champ de la géographie, cette approche de la géographie historique a assuré une interaction importante avec les historiens, notamment à certains moments de leur propre évolution intellectuelle. L'école des Annales, liées à des personnalités comme Lucien Febvre, F. Braudel, E. Leroy-Ladurie ou encore G. Duby, n'a jamais caché tout ce qu'elle devait à la géographie vidalienne (Pomian, 1986). Or, ce que celle-ci lui apporte, c'est précisément cette capacité à insérer la curiosité historique au sein de la totalité de son propos de science humaine. En revanche, il n'est pas certain que les géographes aient autant profité en retour du succès de l'école des Annales, comme le montre l'examen du renouvellement, ou plutôt de la diversification, des thèmes de la géographie historique.

La géographie historique de 1945 à 2000 : nouvelles tendances et débats

L'impact de la révolution quantitative

L'évolution de la géographie historique dans la deuxième moitié du XXe siècle a été marquée par des continuités comme par des coupures en rapport avec les traditions que nous avons examinées. Tandis que la géographie historique allemande et française poursuivait une thématique paysagère, des personnalités comme Darby et Sauer continuaient à exercer une influence considérable ; en fait, quelques-uns de leurs travaux les plus importants sont parus pendant cette période. Darby continua son projet sur le Domesday, avec sept volumes de sa *Domesday Geography of England* parus entre les années 1950 et 1970 (Darby et Versey, 1952-77), et l'approche par coupes transversales fut reprise dans d'autres recherches (Glasscock, 1975 ; Turner, 1981). La même approche se retrouvait en Asie orientale, où la géographie historique pouvait tirer avantage des très anciens tableaux géographiques régionaux, eux-mêmes liés aux remarquables inventaires environnementaux, démographiques et administratifs disponibles à propos de la Chine et des pays influencés par sa culture (Kinda, 1997 ; Takeuchi, 2000, Yang, 2000).

Ce sont toutefois les discontinuités par rapport à la période précédant la Seconde Guerre mondiale qui paraissent globalement les plus significatives, et le premier point à remarquer est la marginalisation indubitable de la géographie historique au sein de la discipline. Dès les années 1950, de plus en plus de doutes et d'incertitudes sur le statut de la géographie au sein des sciences sociales ont inspiré aux géographes une préoccupation croissante pour la méthodologie et les approches analytiques censées être « rigoureuses » et « scientifiques ». Cela conduisit à une prolifération de techniques quantitatives, de modélisations, de paradigmes et de « géographie théorique », en somme, à tout un arsenal positiviste par le développement duquel on espérait assurer la qualification si désirée de la discipline comme véritable science. Ces innovations provoquèrent des bouleversements considérables dans toute la géographie, et leurs implications pour la géographie historique furent, du moins à court terme, désastreuses. D'un domaine de recherche petit mais prospère et hautement respecté, la géographie historique vint quasiment à incarner tout ce qui n'allait pas dans la discipline géographique : regard tourné vers le passé, traditionalisme des l'approches, et (pour utiliser le vernaculaire de l'époque) notoirement « idéographique », c'est-à-dire réticente à généraliser ses analyses et résultats sur des lieux et temps particuliers pour aboutir à des modèles universels, applicables partout, à toutes les époques et populations. Une stigmatisation se développa ainsi autour de ce « concept vide » que la géographie historique était censé représenter (Dear, 1988, cité par Dennis, 1994, p. 155), créant un scepticisme plus ou moins déclaré qui non seulement colora les attitudes des non-spécialistes (Zelinsky, 1972) mais aussi affecta sensiblement la pratique des géographes qui s'y consacraient.

Ils furent encouragés par leurs propres porte-parole à mettre en question « l'à-propos de [leurs] méthodes et techniques traditionnelles » (Baker, 1972, p. 13), une forte recommandation qui produisit, entre autres, une inquiétude et une introspection chronique (pour ne pas dire une autoflagellation) dans le discours de la géographie historique qui a persisté jusqu'à aujourd'hui (Kay, 1990 ; voir toutefois Meinig, 1990). De façon plus positive, la géographie historique réagit aux priorités générales de la discipline en cherchant à incorporer des méthodes nouvelles et populaires à son domaine d'intérêt, ou encore en explorant la dimension historique de thèmes de recherche cultivés dans d'autres aspects de la discipline (Grataloup, 1996). La pertinence de la quantification fut affirmée (Norton, 1984, Hamshere, 1987) et son applicabilité dans la recherche de géographie historique fut explorée dans un vaste éventail d'études allant de l'agriculture (Turner, 1981, Chapman et Harris, 1982, Overton, 1984) à l'urbanisation (Whitehand et Patten, 1977, Johnson et Pooley, 1982, Dennis, 1984). Le grand intérêt de la discipline pour les modèles et théories de diffusion spatiale fut aussi partagé par les spécialistes de géographie historique, qui les mobilisèrent pour analyser le développement agricole (Denecke, 1976, Overton, 1985, Walton, 1987) ou la géographie des épidémies et maladies (Cliff, Haggett, Ord et Versey, 1981, Cliff, Haggett et Graham, 1983, Kearns, 1985). On notera à cet égard les travaux du géographe de Lund, Torsten Hägerstrand (Hägerstrand, 1968, 1982) et les études de « géographie spatio-temporelle » qu'ils ont inspirées (Pred, 1981, Miller, 1982, Pred, 1984, Hoppe et Langton, 1986).

L'impulsion humaniste

Bien que, dans les pays fortement marqués par la révolution quantitative, la géographie historique n'ait jamais retrouvé le même statut autonome d'une sous-discipline possédant sa propre approche analytique et son propre domaine, la marginalisation qu'elle connut dans l'immédiat après-guerre ne fut pas durable. En effet, avec du recul, il semble que cette marginalisation l'ait mise en position de faire un spectaculaire retour, alors que le dynamisme de la « révolution quantitative » commençait à s'essouffler et qu'un scepticisme progressivement irrésistible minait la foi millénariste des géographes dans la conduite de leur discipline aux terres de la vraie science. Des indices de ce tournant sont perceptibles dans le large appel fait à la géographie comportementale pendant les années 1960, avec l'attention qu'elle accordait au sujet individuel ; mais cette orientation restait fidèle à la méthode positiviste. Ce fut seulement dans les années 1970, au moment de l'émergence d'une géographie « humaniste » inspirée des préceptes antipositivistes de la phénoménologie du xxe siècle qu'une alternative épistémologique claire devient disponible (Tuan, 1976, Ley et Samuels, 1978, Pickles, 1986). La géographie humaniste rejetait – en pratique sinon explicitement – le postulat nomothétique, à savoir celui de l'existence de lois et régularités universelles qui conditionnent tous les comportements sociaux et qui peuvent être consignés sous forme de modèles abstraits. À sa place, l'accent était mis sur le besoin d'apprécier la composante subjective, particulière et interprétative, présente dans tous les phénomènes géographiques, et une préoccupation pour ce qui est unique et individuel remplaça la recherche de la régularité universelle. C'est au cours de ce changement que la géographie historique se retrouva à la pointe de la recherche (Billinge, 1977, Gregory, 1978, Harris, 1978).

Quelques-unes des grandes lignes d'une géographie historique « humaniste » étaient déjà dessinées dans les travaux d'un de ses principaux précurseurs, J.K. Wright. Celui-ci avait forgé le terme de « géosophie », qui renvoyait à l'étude du savoir géographique subjectif tout en impliquant au moins deux préoccupations distinctes. D'une part, la géosophie examinait l'évolution historique des savoirs géographiques, s'efforçant de préciser ce que les différentes civilisations et périodes historiques savaient ou pensaient savoir du monde dans lequel elles fonctionnaient. Le grand œuvre de Wright dans les années 1920 correspondait exactement à cette préoccupation, et d'autres exemples de géosophie avant la lettre peuvent être repérés

(Wright, 1925, Brown, 1943). D'autre part, comme Wright l'exprima avec clarté dans un texte célèbre, la géosophie était avant tout la recherche de « la place de l'imagination en géographie » (Wright, 1947). Le savoir géographique renvoyait alors moins à une conscience partielle – et partiellement juste – de la réalité objective d'un univers externe et existant en soi, qu'à un ensemble d'impressions, idées et croyances qui comprennent le monde vécu subjectivement par les individus et les cultures en question. La dimension-clé, que la géographie humaniste prit de la géographie du comportement, était le processus de perception, à travers lequel toute expérience de l'environnement était internalisée, organisée et interprétée. Assurément, cela ne consacrait pas la fin de la préoccupation traditionnelle de la géographie historique pour la matérialité du paysage, mais signalait un glissement majeur de l'attention en faveur de la mentalité des individus et des sociétés. Sous l'inspiration de Wright, les idées en elles-mêmes devinrent un des principaux ingrédients de la recherche en géographie historique, et les divisions disciplinaires qui séparaient celle-ci de l'histoire de la géographie, et en fait de l'histoire intellectuelle elle-même, commencèrent à s'effrondrer.

Cette évolution fut manifeste, quoique de façons diverses, dans les travaux de ceux qui tirèrent parti de ces idées, notamment Glacken (1956, 1967), Lowenthal (1961) et Tuan (1974, 1977). Le souci pour les perceptions et une sensibilité pour l'expérience subjective ouvrirent des orientations de recherches nouvelles et variées en géographie historique. Le grand intérêt pour le paysage agraire continua, mais, dès lors, l'analyse se porta autant sur les agents qui y œuvraient que sur les effets concrets de leurs activités agricoles et modificatrices. Le rôle de la perception dans le processus de colonisation agricole était examiné, en se concentrant sur les représentations mentales des colons eux-mêmes (McManis, 1964 ; Heathcote, 1965 ; Powell, 1971 ; Blouet et Lawson, 1975 ; Powell, 1977 ; Jackson, 1978) ou bien sur l'environnement imaginé ou mythique qui était créé pour eux (Bowden, 1969 ; Bowden, 1975 ; Powell, 1977 ; Baltensperger, 1992). La perception des espaces et paysages urbains était explorée aussi (Krim, 1969 ; Domosh, 1987 ; Domosh, 1990), ainsi que l'importance des différences sexuelles dans l'expérience du paysage (Norwood and Monk, 1987 ; Kay, 1991 ; McEwan, 1996).

Peut-être encore plus important que le « paysage perçu » en géographie historique fut l'intérêt nouveau et puissant pour ce qu'on peut appeler « le paysage des valeurs et du sens ». À bien des égards, c'était un prolongement direct de la façon particulière qu'avait Sauer d'étudier le paysage, une approche qui retraçait les transformations du paysage naturel par les activités humaines et analysait les paysages « culturels » qui en découlaient comme des artefacts sociaux et concrets. Toutefois, tandis que l'attention de Sauer s'était principalement portée sur les effets des objectifs économiques et matériels de la culture étudiée, la géographie historique humaniste s'intéressait plutôt à examiner ce que la configuration de l'environnement construit pouvait enseigner sur les attitudes, les croyances et même les valeurs morales d'une société. Les travaux originaux de J.B. Jackson – lui-même directement influencé par Sauer – aux États-Unis et ceux de W.G. Hoskins dans le Royaume-Uni firent école en encourageant et en formalisant cette approche analytique particulière (Jackson, 1972 ; Jackson, 1984 ; Hoskins, 1955 ; Meinig, 1979b). En examinant minutieusement les différents aspects de ce que Jackson nommait le « paysage vernaculaire », on explora ainsi l'influence des convictions religieuses (Jackson, 1978 ; Ben-Artzi, 1992 ; Raivo, 1997), de l'ethnicité (Conzen, 1990) et des options politiques (Zelinsky, 1990 ; Wyckoff, 1990 ; Nitz, 1992) sur la formation des campagnes et des villes. Sur un registre plus abstrait, on avançait que le paysage culturel pouvait porter des marques évidentes des valeurs éthiques et des idéaux communautaires qui contribuent à motiver les membres d'un groupe social (Hayden, 1976 ; Meinig, 1979a ; Vance, 1990). De façon croissante, on utilisa en géographie historique le terme d'« idéologie » pour désigner l'ensemble des attitudes subjectives qui se reflètent dans le paysage, et pour insister sur le rôle central qu'on voulait leur attribuer dans les analyses (Olwig, 1984 ; Biger, 1992 ; Wynn, 1992 ; Denecke, 1992).

Iconographie et géographies de la représentation

La géographie humaniste, en dépit de son souci nouveau pour les facteurs subjectifs de valeurs et d'attitudes culturelles, demeurait concentrée sur l'étude de leurs expressions et influences concrètes, c'est-à-dire sur la matérialité des paysages culturels qui pouvaient être touchés, explorés et cartographiés. La popularité croissante dans les années 1980 et 1990 du terme « idéologie », cependant, signalait un glissement fondamental dans la pratique de la géographie historique, dont les effets se font toujours fortement sentir aujourd'hui. Progressivement, ce furent les caractéristiques de l'idéologie elle-même – ou de la « mentalité » comme on en vint à davantage l'appeler – qui occupa le centre de l'attention, et, plutôt que de se concentrer sur les paysages concrets, l'intérêt se porta sur les processus de construction du paysage et de sa signification en rapport avec les différents cadres idéologiques. Dans les mots de l'époque, on doit comprendre le paysage non comme ce qui se trouve sous nos pieds, mais plutôt comme « une façon de voir » (Cosgrove, 1984, p. 1), ou encore comme un « vaste réservoir à partir duquel des symboles d'ordre et de relations sociales, c'est-à-dire l'idéologie, sont façonnés » (Duncan, 1985, p. 182-183). C'était bien des aspects symboliques du paysage qu'il s'agissait. Celui-ci était comparé à un « texte » plein de significations culturelles et sociales (Duncan, 1990 ; Barnes et Duncan, 1992), et on commença à élaborer toute une iconographie pour l'analyser (Cosgrove et Daniels, 1988). Quoique l'on affirmât s'inscrire dans la tradition de la géographie humaniste (Daniels, 1985), les innovations étaient au moins aussi importantes que les continuités.

Plutôt que de *perception*, les géographes se préoccupaient dorénavant de *représentation*, cette substitution de termes reflétant un changement analytique et épistémologique de grande envergure. Quoique ces deux termes renvoient à l'étude des idées et attitudes géographiques, la représentation comprend une intentionnalité absente de la simple perception, ce qui indique que les images étudiées sont délibérées, sinon des créations plus ou moins conscientes visant à atteindre un but particulier. Sous la forte influence du postmodernisme et des études « postcoloniales », notamment de Said (1978) sur la déconstruction de l'orientalisme, la représentation fut fondamentalement conçue comme la fabrication et la manipulation des images géographiques dans le but ultime de soutenir l'hégémonie sociale et politique de la civilisation occidentale. Pour l'essentiel, les « géographies inventives » (Gregory, 1995) qui en résultaient se tournaient vers la périphérie coloniale non européenne, et une partie de la recherche en géographie historique a avancé que les représentations géographiques de cette périphérie ont joué un rôle fondamental dans son appropriation et son contrôle par l'Occident. Ce type de représentation implique la nomination des lieux (Carter, 1988), la photographie (Ryan, 1996, 1997) et la cartographie – thème très développé par la cartographie historique de Harley et de ses disciples (Harley, 1988, 1992 ; Edney, 1997). En même temps, la représentation du paysage jouait aussi un rôle important pour structurer le contrôle social en Occident. Comme cela était très apparent dans les riches traditions de l'art du paysage en Europe, des géographes ont rejoint des historiens de l'art (Barell ,1980, Bermingham, 1986) pour explorer comment les relations sociales dans les campagnes ont été naturalisées et efficacement légitimées par l'intermédiaire de représentations de paysages ruraux aux XVIIe et XIXe siècles (Prince, 1988 ; Daniels, 1986 ; Daniels, 1988).

Cependant, l'étude de la représentation géographique n'a pas servi qu'à identifier les relations de pouvoir. En écho au regain d'intérêt pour les identités nationales dans les années 1990, les géographes se sont aussi beaucoup penchés sur les façons dont les identités se sont historiquement constituées au moyen de l'évocation du paysage. Certes, cette préoccupation était déjà présente dans la géographie humaniste « traditionnelle », quand elle examinait comment les idéologies nationalistes influençaient l'environnement construit et s'y reflétaient (Zelinski, 1984 ; 1986 ; Konrad ,1986). Alors que cet intérêt n'a pas disparu (Morris, 1997), l'accent a glissé vers l'*idée* ou l'*éthos* même de la nation et les diverses façons par lesquelles la géographie y a fonctionné comme un élément constitutif. L'identification de la nation à des ensembles naturels et à des paysages caractéristiques – ou des paysages idéaux – est un thème qui a été exploré par des historiens tels que Nora ou Schama (qui reconnaissent la contribution des géographes) et par les géographes eux-mêmes (Nora, 1984-92 ; Schama, 1995 ; Lowenthal et Prince, 1965 ; Lowenthal, 1975 ; Lowenthal, 1994 ; Heffernan, 1995 ; Withers, 1996 ; Matless ,1998). La « construction » des territoires nationaux est abordée comme un long processus historico-géographique qui implique l'établissement de limites distinguant un espace national ainsi que l'identification et la valorisation de régions et de lieux en son sein. Ce processus est un élément critique d'un processus plus englobant d'autodéfinition nationale, et, comme celui-ci, il fait l'objet de contestations au sein de la nation elle-même, comme illustré par des études qui vont du cas de l'Allemagne (Herb, 1997 ; Schultz, 1997 ; Schultz, 1998) à celui de la Finlande (Paasi, 1996), de l'Iran (Kashani-Sabet, 1998), de la Pologne (Kristof, 1994) et de la Russie (Bassin, 1991a, 1991b, 1993, 1999). Enfin, des géographes ont abordé la « construction » historique de paysages nationaux par l'intermédiaire de l'art du paysage (Osborne, 1988 ; Osborne, 1992 ; Daniels, 1993 ; Daniels, 1998 ; Bassin, 2000).

Tout cet intérêt pour la représentation a aussi nourri d'autres réflexions géographiques, et notamment celles sur la formation et le devenir de la culture de la modernité.

La modernité revisitée

En s'intéressant aux origines ou aux antécédents des phénomènes et à leur évolution, la géographie historique a contribué, implicitement ou explicitement, aux interrogations contemporaines sur la modernité comme phénomène sociospatial. Les profondes transformations dans la société et dans son inscription territoriale auxquelles renvoie la notion de modernité ont longtemps été prises comme allant de soi. L'inégale répartition des bienfaits de la modernité était le plus souvent attribuée à l'arriération mentale ou culturelle des populations laissées pour compte. En cela, les géographes historiques adhéraient au grand récit du progrès technique et économique. Quoi qu'il en soit du bien fondé de leur idéologie, ils ont bien documenté comment s'effectuait la modernisation spatiale des sociétés.

Les doutes entourant la légitimation des actions entreprises au nom de la modernité ont apporté à la recherche une perspective plus nuancée. S'éloignant des stéréotypes concernant l'arriération de certaines populations, elles se sont concentrées sur les formes de pouvoir qui limitaient leur initiative ainsi que sur les logiques sociales ou culturelles qui présidaient à leurs choix. Les rapports de pouvoir ont souvent été abordés d'un point de vue très critique, inspiré à des degrés divers du marxisme (Gregory, 1984). La géographie historique des mythes, attitudes et valeurs, fondatrices des idéologies territoriales modernes, contribue à expliquer la diversité des projets, comportements ou réalisations concernant le paysage et l'aménagement de l'espace (par exemple, Morissonneau, 1978, Claval, 1990, Piveteau, 1995, Roux, 1999).

D'autres auteurs, tirant parti de la perspective offerte par l'ethnogéographie, se sont intéressés aux interactions multiples entre les savoirs, traditionnels et modernes, ayant trait au territoire ou à l'environnement (Buttimer, 1992, Claval et Singaravélou, 1995, Berdoulay, 1995b, Takeuchi, 2000). Le jeu des échelles entre le local et le global apparaît conditionné par la multiplicité des savoirs sur l'espace. Ces types d'interrogation, auxquels se trouve intimement mêlée la géographie historique, ont plus récemment été relancés par le postmodernisme, évoqué ci-dessus. Ce mouvement a accentué la critique de la société moderne. Les études dénoncent surtout les pouvoirs exercés au nom du grand récit de la science occidentale triomphante et au détriment de certaines catégories de population, jugées minoritaires (les femmes, les homosexuels, les gens de couleur, les pays du Sud, etc.) : on montre alors comment les catégories modernes de race, sexe, ethnicité, etc., sont socialement construites et, par là, entrent dans la compétition spatiale pour acquérir des avantages symboliques ou matériels (e.g., Anderson 1993).

Pour échapper aux tropismes de la science moderniste, ces recherches se sont orientées vers une utilisation précautionneuse, voire détournée, du langage commun (Pred, 1990). De façon plus générale, ce retour sur l'histoire est paradoxal : il cherche à montrer qu'actuellement les préoccupations spatiales sont plus fondamentales que celles pour le temps, que la connaissance géographique est plus importante que ce qu'apporte l'histoire (Soja, 1989). En somme, c'est comme si la géographie historique servait à justifier une préséance de la géographie sur l'histoire.

Il n'en reste pas moins que cette attention portée aux représentations et aux discours a permis de revisiter la géographie du passé, qu'il soit occidental ou non. En se concentrant sur la production, la modification et la réinterprétation du paysage, il est possible de montrer combien celui-ci est lié à l'organisation sociale ; et, compris comme un texte inséré dans divers champs discursifs, le paysage s'avère autant un moyen pour certains de reproduire un pouvoir que pour d'autres de le contester, comme l'a bien illustré l'étude de J. Duncan (1990) sur le devenir du royaume sri-lankais de Kandi au début du XIXe siècle. Surtout, l'essor des technologies occidentales a amplifié la déstabilisation moderne de ce qui fonde l'organisation des territoires et les représentations (Capel, 1994). En effet, la géographie historique de certaines innovations – l'argent, l'usage architectural de l'acier et du verre, la photographie – montre que, dans la vie quotidienne, une présence ne peut plus se concevoir sans son rapport à une ou plusieurs absences ; c'est même ce rapport à la fois contingent et matériel qui caractérise l'expérience de la vie quotidienne au sein de la modernité (Strohmayer, 1996, 1997).

Le postmodernisme a rappelé l'intérêt que pouvait présenter la géographie historique pour situer la part d'initiative et de réflexivité que possède l'individu. Les travaux de A. Giddens (1979, 1991) ont avancé l'idée que l'affirmation du sujet et les conséquences de son action au cours du développement de la modernité avaient des dimensions spatiales qui ont joué un rôle essentiel ; en parallèle, la perspective de la *time-geography* a cherché à souligner la nécessité de comprendre l'action humaine comme un flux continu de comportements dans l'espace et le temps (Pred, 1986). Mais l'opérationnalisation de ce type de recherche demeure encore difficile, et peut-être est-ce plus à l'approche culturelle de préciser la façon d'aborder la question de la réflexivité (Gregory, 1981, Harris, 1991, Berdoulay, 1999). Quoi qu'il en soit, le postmodernisme a permis d'attirer l'attention qui est due en géographie historique aux phénomènes de réflexivité comme à ceux d'encadrement et de contrôle des populations ainsi qu'au poids des langages mobilisés (Hannah and Strohmayer, 1991).

Colonisation et aménagement

La critique de la modernité occidentale a trouvé dans la colonisation un terrain d'illustration privilégié. Bien sûr, l'attention s'est portée sur la dénonciation des systèmes coloniaux mis en place par les sociétés d'origine occidentale pour dominer d'autres populations, ou plutôt les ressources que celles-ci détenaient (Bruneau and Dory, 1994, Godlewska and Smith, 1994). La géographie historique a pu documenter les structures d'encadrement utilisées, afin de contrôler des populations souvent plus nombreuses que les colonisateurs (par exemple, Demangeon, 1923). À cette orientation principalement politique et économique s'est progressivement ajoutée une perspective élargie.

En situant la colonisation et les divers impérialismes dans le contexte d'une modernité croissante, la géographie historique intègre des perspectives culturelles sur la transformation des territoires et paysages. Elle ouvre la voie à l'étude des interactions entre les pays dominés et ceux qui dominent. Depuis les années 1980, le mouvement intellectuel postcolonial, très ancré dans la critique littéraire (Said 1978, 1993) et reprenant des thèmes postmodernistes, a amplifié ce type intérêt : en orientant l'attention vers le besoin de démétropoliser la connaissance des pays dominés, il a invité à revisiter, en retour, l'interprétation occidentale de sa propre expérience. Même si ce mouvement s'est focalisé sur les discours, il n'exclut pas d'étendre le questionnement à la production et à la transformation des territoires et paysages des pays métropolitains. Quoi qu'il en soit, en prenant ainsi en compte la dimension mondiale des phénomènes, la géographie historique montre qu'elle n'est pas inféodée à des théories sociales dont elle ferait l'application à des cas particuliers (Driver, 1988, 1998).

Il est clair maintenant que la colonisation par les peuples d'origine européenne à l'extérieur de leurs territoires d'origine correspondait à un phénomène complexe, que l'identification du simple rapport de pouvoir ne peut épuiser et dont les enseignements sont encore peu exploités. Ainsi, la colonisation dans des espaces peu peuplés ou bien dépeuplés pose surtout le problème de l'organisation de l'espace *a novo*, comme l'illustre l'étude de la colonisation en Amérique du Nord (Claval, 1990; Berdoulay et Sénécal, 1993).

En fait, le phénomène s'avère encore plus général. La géographie historique montre combien l'aménagement de l'espace correspond à un projet, dont les ambitions sont parfois radicales. Ainsi, P. Wheatley (1971) analyse la morphologie des villes de première génération, tout particulièrement dans les premiers grands foyers d'urbanisation connus (Mésopotamie, vallée de l'Indus, Égypte, Chine du Nord, Amériques centrale et andine, pays yoruba), comme des dispositifs spatiaux dont la finalité était de transformer fondamentalement la société, la faisant passer d'une organisation fragmentée, mais relativement égalitaire, à une autre nettement stratifiée. L'efficacité du dispositif urbain n'a ensuite eu de cesse que de se confirmer à travers les âges, que ce soit dans un contexte de colonisation ou de volonté d'autotransformation.

Or, il appert dans ces études que l'organisation de l'espace vise non seulement la transformation de celui-ci mais aussi celui des populations colonisatrices. L'approche de la colonisation a ainsi changé, tant elle apparaît comme le creuset de la pensée aménagiste, dont l'épanouissement a accompagné l'affirmation de la modernité, comme l'ont aussi montré des travaux d'anthropologie ou de sociologie (Rabinow, 1989, Marié, 1989). Les colonies paraissaient constituer, pour beaucoup d'Européens, notamment français, des laboratoires pour expérimenter des projets d'aménagement difficiles à réaliser en métropole, où se manifestait trop d'inertie politique et sociale face à la possibilité d'innover. L'espace colonial, perçu comme relativement neuf ou administrativement maléable, pouvait être modifié en faveur d'un développement économique et social. Les colonies ont ainsi pu jouer un rôle d'incubateur de l'aménagement moderne (Berdoulay *et al.*, 1996, Berdoulay et Soubeyran, 2000).

On le voit, dans ce cas de figure, la géographie historique se superpose à l'histoire de l'urbanisme et aménagement. De fait, on prend de plus en plus conscience de la convergence entre la géographie historique et l'histoire des savoirs qui instituent et légitiment les pratiques. Or cette histoire ne se borne pas à celle de la pensée aménagiste.

Convergences avec l'histoire de la pensée géographique

L'histoire de la pensée géographique est un des moyens d'assurer la réflexivité à laquelle aspire le géographe qui peut même l'aborder dans son double aspect : celui de la réflexivité des populations étudiées, qui formalisent la connaissance de leur rapport au monde, et celui de l'historien-géographe, qui se penche sur ces savoirs. Donc, si l'histoire de la géographie rejoint à nouveau la géographie historique, comme ce fut longtemps le cas au XIXe siècle, elle le fait dans un esprit très différent. Ce qui prime, c'est la prise en compte de la dimension discursive de ces savoirs (Berdoulay, 1988). Les discours, avec les langages qu'ils mobilisent, ont non seulement une inertie qui dépasse leur lieu et moment d'élaboration, mais aussi un puissant effet d'organisation du réel des populations qui les utilisent. Ils contribuent à la construction des représentations du monde, elles-mêmes génératrices de pratiques.

L'histoire de la cartographie ou des conceptions cartographiques a fourni un matériau dans lequel ces recherches se sont rapidement développées, tant elles facilitent le repérage des discours idéologiques qui les sous-tendent (Dion, 1977, Harley, 1989, Wood, 1993); mais les cartes elles-mêmes mobilisent tout un langage de signes qui leur sont propres (Dainville, 1964). C'est dans ces processus sémiotiques que se repèrent ou s'expriment certains modes d'appropriation et de construction historiques des territoires (Casti, 1998).

La construction des représentations du monde doit aussi beaucoup aux relations de voyage. Au-delà du recueil des informations factuelles qu'elles apportent pour légitimer le discours, ces relations charrient de nombreux éléments pertinents à la réflexion géographique actuelle sur la construction de l'Autre et, en retour, sur la transformation de l'identité de l'auteur et de son groupe de référence. Les relations réciproques qui se nouent entre l'auteur, les lecteurs et les populations traitées demeurent complexes et ambiguës : les relations de voyage peuvent autant modifier l'image de l'Autre que celle que l'on cherche à donner de soi-même comme peuple ou pays. En forte interaction avec les discours à finalité scientifique, ces relations de voyage induisent une circulation des idées géographiques qui fait écho à la géographie historique des communications (Alegria *et al.*, 1998; Berdoulay et Gómez Mendoza, 1998).

Dans la même perspective, on n'a pu limiter l'étude de la construction du regard géographique à la logique interne du discours. On s'est ainsi intéressé aux pratiques corporelles et techniques qui l'instituent. L'histoire de la géographie étudie alors le mélange de procédures cognitives, gestuelles et instrumentales qui spécifient le déplacement, le mouvement et l'acquisition de l'information. Ce sont elles qui lui confèrent crédibilité et donc valeur scientifique

(Bousquet-Bressolier, 1995, Berdoulay et Gómez Mendoza, 1998). Le point de vue rejoint ainsi celui de la géographie historique, car c'est en rapport avec celle-ci que l'on peut éclairer les pratiques, leurs contextes et certaines de leurs conséquences.

La même convergence entre les deux sous-disciplines s'observe à propos des images mobilisées par le discours scientifique. Celles-ci traversent les divers champs de la connaissance, intellectuels, artistiques ou pratiques. Elles se manifestent dans des œuvres littéraires ou artistiques, mais aussi, de façon plus banale, dans des journaux, des affiches, des discours ordinaires. Elles reposent sur des procédés rhétoriques, notamment la métaphore, et fonctionnent comme des modèles d'intelligibilité (Dematteis, 1985, Buttimer, 1993). Ceux qui concernent la modernité et ses contestataires ont une expression dans le discours géographique : ils se situent au sein d'une double polarité, entre une vision rationaliste et mécanique du monde et une vision plus romantique et organiciste (Da Costa Gomes, 1996). Mais ces clés d'interprétation fonctionnent aussi pour comprendre les actions prises pour transformer environnements et paysages, pour effectuer la « colonisation intérieure » qui conduit à l'autotransformation de la société nationale (par exemple, Gómez Mendoza ,1992). Si l'on aborde les images dans leur dimension concrète, telles qu'elles s'expriment dans les représentations pictoriales, architecturales ou paysagères, la géographie historique reste proche des réflexions animant l'histoire des idées géographiques. Ainsi, elle peut inviter à modifier notre approche de la valorisation du patrimoine paysager (Berdoulay and Bielza, 2000).

En somme, il existe de nombreuses recherches qui gomment les limites entre la géographie historique et l'histoire de la pensée géographique. Les historiens de la géographie se concentrent sur ce que les idées doivent à leur contexte sociogéographique, et tout particulièrement sur la construction sociale de la connaissance qui en découle (Berdoulay, 1993, Buttimer *et al.*, 1998). La recherche contemporaine se veut de plus en plus attentive à la géographicité et à la réflexivité des géographes, agents – si modestes soient-ils – de la transformation de la Terre par les savoirs et idéologies qu'ils produisent. Car, au fond, pourquoi la géographie n'appliquerait-elle pas à elle-même sa propre démarche ? Aux confins de la géographie historique, ce type de recherche tend vers une géographie de la connaissance géographique, qui reste pourtant à développer. La géographie historique, quant à elle, n'hésite pas à aller vers l'étude de la contribution des géographes pour comprendre la genèse des territoires et des paysages, approche qui nourrit à son tour une réflexion sur la pensée géographique (par exemple, Powell, 1988).

Conclusion

Au cours du XXe siècle, la géographie historique est loin d'avoir fait l'unanimité des géographes du point de vue de sa pertinence comme de son approche. Son existence même, comme sous-champ, n'a pas toujours été évidente, hésitant entre un rôle ancillaire dans la discipline géographique (voire en histoire), une contribution fragmentée au sein des diverses branches de la géographie, ou une individualité plus ou moins marquée, tous ces points de vue nourrissant des débats méthodologiques soutenus. Paradoxalement, c'est parfois à des moments où elle n'avait pas cette particularité de sous-discipline qu'elle a acquis une portée remarquable : dans la mesure où elle se confondait avec la démarche même de toute la géographie, elle a apporté des connaissances empiriques considérables, démontrant combien le présent était redevable du passé. Toutefois, second paradoxe, cette extension maximale du point de vue historique en géographie a conduit à son affaiblissement, tant il s'est dilué au profit de problématiques socio-économiques progressivement ressenties comme plus structurantes. Or certains travaux se réclamant explicitement de la géographie historique ont montré combien revisiter l'histoire apportait de problématiques différentes. Au fond, l'effort de se limiter à une géographie historique fait prendre conscience de la richesse du laboratoire géographique que constitue le passé.

Après une relative désaffection pour la géographie historique, en raison d'une « révolution quantitative » qui a privilégié la production de modèles spatiaux, synchroniques ou incluant simplement le temps comme mesure de vitesse des processus, l'intérêt a repris pour aborder la complexité des phénomènes historico-géographiques. Mais rares sont les géographes qui accordent à l'histoire un statut épistémologique particulier qui conférerait à la géographie historique un domaine à part (Guelke, 1997). Elle représente plutôt, pour certains, un champ où s'épanouit plus facilement le point de vue des humanités, l'esprit historique (Harris, 1971), ou, de façon plus générale, la liberté de questionner des notions ou théories élaborées surtout en référence au monde contemporain. C'est en particulier l'occasion de répondre au désir contemporain de comprendre l'affirmation du sujet individuel qui accompagne la montée de la modernité et de sa crise actuelle. Enfin, beaucoup ne voient dans la géographie historique aucune spécificité, sinon celle de renvoyer au passé, tout comme ils n'accordent aucune attention aux subdivisions classiques de la géographie traitant du présent.

Ces derniers sont effectivement confortés dans leur point de vue par l'effacement des limites sous-disciplinaires, voire interdisciplinaires. L'évolution récente de la géographie historique en a montré l'intérêt, comme l'illustre l'étude du paysage, de ses représentations, des ethnogéographies ou des pensées aménagistes et géographiques modernes. Entre notamment la géographie culturelle et la géographie historique, ou entre celle-ci et l'histoire de la pensée géographique, les différences semblent parfois insignifiantes. Faut-il pour autant considérer que la géographie historique n'a plus lieu d'exister ? Même si elle n'est pas considérée comme une sous-discipline bien définie, ne peut-elle rien apporter de particulier ou de complémentaire ?

La nature cognitive de la géographie nous rappelle qu'elle mobilise des méthodes et des points de vue : se priver de leur diversité serait appauvrir nos capacités de compréhension. Ainsi, la géographie historique peut continuer à constituer un champ de curiosité dont, certes, l'autonomie épistémologique est contestable, mais qui a le mérite d'attirer l'attention sur l'historicité qui pénètre l'expérience humaine, ses pratiques et ses réalisations. Le fait même que la géographie moderne a délaissé de façon croissante l'usage explicite et raisonné du récit, préférant l'abandonner au profit des historiens, n'est-il pas symptomatique d'un certain déficit intellectuel (Berdoulay, 2000) ? L'intérêt récent pour le récit n'appelle-t-il pas la revalorisation d'un point de vue largement historique ?

Annexe 1.

Principaux périodiques – Géographie historique :

Une seule grande revue spécialisée :

Journal of Historical Geography (New York, Londres, Academic Press, depuis 1975).

Principales revues publiant quelques articles de géographie historique :

Bollettino della Società geografica italiana (Rome, Societa Geografica, depuis 1868).

Estudios geográficos (Madrid, CSIC, Departamento de Publicaciones, depuis 1940).

Geographical Review (New York, American Geographical Society, depuis 1916).

Géographie et Culture (Paris, L'Harmattan, depuis 1992).

Annexe 2.

Tableau synoptique de l'évolution de la géographie historique depuis 1900

Les principaux ouvrages et articles

1822-59 – K. Ritter : *Die Erdkunde*, (19 vols.)

1833 J. – Michelet : *Le Tableau de la France*

1845-62 – A. von Humboldt : *Kosmos*, (5 vols.)

1849 – T.B. Macauley : *The History of England from the Accession of James II*

1851-76 – S. M. Solov'ev : *Istoriia Rossi s drevenishikh vremen*, (29 vols.)

1857-61 – H.T. Buckle : *History of Civilisation in England*

1880 – P. Vidal de la Blache : *Marco Polo, son temps, ses voyages*

1882-91 – F. Ratzel : *Anthropogeographie*, (2 vols.)

1885 – J. Wimmer : *Historische Landschaftskunde*

1900 – P. P. Semenov : *La Russie extra-européenne et polaire*

1901 – R. Gradmann : *Süddeutschland*

1904 – K. Kretschmer : *Historische Geographie von Mitteleuropa*

1908 – L. Gallois : *Régions naturelles et noms de pays*

1912 – R. Blanchard : *Grenoble, étude de géographie urbaine*

1917 – P. Vidal de la Blache : *La France de l'Est*

1921 – J. Brunhes et C. Vallaux : *La Géographie de l'histoire*

1922 – L. Febvre : *La Terre et l'évolution humaine*

1925 – C. Sauer : The Morphology of Landscape

1925 – J.K. Wright : *Geographical Lore at the Time of the Crusades*

1927 – A. Hettner : *Die Geography : Ihre Geschichte, ihr Wesen und ihre Methoden*

1929 – D. Whittlesey : *Sequent Occupance*

1931 – M. Bloch : *Les Caractères originaux de l'histoire rurale française*

1934 – R. Dion : *Essai sur la formation du paysage rural français*

1936 – H.C. Darby : *An Historical Geography of England before AD 1800*

1941 – C. Sauer : Foreword to Historical Geography

1943 – R. Brown : *Mirror for Americans*

1949 – F. Braudel : *La Méditerranée et le monde méditerranéen à l'époque de Philippe II*

1952 – H.C. Darby : *The Domesday Geography of Eastern England*

1952-58 – O. Schlüter : *Die Siedlungsraüme Mitteleuropas in frühgeschichtlicher Zeit*, 3 vols.

1959 – A. Meynier : *Les Paysages agraires*

1971 – P. Wheatley : *The Pivot of the Four Quarters*

1974 – Y.F. Tuan : *Topophilia*

1977 – R. Dion : *Aspects politiques de la géographie antique*

1978 – D. Ley & M. Samuels : *Humanistic Geography*

1983 – J.-R. Pitte : *Histoire du paysage français*

1984-92 – P. Nora : *Les Lieux de mémoire*

1985 – J. S. Duncan : *The City as Text*

1988 – D. Cosgrove & S. Daniels : *The Iconography of Landscape*

1988 – X. de Planhol (& P. Claval) : *Géographie historique de la France*

1995 – S. Schama : *Landscape and Memory*

1988 – J. Powell : *An Historical Geography of Modern Australia*

1989 – P. Rabinow : *French Modern*

1990 – A. Pred: Lost Words and Lost Worlds

1992 – A. R. H. Baker et G. Bigger : *Ideology and Landscape in Historical Perspective*

1992 – J. Gómez Mendoza : *Ciencia y política de los montes españoles*

1995 – J.-L. Piveteau : *Temps du territoire*

1996 – A. Paasi : *Territories, Boundaries and Consciousness*

1999 – M. Bassin : *Imperial Visions*

2001 – F. Driver : *Geography Militant : Cultures of Exploitation and Empire*

2001 – C. Withers : *Science and National Identity*

2002 – K. R. Olwig : *Landscape, Nature and the Body Politics*

Références

ALEGRIA, M.F., GARCIA, J.C. et RELAÑO, F., 1998 : « Cartografia e viagens », in BETHANCOURT, F. et CHAUDHURI, K. (eds.), *História da expansão portuguesa*, Lisbonne, Círculo de Leitores, pp. 26-61.

ANDERSON, K., 1993 : *Vancouver's Chinatown : Racial Discourse in Canada 1875-1980*, Montréal, McGill-Queens University Press.

BAKER, A. R. H., 1992 : « Introduction: on ideology and landscape », in BAKER, A. H., BIGER, G. (eds.), *Ideology and Landscape in Historical Perspective*, Cambridge, Cambridge University Press, pp. 1-14.

BAKER, A.R.H., 1972 : « Rethinking Historical Geography », in BAKER, A. R. H. (ed.), *Progress in Historical Geography*, Newton Abbott, David & Charles, pp. 11-28.

BALTENSPERGER, B.H., 1992 : « Plains boomers and the creation of the Great American Desert », *Journal of Historical Geography* 18, pp. 59-73.

BARNES, T.J. et DUNCAN, J. S. (eds.), 1992 : *Writing Worlds : Discourse, Text, and Metaphor in the Representation of Landscape*, London, Routledge.

BARRELL, J., 1980 : *The Dark Side of the Landscape*, Cambridge, Cambridge University Press.

BASSIN, M., 1987 : « Friedrich Ratzel », *Geographers : Bio-bibliographical Studies* 11, pp. 123-132.

BASSIN, M., 1991a : « Inventing Siberia : Visions of the Russian East in the early 19th Century », *American Historical Review* 96, pp. 763-794.

BASSIN, M. 1991b : Russia between Europe and Asia : The Ideological Construction of Geographical Space, *Slavic Review* 50, 1-17.

BASSIN, M., 1992 : « Geographical Determinism in fin-de-siècle Marxism : Georgii Plekhanov and the Environmental Basis of Russian History », *Annals of the Association of American Geographers* 82, pp. 3-22.

BASSIN, M., 1993 : « Turner, Solov'ev, and the "Frontier Hypothesis" : The Nationalist Signification of Open Spaces », *Journal of Modern History* 65, pp. 473-511.

BASSIN, M,. 1999 : *Imperial Visions : Nationalist Imagination and Geographical Expansion in the Russian Far East 1840-1865*, Cambridge, Cambridge University Press.

BASSIN, M., 2000 : « "I object to rain that is cheerless" : landscape art and the Stalinist aesthetic imagination », *Ecumene* 7, pp. 253-276.

Ben-Artzi, Y., 1992 : « Religious ideology and landscape formation : the case of the German Templars in Eretz-Israel », in Baker, A. H. et Biger, G. (eds.), *Ideology and Landscape in Historical Perspective*, Cambridge, Cambridge University Press, pp. 83-106.

Berdoulay, V. (ed.), 1995b : *Les Pyrénées, lieux d'interaction des savoirs (xixe -début xxe s.)*, Paris, éditions du CTHS.

Berdoulay, V., 1993 : « La géographie vidalienne : entre texte et contexte », in Claval, P. (ed.), *Autour de Vidal.* Paris : Presses du CNRS, pp. 19-26.

Berdoulay, V., 1995a : *La formation de l'école française de géographie (1870-1914)*, Paris, éditions du CTHS (1re éd. 1981).

Berdoulay, V., 1999 : « Géographie culturelle et liberté », in Pitte, J.-R. et Sanguin, A.-L. (eds.), *Géographie et liberté*, Paris, L'Harmattan, pp. 567-573.

Berdoulay, V., 2000 : « Le retour du refoulé, ou les avatars modernes du récit géographique », in Lévy, J. et Lussault (eds.), *Logique de l'espace, esprit des lieux*, Paris, Belin, pp. 111-126.

Berdoulay, V. et Bielza de Ory, V., 2000 : « Pour une relecture de l'urbanisme médiéval : processus transpyrénéens d'innovation et de diffusion », *Sud-Ouest européen* 8, pp. 75-81.

Berdoulay, V. et Gomez Mendoza, J. (eds.) 1998 : *Voyages, circulation et transfert d'idées géographiques (xixe-xxe s.)*. n° spécial de *Finisterra* (Lisbonne).

Berdoulay, V. et Senecal, G., 1993 : « Pensée aménagiste et discours de la colonisation au Québec », *Canadian Geographer/ Géographe canadien* 37, pp. 28-40.

Berdoulay, V. et Soubeyran, O. (eds.), 2000 : *Milieu, colonisation et développement durable. Perspectives géographiques sur l'aménagement*, Paris, L'Harmattan.

Berdoulay, V., Senecal, G. et Soubeyran, O., 1996 : « Colonisation, aménagement et géographie : convergences franco-québécoises (1850-1920) », in Berdoulay, V. et van Ginkel, J.A. (eds.), *Geography and Professional Practice*, Utrecht, Nederlandse Geographische Studies, pp. 153-169

Berdoulay, V.,1988 : *Des mots et des lieux. La dynamique du discours géographique*, Paris, éditions du CNRS.

Bermingham, A., 1986 : *Landscape and Ideology : The English Rustic Tradition*, Berkeley, University of California Press.

Biger, G., 1992 : « Ideology and the landscape of British Palestine », in Baker, A. H. et Biger, G. (eds.), *Ideology and Landscape in Historical Perspective*, Cambridge, Cambridge University Press, pp. 173-196.

BILLINGE, M., 1977 : « In search of negativism : phenomenology and historical geography », *Journal of Historical Geography* 3, pp. 55-68.

BLANCHARD, R., 1912 : *Grenoble, étude de géographie urbaine.* Paris, Armand Colin.

BLOCH, M., 1931 : *Les caractères originaux de l'histoire rurale française*, Oslo, Institut pour l'étude comparée des civilisations.

BLOUET, B.W. et LAWSON, M. P. (eds.), 1975 : *Images of the Plains : The Role of Human Nature in Settlement*, Lincoln NB, University of Nebraska Press.

BOUSQUET-BRESSOLIER, C. (ed.), 1995 : *L'Œil du cartographe et la représentation du Moyen Âge à nos jours*, Paris, éditions du CTHS.

BOWDEN, M.J., 1969 : « The perception of the western interior of the United States, 1800-1870 : a problem in historical geosophy », *Proceedings, Association of American Geographers*, 1, pp. 267-276.

BOWDEN, M.J., 1975 : « The Great American Desert in the American mind : the historiography of a geographical notion », in LOWENTHAL, D. et BOWDEN, M. J. (eds.), *Geographies of the Mind : Essays in Historical Geosophy in Honor of John Kirkland Wright*, New York, Oxford University Press, pp. 119-148.

BRAUDEL, F., 1969 : *Écrits sur l'histoire*, Paris, Flammarion.

BROEK, J., 1932 : *The Santa Clara Valley, California : A Study in Landscape Changes*, Utrecht, A. Oosthoeck.

BROWN, R. H., 1943 : *Mirror for Americans. Likeness of the Eastern Seaboard, 1810*, New York, American Geographical Society.

BRUNEAU, M.et DORY, D. (eds.), 1994 : *Géographies de la colonisation, XVe-XXe siècles*, Paris, L'Harmattan.

BRUNHES, J. et VALLAUX, C., 1921 : *La Géographie de l'histoire. Géographie de la paix et de la guerre sur terre et sur mer*, Paris, Alcan.

BUCKLE, H.T., 1857-1861 : *History of Civilization in England*, London, s.é.

BUTTIMER, A. (ed.), 1992 : *History of Geographical Thought*, n° spécial de *GeoJournal* (26).

BUTTIMER, A., BRUNN, S. et WARDENGA, U. (eds.)n 1998 : *Text and Image. Social Construction of Regional Knowledges*, Leipzig, Institut für Länderkunde (Beitäge zur Regionalen Geographie, 48).

BUTTIMER, A., 1993 : *Geography and the Human Spirit*, Baltimore, Johns Hopkins University Press.

CAMENA D'ALMEIDA, P., 1893 : *Les Pyrénées, développement de la connaissance géographique de la chaîne*, Paris, Armand Colin.

CAPEL, H., 2002 : *La morfología de las cidades, I : Sociedad, cultura y paisaje urbano*, Barcelone, Ediciones del Serbal.

Capel, H., 1994: *Las Tres Chimeneas*, Barcelone, FECSA, 3 vols.

Carter, P,. 1988 : *The Road to Botany Bay : An Exploration of Landscape and History,* Chicago, University of Chicago Press.

Casti, E., 1998 : *L'ordine del mondo e la sua rappresentazione. Semiosi cartografica e autoreferenza*, Milan, Unicopli.

Chapman, J. et Harris, T.M., 1982 : « The Accuracy of the Enclosure Estimates : Some Evidence from Northern England », *Journal of Historical Geography* 8, pp. 261-264.

Claval, P., 1990 : *La Conquête de l'espace américain*, Paris, Flammarion.

Claval, P. et Singaravelou (eds.), 1995 : *Ethnogéographies,* Paris, L'Harmattan.

Cliff, A.D., Haggett, P. et Graham, R., 1983 : « Reconstruction of diffusion processesat local scales : the 1846, 1882, and 1904 measles epidemics in northwest Iceland », *Journal of Historical Geography* 9, pp. 347-374.

Cliff, A.D., Haggett, P., Ord, J.K. et Versey, G.R., 1981 : *Spatial Diffusion. An Historical Geography in an Island Community,* Cambridge, Cambridge University Press.

Conzen, M. P., 1990 : « Ethnicity on the land », in Conzen, M. P. (ed.), *The Making of the American Landscape*, London, HarperCollins Academic, pp. 221-248

Cosgrove, D., 1984 : *Social Formation and Symbolic Landscape,* Totowa NJ, Barnes & Noble.

Cosgrove, D. et Daniels, S. (eds.), 1988 : *The Iconography of Landscape : Essays on the Symbolic Representation, Design, and Use of Past Environments*, Cambridge, Cambridge University Press.

D.G. [Gregory, Derek], 1981 : « Cross-section », *Dictionary of Human Geography*, R.J.Johnson (ed.) Oxford : Blackwell, pp. 62-63.

Da Costa Gomes, P.C., 1996 : *Geografia e modernidade*, Rio de Janeiro, Bertrand Brasil.

Dainville, F. de, 1964 : *Le Langage des géographes*, Paris, Picard.

Daniels, S., 1985 : « Arguments for a humanistic geography », in Johnston, R. J. (ed.), *The Future of Geography*. London, Methuen, pp. 143-158.

Daniels, S., 1986 : « The implications of industry : Turner and Leeds », *Turner Studies* 6, pp. 10-17.

Daniels, S., 1988 : « The political iconography of woodland in later Georgian England », in Cosgrove D. et Daniels, S. (eds.), *The Iconography of Landscape: Essays on the Symbolic Representation, Design, and Use of Past Environments*, Cambridge, Cambridge University Press, pp. 43-82.

Daniels, S., 1993 : *Fields of Vision : Landscape Imagery and National Identity in England and the United States*, Cambridge, Polity.

DANIELS, S., 1998 : « Mapping national identities : the culture of cartography, with particular reference to the Ordnance Survey », in CUBITT, G. (ed.), *Imagining Nations.* Manchester: Manchester University Press, pp. 112-131.

DARBY, H.C. (ed.), 1936 : *An Historical Geography of England before AD 1800*, Cambridge, Cambridge University Press.

DARBY, , H.C. (ed.), 1973 : *A New Historical Geography of England*, Cambridge, Cambridge University Press.

DARBY, H.C., 1932 : « The Medieval Sea State », *Scottish Geographical Magazine* 48, pp. 136-139.

DARBY, H.C., 1952 : *The Domesday Geography of Eastern England*, Cambridge, Cambridge University Press.

DARBY, H.C., 1953 : « On the relations of geography and history », *Transactions of the Institute of British Geographers* 19, pp. 2-11.

DARBY, H.C., 1962 : « Historical Geography », in FINBERG, H. P. R. (ed.), *Approaches to History. A Symposium*, London, Routledge and Kegan Paul, pp. 127-156.

DARBY, H.C., 1977 : *Domesday England*, Cambridge, Cambridge University Press.

DARBY, H.C. et VERSEY, G. R., 1952-77 : *Domesday Geography of England*, 7 vols, Cambridge, University of Cambridge Press.

DEAR, M. 1988 : « The Postmodern Challenge : Reconstructing Human Geography », *Transactions of the Institute of British Geographers* 13, pp. 262-274.

DEMANGEON, A., 1923 : *L'Empire britannique. Étude de géographie coloniale*, Paris, Armand Colin.

DEMATTEIS, G., 1985 : *Le Metafore della terra*, Milano, Feltrinelli.

DENECKE, D., 1976 : « Innovation and Diffusion of the Potato in Central Europe in the 17th and 18th Centuries » in BUCHANAN, R. H. *et. al.* (eds.), *Fields, Farms, and Settlement in Europe*, Holywood, Co. Down, Ulster Folk and Transport Museum, pp. 60-96.

DENECKE, D., 1992 : « Ideology in the planned order upon the land : the example of Germany », BAKER, A. H. et BIGER, G. (eds.), *Ideology and Landscape in Historical Perspective*, Cambridge, Cambridge University Press, pp. 303-329.

DENNIS, R., 1994 : « At the Intersection of Time and Space » in MONKKONEN, E.H. (ed.), *Engaging the Past : The Uses of History across the Social Sciences*, Durham NC, Duke University Press, pp. 154-188.

DENNIS, R., 1984 : *English Industrial Cities in the 19th Century : A Social Geography*, Cambridge, Cambridge University Press.

Dion, R., 1934 : *Essai sur la formation du paysage rural français*, Tours, Arrault.

Dion, R., 1959 : *Histoire de la vigne et du vin en France, des origines au xix*e *siècle*, Paris, Chez l'auteur.

Dion, R., 1977 : *Aspects politiques de la géographie antique*, Paris, Les Belles Lettres.

Dodge, S.D., 1932 : « Bureau and the Princeton Community », *Annals of the Association of American Geographers* 22, pp. 159-209.

Domosh, M., 1987 : « Imagining New York's first skyscrapers, 1875-1910 », *Journal of Historical Geography* 13, pp. 233-248.

Domosh, M., 1990 : « Those sudden peaks that scrape the sky : the changing imagery of New York's first skyscrapers » in Zonn, L. (ed.), *Place Images in Media : Portrayal, Experience, and Meaning*. Totowa NJ : Rowman & Littlefield, pp. 9-30.

Driver, F., 1988 : « The historicity of human geography », *Progress in Human Geography* 12, pp. 497-506.

Driver, F., 1998 : « Heart of Empire ? Landscape, space and performance in imperial London » *Environment and Planning D, Society and Space* 16, pp. 11-28.

Driver, F., 2001 : *Geography Militant : Cultures of Exploitation and Empire*, Oxford, Blackwell.

Droulers, M., 2001 : *Brésil : une géohistoire*, Paris, P.U.F.

Duncan , J.S., 1985 : « Individual action and political power : a structuration perspective » in Johnston, R. J. (ed.), *The Future of Geography*, London, Methuen, pp. 174-189.

Duncan, J.S., 1990 : *The City as Text : The Politics of Landscape Interpretation in the Kandyan Kingdom*, Cambridge, Cambridge University Press.

East, W. G., 1933 : « A Note on Historical Geography », *Geography* 102, 18, pp. 282-292.

Edney, M. H., 1997 : *Mapping an Empire. The Geographical Construction of British India*, Chicago, University of Chicago Press.

Enjalbert, H., 1975 : *Histoire de la vigne et du vin. L'avénement de la qualité*, Paris, Bordas.

Febvre, L., 1922 : *La Terre et l'évolution humaine*, Paris, A. Michel.

Flatres, P. (ed.), 1979 : *Paysages ruraux européens*, Rennes, Université de Haute-Bretagne.

Fleure, H.J., 1947 : *Some Problems of Society and Environment*, London, George Philip & Son.

Friis, H., 1940 : *A Series of Population Maps of the Colonies and the United States, 1625-1790*, New York, AGS Publication n° 3.

Gallois, L., 1908 : *Régions naturelles et noms de pays. Étude sur la région parisienne*, Paris, Armand Colin.

Giddens, A., 1979 : *Central Problems in Social Theory : Action, Structure and Contradiction in Social Analysis*, Berkeley, University of California Press.

Giddens, A., 1991 : *Modernity and Self-Identity. Self and Society in the Late Modern Age*, Stanford, Stanford University Press.

Gilbert, E.W., 1932 : « What is Historical Geography? », *Scottish Geographical Magazine* 48, pp. 129-136. [reproduit dans *Green* 1991, pp. 10-16]

Glacken, C.J., 1956 : « Changing ideas of the habitable world », in Thomas, W. L. (ed.), *Man's Role in Changing the Face of the Earth*, Chicago, University of Chicago Press, pp. 70-92.

Glacken, C.J., 1967 : *Traces on the Rhodian Shore*, Berkeley, University of California Press.

Glasscock, R.E., 1975 : *The Lay Subsidy of 1334*, British Academy Records of Social and Economic History, New Series, II. London, British Academy.

Godlewska, A. et Smith, N. (eds.), 1994 : *Geography and Empire*, Oxford, Blackwell.

Gomez Mendoza, J., 1992 : *Ciencia y política de los montes españoles*, Madrid, ICONA.

Gradmann, R., 1901 : « Das mitteleuropäische Landschaftsbild nach seiner geschichtlichen Entwicklung », *Geographische Zeitschrift* 7, pp. 361-377, pp. 435-447.

Gradmann, R., 1931 : *Süddeutschland*, 2 vols, Stuttgart, J.Engelhorn.

Grataloup, C., 1996 : *Lieux d'histoire. Essai de géohistoire systématique*, Montpellier & Paris, Reclus & La Documentation française.

Green, D. B. (ed.), 1991 : *Historical Geography : A Methodological Portrayal*, Savage MD, Rowman & Littlefield.

Gregory, D., 1978 : « The discourse of the past : phenomenology, structuralism and historical geography », *Journal of Historical Geography* 4, pp. 161-173.

Gregory, D., 1981 : « Human agency and human geography », *Transactions of the Institute of British Geographers NS* 6, pp. 1-18.

Gregory, D., 1984 : *Regional Transformation and Industrial Revolution*, London, Macmillan.

Gregory, D., 1995 : « Imaginative Geographies », *Progress in Human Geography* 19, pp. 447-485.

Guelke, L., 1997 : « The relations between geography and history reconsidered », *History and Theory* 36, pp. 216-234.

Hägerstrand, T., 1968 : *Innovation Diffusion as a Spatial Process*, tr. A. Pred, Chicago, University of Chicago Press.

Hägerstrand, T., 1982 : « Diorama, path, and project », *Tijdshrift voor Economische en Sociale Geographie* 73, pp. 323-339.

Hamshere, J.D., 1987 : « Data Sources in Historical Geography », in Pacione, M. (ed.), *Historical Geography : Progress and Prospect*, London, Croom Helm, pp. 46-69.

Hannah, M. et Strohmayer, U., 1991 : « Ornamentalism : Geography and the Labor of Language in Structuration Theory », *Environment and Planning D, Society and Space* 9, pp. 309-327.

Harley, J.B., 1988 : « Maps, Knowledge, and Power », in Cosgrove, D.et Daniels, D. (eds.), *The Iconography of Landscape. Essays on the Symbolic Representation, Design and Use of Past Environments*, Cambridge, Cambridge University Press, pp. 277-312.

Harley, J.B., 1992 : « Deconstructing the map », in Barnes, T. J. et Duncan, J. (eds.), *Writing Worlds. Discourse, Text, and Metaphor in the Representation of Landscape*, London, Routledge, pp. 231-247.

Harris, R. C., 1971 : « Theory and synthesis in historical geography », *Canadian Geographer* 15 (3), pp. 157-172.

Harris, R. C., 1991 : « Power, modernity, and historical geography », *Annals of the Association of American Geographers* 81, pp. 671-683.

Harris, R.C., 1978 : « The historical mind and the practice of geography », in Ley, D. et Samuels, M. (eds.), *Humanistic Geography : Problems and Prospects*, London, Croom Helm, pp. 123-137.

Hartshorne, R., 1939 : *The Nature of Geography. A Critical Survey of Current Thought in the Light of the Past*, Lancaster PA, Association of American Geographers.

Hartshorne, R., 1959 : *Perspective on the Nature of Geography*, Chicago, Rand McNally.

Hayden, D., 1976 : « Communal idealism and the American landscape », *Landscape* 20, pp. 20-32.

Heathcote, R.L., 1965 : *Back of Bourke : A Study of Land Appraisal in Semi-Arid Australia.*

Hefferman, M., 1995 : « For ever England : The Western Front and the politics of remembrance in Britain », *Ecumene* 2, pp. 293-323.

Herb, G. H., 1997 : *Under the Map of Germany. Nationalism and Propaganda, 1918-1945*, London, Routeledge.

Hetter, A., 1927 : *Die Geographie : Ihre Geschichte, ihr Wesen, und ihre Methoden*, Breslau.

Higounet, C., 1975 : *Paysages et villages neufs du Moyen Âge*, Bordeaux, Fédération historique du Sud-Ouest.

Hoppe, G. et Langton J., 1986 : « Time-geography and economic development : the changing structure of livelihood positions on arable farms in 19th-century Sweden », *Geografiska Annaler* 68B, pp. 115-137.

Hoskins, W.G., 1955 : *The Making of the English Landscape*, London, Hodder and Stoughton.

Jackson, J.B., 1972 : *American Space : The Centennial Years*, New York, Norton.

Jackson, J.B., 1979 : « The Order of a Landscape : Reason and Religion in Newtonian America » in Meinig, D. W. (ed.), *The Interpretation of Ordinary Landscapes : Geographical Essays*, New York, Oxford University Press, pp. 153-163.

Jackson, J.B., 1984 : *Discovering the Vernacular Landscape*, New Haven CN, Yale University Press.

Jackson, R., 1978 : « Mormon perception and settlement », *Annals of the Association of American Geographers* 68, pp. 317-334.

James, P., 1931 : « Vicksburg, a Study in Urban Geography », *Geographical Review* 21, pp. 234-243.

Johnson, J.H. et Pooley, C.G. (eds.), 1982 : *The Structure of 19th-Century Cities*, London, Croom Helm.

Kashani-Sabet, F., 1998 : « Picturing the homeland : geography and national identity in late 19th--early 20th-century Iran », *Journal of Historical Geography* 24, pp. 413-430.

Kay, J., 1991 : « Landscapes of women and men : rethinking the regional historical geography of the United States and Canada », *Journal of Historical Geography* 17, pp. 435-452.

Kearns, G., 1985 : « Urban Epidemics and Historical Geography : Cholera in London, 1848-9 », *Historical Geography Research Series*, Norwich, Geo Books

Kinda, A., 1997 : « Some traditions and methodologies of Japanese historical geography », *Journal of Historical Geography* 23, pp. 62-75.

Knüll B., 1903 : *Historische Geographie Deutschlands im Mittelalter*, Breslau.

KONRAD, V., 1986 : « Focus : nationalism inthe landscape of Canada and the United States », *Canadian Geographer* 30, pp. 167-180.

KRESTCHMER, K., 1904 : *Historische Geographie von Mitteleuropa*, Munich.

KRIM, A.J., 1969 : « Coney Island of the mind and related urban districts », *Monadnock* 43, pp. 8-24.

KRISTOF, L.K.D., 1994 : « The image and vision of the fatherland : the case of Poland in comparative perspective », in HOOSON, D. (ed.). *Geography and National Identity*, Oxford, Blackwell, pp. 221-232.

LEVAINVILLE, J., 1913 : *Rouen. Étude d'une agglomération urbaine*, Paris, Armand Colin.

LEY, D. et SAMUELS (eds.), 1978 : *Humanistic Geography : Problems and Prospects*, London, Croom Helm.

LEZY, E., 2000 : *Guyane, Guyanes*, Paris, Belin.

LIVINGSTON, D., 1992 : *The Geographical Tradition. Episodes in the History of a Contested Enterprise*, Oxford, Blackwell.

LOWENTHAL, D., 1961 : « Geography, experience, and imagination : towards a geographical epistemology », *Annals of the Association of American Geographers* 51, pp. 241-260.

LOWENTHAL, D., 1975 : « The place of the past in the American landscape », in LOWENTHAL, D. et BOWDEN, M. J. (eds.), *Geographies of the Mind : Essays in Historical Geosophy in Honor of John Kirkland Wright*, New York, Oxford University Press, pp. 89-118.

LOWENTHAL, D., 1994 : « European and English landscapes as national symbols », in HOOSON, D. (ed.), *Geography and National Identity*, Oxford, Blackwell, pp. 14-38.

LOWENTHAL, D. et PRINCE, H., 1965 : « English Landscape Tastes », *Geographical Review* 55, pp. 186-222.

MACAULAY, T. B., 1849 : *The History of England from the Accession of James II*, London, Longman, Green, & Co.

MARIE, M., 1989 : *Les Terres et les mots*, Paris, Klincksieck.

MATLESS, D., 1998 : *Landscape and Englishness*, London, Reaktion.

MCEWAN, C., 1996 : « Paradise or pandemonium? West African landscapes in the travel accounts of Victorian Women », *Journal of Historical Geography* 22, pp. 68-83.

MCMANIS, D. R., 1964 : *The Initial Evaluation and Utilization of the Illinois Prairies, 1815-1840*, Chicago, University of Chicago, Department of Geography Research Paper 94.

Meinig, D. W., 1979a : « Some idealizations of American communities », in Meinig, D. W. (ed.), *The Interpretation of Ordinary Landscapes : Geographical Essays,* New York, Oxford University Press, pp. 164-192.

Meinig, D. W., 1979b : « Reading the landscape : an appreciation of W. G. Hoskins et J. B. Jackson », in Meinig, D. W. (ed.), *The Interpretation of Ordinary Landscapes : Geographical Essays,* New York, Oxford University Press, pp. 195-244.

Meynier, A., 1959 : *Les Paysages agraires,* Paris, Armand Colin.

Michelet, J., 1833 : *Le Tableau de la France, première partie de l'Histoire de France,* v. 2, Paris, Hachette.

Mikesell, M.W., 1975 : « The rise and decline of "sequent occupance" : a chapter in the history of American geography », in Lowenthal, D. et Bowden, M. J., (eds.), *Geographies of the Mind : Essays in Historical Geosophy in Honor of John Kirkland Wright,* New York, Oxford University Press, pp. 149-170.

Miller, R., 1982 : « Household activity patterns in 19th-century suburbs : a time-geographic exploration », *Annals of the Association of American Geographers* 72, pp. 355-371.

Miralles Guasch, C., 2002 : *Ciudad y transportes,* Barcelona, Ariel.

Morissonneau, C., 1978 : *La Terre promise : le mythe du Nord québécois,* Montréal, Hurtubise HMH.

Morris, M., 1997 : « Gardens "for ever England" : landscape, identity, and the First World War British cemetaries on the Western Front », *Ecumene* 4, pp. 410-434.

Nash, C., 1993 : « Embodying the nation : The West of Ireland landscape and Irish identity » in Cronin, M. et O'Connor, B. (eds.), *Tourism and Ireland : A Critical Analysis,* Cork, Cork University Press, pp. 86-114

Nitz, H-J., 1992 : « Planned temple towns and Brahmin villages as spatial expressions of the ritual politics of medieval kingdoms in South India », in Baker, A.H. et Biger, G. (eds.), *Ideology and Landscape in Historical Perspective,* Cambridge, Cambridge University Press, pp. 107-124.

Nora, P. (ed.), 1984-1992 : *Les Lieux de mémoire,* Paris, Gallimard.

Norton, W., 1984 : *Historical Analysis in Geography,* Londres, Longman.

Norwood, V. and Monk, J. (eds), 1987 : *The Desert is No Lady : Southwestern Landscapes in Women's Writing and Art,* New Haven et London, Yale University Press.

Ogborn, M., 1998 : *Spaces of Modernity : London's Geographies, 1680-1780,* London, Guilford.

Olwig, K., 1984 : *Nature's Ideological Landscape*, Londres, Allen and Unwin.

Olwig, K. R., 2002 : *Landscape, Nature and the Body Politics*, Madison (Wisconsin), The University of Wisconsin Press.

Osborne, B.S., 1988 : « The iconography of nationhood in Canadian art », in Cosgrove D. et Daniels, S. (eds.), *The Iconography of Landscape: Essays on the Symbolic Representation, Design, and Use of Past Environments*, Cambridge, Cambridge University Press, pp. 162-178.

Osborne, B.S., 1992 : « Interpreting a nation's identity : artists as creators of national consciousness », in Baker A.M. et Biger, G. (eds.), *Ideology and Landscape in Historical Perspective*, Cambridge, Cambridge University Press, pp. 230-254.

Overton, M., 1984 : « Probate Inventories and the Reconstruction of Agricultural Landscapes », in Reed, M. (ed.), *Discovering Past Landscapes*, London, Croom Helm, pp. 167-194.

Overton, M., 1985 : « The Diffusion of Agricultural Innovations in Early Modern England : Turnips and Clover in Norfolk and Suffolk 1580-1740 », *Transactions of the Institute of British Geographers* NS 10, pp. 205-222.

Paasi, A., 1996 : *Territories, Boundaries, and Consciousness : The Changing Geographies of the Finnish-Russian Border*, Chichester, Wiley.

Pickles, J., 1986. *Geography and Humanism*, CATMOG 44, Norwich, Geo Books.

Pijassou, R., 1980 : *Un Grand Vignoble de qualité, le Médoc*, Paris, Le Tallandier, 2 vol.

Pitte, J.-R., 1983 : *Histoire du paysage français*, Paris, Tallandier, 2 vol.

Pitte, J.-R., 1986 : *Terres de Castanide. Hommes et paysages du châtaigner de l'Antiquité à nos jours*, Paris, Fayard.

Pitte, J.-R., 1994 : « De la géographie historique », *Hérodote* 74/75, pp. 14-20.

Piveteau, J.-L., 1995 : *Temps du territoire*, Genève, édition Zoë.

Planhol, X. de, 1968 : *Les Fondements géographiques de l'histoire de l'Islam*, Paris, Flammarion.

Planhol, X. de, 1972 : « Historical geography in France », in Baker, A. (ed.), *Progress in Historical Geography*, Newton Abbo, David & Charles, pp. 29-44.

Planhol, X. de, 1988 : *Géographie historique de la France.* (avec la collaboration de P. Claval), Paris, Fayard.

PLANHOL, X. de, 1993 : *Les Nations du Prophète. Manuel géographique de politique musulmane*, Paris, Fayard.

PLATT, R., 1928 : « A Detail of Regional Geography : Ellison Bay Community as an Industrial Organism », *Annals of the Association of American Geographers* 18, pp. 81-126.

POMIAN, K., 1986 : « L'heure des Annales », in NORA, P. (ed.), *Les lieux de mémoire*, Paris, Gallimard, vol. 2, pp. 377-429.

POWELL, J., 1988 : *An Historical Geography of Modern Australia : The Restive Fringe,* Cambridge, Cambridge University Press.

POWELL, J.M., 1971 : « Utopia, millenium, and the co-operative ideal : a hehavioral matrix in the settlement process », *Australian Geographer* 9, pp. 606-18.

POWELL, J.M., 1977 : *Mirrors of the New World : Images and Image-Makers in the Settlement Process,* Folkeston, Archon Books.

PRED, A., 1981 : « Production, family, and free-time project : a time-geographic perspective on the individual and societal change in 19th-century US cities », *Journal of Historical Geography* 7, pp. 1-36.

PRED, A., 1984 : « Place as historically contingent process : structuration and the time-geography of becoming places », *Annals of the Association of American Geographers* 74, pp. 279-297.

PRED, A., 1986 : *Place, Practice and Structure : Social and Spatial Transformation in Southern Sweden 1750-1850,* Cambridge, Polity Press.

PRED, A., 1990 : *Lost Words and Lost Worlds : Modernity and the Language of Everyday Life in Late Nineteenth-Century Stockholm,* Cambridge, Cambridge University Press.

PRINCE, H., 1988 : « Art and agrarian change, 1710-1815 », in COSGROVE D. et DANIELS, S. (eds.), *The Iconography of Landscape : Essays on the Symbolic Representation, Design, and Use of Past Environments,* Cambridge, Cambridge University Press, pp. 98-118.

RABINOW, P., 1989 : *French Modern : Norms and Forms of the Social Environment*, Cambridge, MIT Press.

RAIVO, P., 1997 : « The limits of tolerance : the Orthodox milieu as an element in the Finnish cultural landscape », *Journal of Historical Geography* 23, pp. 327-339.

RATZEL, F., 1882-1893 : *Anthropogeographie, oder Grundzüge der Anwendung der Erdkunde auf die Geschichte,* 2 vols, Stuttgart, Engelhorn.

RATZEL, F., 1906a [orig. 1899] : *Aleria. Historische Landscaft. Kleine Schriften,* 2 vols, Munich/Berlin, Oldenbourg; Volume I, pp. 196-203.

RATZEL, F., 1906b [orig. 1896] : *Die deutsche Landschaft. Kleine Schriften*, 2 vols, Munich/Berlin, Oldenbourg ; Volume I, pp. 127-150.

RITTER, C., 1862 : *Allgemeine Erdkunde*, Berlin.

ROUPNEL, G., 1934 : *Histoire de la campagne française*, Paris, Grasset.

ROUX, M., 1999 : *Géographie et complexité. Les espaces de la nostalgie*, Paris, L'Harmattan.

RYAN, J.R., 1997 : *Picturing Empire : Photography and the Visualization of the British Empire*, London, Reaktion.

RYAN, S., 1996 : *The Cartographic Eye. How Explorers saw Australia*, Cambridge, Cambridge University Press.

SAID, E.W., 1978 : *Orientalism*, London, Routledge [trad. fr. 1997].

SAID, E.W., 1993 : *Culture and Imperialism*, London, Chatto & Windus [trad. fr. 2000].

SAUER, C., 1941 : « Foreword to historical geography », *Annals of the Association of American Geographers* 31, pp. 1-24.

SAUER, C., 1963 [1925] : *The Morphology of Landscape. Land and Life : A Selection from the Writings of Carl Ortwin Sauer*, Berkeley, University of California Press.

SCHAMA, S., 1995 : *Landscape and Memory*, New York, Knopf.

SCHLÜTER, O., 1952-58 : *Die Siedlungsraüme Mitteleuropas in frühgeschichtlicher Zeit*, 3 vols, Hamburg, Remagen.

SCHULTZ, H-D., 1997 : « "Deutschland? aber wo liegt es?" Zum Naturalismus im Weltbild der deutschen Nationalbewegung und der klassischen deutschen Geographie », in EHLERS, E. (ed.), *Deutschland und Europa : Historische, politische, und geographische Aspekte*, Bonn, F. Dümmler, pp. 85-104.

SCHULTZ, H-D., 1998 : « Deutsches Land-deutsches Volk : Die Nation als geographischer Konstrukt », *Berichte zur deutschen Landeskunde* 72, pp. 85-114.

SION, J., 1908 : *Les Paysans de Normandie orientale*, Paris, Armand Colin.

SMITH, G.A., 1894 : *Historical Geography of the Holy Land*, London, Hodder & Stoughton.

SOJA, E., 1989 : *Postmodern Geographies. The Reassertion of Space in Critical Social Theory*, London, Verso.

SOLOV'EV, S.M., 1959-1966 [orig. 1851-1876] : *Istoriia Rossii s drevenishikh vremen*, 29 vols, Moscou, Nauka.

SORRE, M., 1953 : « Le rôle de l'explication historique en géographie humaine », in *Mélanges géographiques offerts à Philippe Arbos*, 3 vols, Clermont-Ferrand, Impr. G. de Bussac, vol. II, pp. 19-22.

STROHMAYER, U., 1996 : « Pictorial symbolism in the age of innocence : The 1937 World's Fair in Paris », *Ecumene* 3 (3), pp. 282-304.

STROHMAYER, U., 1997 : « Technology, modernity and the restructuring of the present in historical geographies », *Geographiska Annaler* 79B, pp. 155-169.

TAKEUCHI, K., 2000 : *Modern Japanese Geography. An Intellectual History*, Tokyo, Kokon Shoin.

TROCHET, J.-R., 1998 : *Géographie historique. Hommes et territoires dans les sociétés traditionnelles*, Paris, Nathan.

TUAN, Y-F., 1974 : *Topophilia : A Study of Environmental Perception, Attitudes, and Values*, Englewood Cliffs NJ, Prentice Hall.

TUAN, Y-F., 1976 : « Humanistic Geography », *Annals of the Association of American Geographers* 65, pp. 266-276.

TUAN, Y-F., 1977 : *Space and Place*, London, Edward Anold.

TURNER, M., 1981 : « Arable in England and Wales : Estimates from the 1801 Crop Return », *Journal of Historical Geography* 7, pp. 291-302.

UNSTEAD, J.F., 1907 : « The Meaning of Geography », *Geographical Teacher* 4.

VANCE, J.E., 1990 : « Democratic utopia and the American landscape », in CONZEN, M.P. (ed.), *The Making of the American Landscape*, London, HarperCollins Academic, pp. 204-220.

VIDAL DE LA BLACHE, P., 1880 : *Marco Polo, son temps, ses voyages*, Paris, Hachette.

VIDAL DE LA BLACHE, P., 1917 : *La France de l'Est (Lorraine-Alsace)*, Paris, Armand Colin.

WALTON, J.R., 1987 : « Agriculture and Rural Society », in PACIONE, M. (ed.), *Historical Geography : Progress and Prospect*, London, Croom Helm, pp. 123-157.

WELLS, E.,1708 : *An Historical Geography of the New Testament*, London.

WHEATLEY, P., 1971 : *The Pivot of the Four Quarters*, Chicago, Aldine.

WHITEHAND, J. W. B. et J. H. C. PATTEN (eds.), 1977 : « Change in the Town », *Transactions of the Institute of British Geographers* 2, n° 3.

WHITTLESEY, D., 1929 : « Sequent Occupance », *Annals of the Association of American Geographers* 19, pp. 162-165.

WIMMER, J., 1885 : *Historische Landschaftskunde*, Innsbruck.

WITHERS, C., 2001 : *Science and National Identity*, Cambridge, Cambridge University Press.

WITHERS, C.W.J., 1996 : « Place, memory, monument : memorialising the past in contemporary Highland Scotland », *Ecumene* 3, pp. 325-344.

WOOD, D., 1993 : *The Power of Maps*, London, Guilford Press.

WRIGHT, J.K., 1925 : *The Geographical Lore of the Time of the Crusades : A Study in the History of Medieval Science and Tradition in Western Europe*, New York, American Geographical Society.

WRIGHT, J.K., 1947 : « Terrae incognitae : the place of imagination in geography », *Annals of the Association of American Geographers* 37, pp. 1-15.

WYCKOFF, W.K., 1990 : « Landscapes of private power and wealth », in CONZEN, M.P. (ed.), *The Making of the American Landscape*, London, HarperCollins Academic, pp. 335-354.

WYNN, G., 1992 : « Ideology, identity, landscape, and society in the lower colonies of British North America, 1840-1860 », in BAKER A.H. et BIGER G. (eds.), *Ideology and Landscape in Historical Perspective*, Cambridge, Cambridge University Press, pp. 197-229.

YANG, B.-K., 2000 : « Traditional geography », in YU, W.-i. et SON, I. (eds.), *Korean Geography and Geographers*, Séoul, Hanul Academy, pp. 19-81.

ZELINSKY, W., 1972 : « In pursuit of historical geographers and other wild geese », *Historical Geography Newsletter* 3, pp. 1-5.

ZELINSKY, W., 1984 : « Oh say can you see? Nationalistic emblems in the landscape », *Winterthur Portfolio* 19, pp. 277-286.

ZELINSKY, W., 1986 : « The changing face of nationalism in the American landscape », *Canadian Geographer* 30, pp. 171-175.

ZELINSKY, W., 1990 : « The imprint of central authority », in CONZEN, M.P. (ed.) *The Making of the American Landscape*, Londres, Harper Collins Academic, pp. 311-334.

Conclusion

Une introduction à la géographie humaine du XXIe siècle

Georges Benko et Ulf Strohmayer

Il ne s'agit pas ici de résumer ce qui précède, comme le voudrait la tradition, mais de ménager une ouverture ; si arbitraires que soient les limites entre les siècles, on peut dire qu'en ce début de XXIe siècle, les géographes, où qu'ils soient, se sont engagés dans des voies nouvelles d'interprétation du monde, alliant des éléments du passé avec des concepts, des idées et des formes de structuration des connaissances nouvellement forgés. De plus, ce début de siècle trouve les spécialistes de géographie humaine dans une position enviable : si on peut considérer que souvent, au cours du XXe siècle, la géographie a unilatéralement emprunté à des disciplines voisines, aujourd'hui la sociologie, l'économie et les études culturelles ont toutes recours à des idées et des concepts initialement développés par les géographes.

Bien que ce fait n'ait pas encore conduit à une réévaluation de la géographie comme discipline, les positions occupées par les géographes et les concepts qu'ils ont forgés ont suscité un peu partout des commentaires. Le « tournant spatial » qui a suivi le postmodernisme est devenu symbolique de l'époque et a bénéficié à tous ceux qui faisaient de la géographie. N'importe laquelle des listes de concepts, d'idées et de problèmes figurant dans le paysage intellectuel et politique actuel donne plus qu'un simple aperçu de cette reconnaissance de « l'espace » comme clé de nombreux débats contemporains : de la globalisation à la recrudescence des conflits ethniques et culturels, des débats écologiques mondiaux aux processus d'urbanisation galopante, on constate une prise de conscience du géographique qui marque les flux de connaissance et les réseaux de pouvoir : la géographie est plus présente que jamais dans ces débats grâce au développement de « réflexes » spatiaux dans les sciences humaines et sociales, et à l'ouverture des discours géographiques sur d'autres disciplines qui en découle. Si on compare ce mouvement à la perspective autocentrée qui a conduit, même indirectement, à la fermeture de départements importants aux États-Unis dans la seconde moitié du xxe siècle, c'est une évolution particulièrement bienvenue.

Point essentiel, la reconnaissance récente de la géographie en tant que discipline intellectuellement stimulante n'a été gênée ni par son éclectisme méthodologique, ni par l'absence d'un objet unifié et reconnaissable ; la prise en compte de thèmes importants, l'invention de concepts pertinents et, peut-être, l'existence de débats théoriques passionnés ont suffi à rectifier l'image peu reluisante de la discipline dans son ensemble. Il serait cependant trop simpliste, à partir de là, d'attribuer le changement de statut d'un mode particulier de pensée à des changements dans l'appareillage conceptuel développé et utilisé par ses praticiens. Même si l'utilisation et la pertinence des concepts varient en fonction de modes intellectuelles, les concepts eux-mêmes ne s'arrêtent pas pour autant : ils tirent, en grande partie, leur pouvoir explicatif de leur contexte, et, si ce dernier change, les concepts changent aussi en parallèle. Un « paysage », pour prendre un cheval de bataille conceptuel assez fréquent dans les analyses géographiques tout au long du xxe siècle, peut être un concept descriptif, il peut se référer à des processus géographiques dans la durée ou souligner la nature construite de nos formes de connaissance, surtout visuelles. Mais quels que soient les concepts qu'adopte la curiosité géographique, leur histoire est toujours déjà là – à moins de s'en remettre aux néologismes et d'investir constamment dans la création de nouveaux concepts (en courant les risques associés au solipsisme).

Privés de révolutions conceptuelles aussi éphémères, les géographes ne peuvent donc que tirer profit d'une conscience critique de leur propre histoire. Celle-ci permettra au moins d'avoir une vue plus large et contribuera à la formulation d'idées plus nuancées à l'avenir. S'il y a peu à gagner à spéculer sur la forme que prendra cet avenir, on relève partout des signes encourageants, parmi lesquels le retour en grâce de la pensée géographique dans le monde universitaire, les médias et les cercles politiques, ne fait figure que de cerise sur le gâteau. Nous voudrions conclure ce livre en jetant un coup d'œil rapide sur des développements qui, à notre avis, confortent une vision optimiste du futur de la géographie humaine.

D'abord, le XXe siècle a vu une extension spectaculaire du champ de la recherche géographique. Cette *expansion* s'est accélérée au cours des trente dernières années et se poursuit. Il est vrai que de telles expansions du champ disciplinaire ont marqué la plupart des sciences humaines et sociales au cours du dernier siècle. Le cas de la géographie est cependant différent dans la mesure où elle n'a jamais vraiment eu d'identité propre au-delà d'un intérêt plutôt vague et informe pour l'espace. Dire que la géographie « traite de l'espace » au même titre que l'histoire « traite du temps » n'a jamais eu grand sens ; une fois l'utilité coloniale des années de formation de la discipline remisée à l'arrière-plan, l'absence d'une légitimation claire du caractère « synthétique » de la géographie pouvait conduire au désespoir ou à la libération. C'est en grande partie grâce à la créativité de ses praticiens que la géographie est arrivée où elle est aujourd'hui : choisissant une définition large plutôt qu'un étroit territoire, les géographes du monde entier ont réussi à conserver une certaine approche spatiale, alors qu'aucun thème n'échappait plus à l'analyse géographique. Si certains déplorent l'aspect non spécialisé de la plupart des idées qui en découlent, d'autres célèbrent cette persistance d'une forme de connaissance digne de la Renaissance. Mais, quoi qu'on en pense, depuis que le monde s'est transformé en une structure connexe de plus en plus complexe, une discipline de synthèse comme la géographie est de plus en plus nécessaire dans le monde universitaire et au-delà. Si la géographie est « partout », comme le croient et l'affirment les géographes, il est virtuellement impossible de prétendre contester la pertinence géographique de quoi que ce soit. Il va sans dire qu'en rendant hommage à une synthèse on ne salue pas le travail d'une seule femme ou d'un seul homme, le travail collectif se généralisant aujourd'hui. Même si cette connaissance collective est composée des contributions individelles des personalités marquantes. Il faut aussi reconnaître l'aide et l'influence des techniques dans la représentation et l'analyse d'un domaine géographique en pleine expansion : les capacités de stockage des données, les nouvelles formes de mémoire photographique ou les possibilités offertes par les SIG contribuent toutes à accroître l'envergure de la production géographique.

À cette expansion prononcée de l'envergure et des aspirations de la géographie est associée une explosion dans le champ des *méthodes*. Si la géographie du XIXe siècle se caractérisait principalement par des formes de description souvent minutieuses, si le XXe siècle a vu un mouvement prolongé vers l'analyse, on note en ce début de XXIe siècle un tournant vers l'interprétation dans l'ensemble de la discipline. L'effort qui en découle pour ajouter des méthodes qualitatives, ethnographiques et visuelles, à l'ensemble, bien établi, des méthodes narratives et quantitatives, a démultiplié les façons d'écrire la géographie. Ce qui compte ici, c'est moins la reconnaissance de la coexistence de différentes méthodes en géographie que la justification, souvent implicite (mais non moins puissante), du fait que des méthodes différentes ont droit à une égale considération. Il en résulte que quiconque se lance dans un projet original de recherche aujourd'hui – de la simple maîtrise au projet comparatif à grande échelle ayant reçu un financement extérieur – dispose d'une quantité d'options méthodologiques ; options qui, il faut le souligner, ne sont pas mutuellement exclusives, mais plutôt complémentaires. On dirait que plus nous en savons sur la façon dont la connaissance est tributaire du contexte de son élaboration, moins nous nous satisfaisons d'une approche méthodologique « passe-partout ».

Au premier plan des changements plus précis, nous placerions la reconnaissance explicite de la *complexité* des phénomènes géographiques. Nous sommes bien loin de l'époque où la réduction à des principes uniques, la sélection de concepts *a priori* ou de modèles mécanistes du comportement humain avaient la préférence des géographes. L'émergence de formes d'analyse d'inspiration « culturelle », l'assimilation de théories de « réseaux d'acteurs », ou le développement de notions comme « la nature sociale » (pour ne citer que certaines des reconnaissances les plus significatives de la « complexité » advenues récemment en géographie humaine) se caractérisent toutes par une aversion pour toute forme de réductionnisme. La discipline a donc connu un déclin du nombre des débats simples et univoques, au profit de discussions plus subtiles et plus complexes. Même si cette évolution est saluée par la plupart de ceux qui pratiquent la géographie, nous sommes tentés de noter que « complexité » peut devenir un leitmotiv : là où tout est considéré comme « complexe », par principe, nous risquons de perdre de vue la possibilité même de formes de détermination non complexes. Cependant, le fait que les géographes aient commencé à réfléchir à des structures complexes et à des systèmes ouverts est plus qu'encourageant : cela facilite l'émergence de débats dont la nécessité est pressante, dans un monde qui continue à pâtir des conséquences du réductionnisme scientifique à grande échelle.

Cette mention de la complexité nous amène à un quatrième changement-clé qui donne confiance en l'avenir de la communauté géographique. Il s'agit de l'érosion progressive de la distinction rigide entre théorie et pratique, sous l'influence des développements intervenus depuis la « révolution quantitative » des années 1960. Ses conséquences ont été d'une portée considérable, non seulement pour le *rôle de la théorie* dans la pratique géographique, mais en transformant toutes les distinctions à travers tout le spectre de la discipline. De la distinction canonique entre approches « idiographique » et « nomothétique » à la différenciation moins éminente, mais tout aussi importante, entre « nature » et « culture », aujourd'hui les géographes voient peu d'avantages à séparer la substance empirique des questions théoriques. Au contraire, l'établissement de liens est de plus en plus considéré comme bénéfique pour les deux parties ; la discipline s'est enrichie de ces fertilisations croisées.

Un cinquième développement consiste en un changement net dans l'établissement de la *pertinence* de la connaissance géographique. Utilisée comme critère externe qui, la plupart du temps, s'abat comme un couperet pour évaluer la valeur sociale de la connaissance après sa production, la « pertinence » au XXIe siècle semble s'apparenter davantage à la mise en œuvre et à la pratique. Les géographes, quittant leurs tours d'ivoire, se sont ressaisis de questions comme la démocratie, la gouvernance et la citoyenneté. Dans ce contexte, la prise en compte de questions qui avaient été exclues jusqu'ici, comme les géographies du genre, de la sexualité, des sans-abri et de la mobilité (pour ne citer que celles-là) ont certainement contribué à l'importance et à l'application accrues de la connaissance géographique dans les sociétés contemporaines. En d'autres termes, la « pertinence » ne peut plus être considérée comme un critère extérieur à constitution de la connaissance scientifique, mais elle se développe au sein des pratiques scientifiques concrètes existantes.

Enfin, nous fondons notre optimisme sur le fait qu'on se détourne, récemment mais de façon marquée, des prétentions forcément limitées à l'objectivité, au profit de *formes de connaissance géographique situées* et incarnées. Nous trouvons cette évolution encourageante parce qu'elle contribue à replacer la responsabilité scientifique à sa juste place : du côté du chercheur plutôt que d'un ensemble de conditions externes, de nature méthodologique, théorique ou topologique. Bien qu'on s'expose au développement d'une science autocentrée, voire solipsiste, comme certains l'ont noté, nous ne voyons aucune autre voie à emprunter : le danger qu'il y a à usurper une position dans le *no man's land* nous apparaît bien plus grand que celui du nombrilisme occasionnel, surtout dans une science qui, comme nous l'avons déjà indiqué, a voulu se situer elle-même un cran « au-dessus de » l'intimité que confèrent des formes plus spécialisées de pratique scientifique. Reconnaître sa partialité et prendre conscience du contexte de sa propre production de connaissance amènent en outre une salutaire érosion des positions de pouvoir auparavant acceptées : plutôt que des critères établis de l'extérieur (grade universitaire, volume des subventions ou prestige des institutions, pour ne citer que ceux-ci), la validité de toute connaissance doit maintenant être élaborée et constituée par sa propre contextualité.

Il est possible que l'addition de ces évolutions récentes dans la géographie humaine, qui affectent l'ensemble de la géographie, constitue un ensemble unique de conditions pour les progrès futurs. Tout ne sera pas bien accueilli, et toute avancée ne sera pas reconnue sur-le-champ. Mais nous sommes persuadés que des évolutions très intéressantes se sont produites – et qu'il continuera d'en venir de la géographie. Nous avons hâte d'assister à ces changements.

Les auteurs

Mark Bassin (né en 1953) professeur de géographie à l'University College (Londres). Ses recherches sur la géographie des identités et du nationalisme le conduisent à explorer le domaine de la géopolitique et de son histoire. Il a été chercheur invité à différents centres : à Kennan Institute, New York University, the American Academy in Berlin, and the Institut für Europaische Geschichte (Mainz). Ses recherches ont été financées par la Fulbright Foundation, la British Academy, et l'OMO. Son dernier livre : *Imperial Visions : Nationalist Imagination and Geographical Expansion in the Russian Far East 1840-1865* (Cambridge University Press, 1999).

Georges Benko (né en 1953) enseigne à l'université Panthéon-Sorbonne, et est chercheur au CEMI (Centre d'études des modes d'industrialisation) – EHESS (École des hautes études en sciences sociales), Paris. Directeur fondateur de la revue *Géographie, Économie, Société* (Paris), et membre du comité de rédaction de près de 20 revues, notamment *Economic Geography, L'Année de la régulation, Espaces et Sociétés, GeoJournal.* Son travail concerne la géographie économique, l'aménagement du territoire, le développement régional, la théorie de la régulation ainsi que la théorie sociale. Auteur de plus de 200 articles et nombreux livres et a édité avec Ulf Strohmayer *Space and Social Theory* (Blackwell, 1997) et *Geography, History, and Social Sciences* (Kluwer, 1995).

Vincent Berdoulay (né en 1947) est professeur à l'Université de Pau. Directeur du laboratoire Société – Environnement – Territoire du CNRS, et président de la commission Histoire de la pensée géographique (UGI). Il a étudié en France (Bordeaux) et aux États-Unis, où il a obtenu son doctorat (Ph.D.) de l'université de Californie à Berkeley. Il a été professeur au Canada (université d'Ottawa) avant de s'installer en France. Ses champs d'intérêts sont l'épistémologie et l'histoire des idées, ainsi que la géographie culturelle et historique et la planification environnementale. Parmi ses travaux : *La Formation de l'école française de géographie (1870-1914)*, (Paris, éditions du Sts, 2e éd.: 1995), *Des mots et des lieux*, (Paris, éditions du CNRS, 1988), et (avec Olivier Soubrany) *L'Écologie urbaine et l'urbanisme*, (Paris, La Découverte, 2002).

Paul Claval (né en 1932) est professeur émérite de géographie à l'université de Paris-IV (Paris-Sorbonne). Auteur de plus de trente livres, traduits en dizaines de langues. Depuis quarante ans, ses intérêts scientifiques sont centrés sur l'histoire de la pensée géographique et ses relations avec les sciences sociales. Après s'être intéressé à la géographie économique, à la géographie humaine et à la géographie politique, il se tourne, à la fin des années 1980 vers la géographie culturelle en fondant notament la revue *Géographie et cultures*. Il a obtenu le Prix international Vautrin Lud ; il est membre de *l'Academia Europaea* et docteur *honoris causa* de six universités.

Nicholas J. Entrikin (né en 1947) est professeur de géographie et ancien directeur du département de géographie à UCLA. Ses recherches portent sur le domaine de la géographie culturelle, et plus particulièrement sur les idées de « lieu » et de « paysage ». Parmi ses œuvres : *The Betweenness of Place : Towards a Geography of Modemity* (Baltimore and Basingstoke : Johns Hopkins University Press and Macmillan, 1991) et Democratie Place « Making and Multiculturalism » (*Geografiska Annaler,* 2002).

Peter Gould (1932-2000) était professeur de géographie à Pennsylvania State University. Figure marquante de l'avancement des sciences spatiales, Gould a été un auteur prolifique et a compté parmi les géographes les plus importants de sa génération. Il a obtenu le prix international Vautrin Lud. Parmi ses nombreuses publications, on note les plus connues : *Mental Maps* (with Rodney White ; Penguin, 1974), *The Geographer at Work* (Blackwell, 1985), *Becoming a Geographer* (Syracuse University Press, 1999), et son dernier livre (posthume) *Geographical Voices* (avec F. PiUs, Syracuse, Syracuse University Press, 2002). Son dernier travail corédigé avec Ulf Strohmayer paraît dans cet ouvrage.

Chris Philo (né en1960) est actuellement professeur de géographie et directeur du département à l'université de Glasgow. Ses recherches portent sur la géographie historique et sociale avec une référence particulière à l'exclusion socio-spatiale et aux maladies mentales (*The Space Reserved for Insanity : An Historical Geography of the « Mad-Business » in England and Wales to the 1860s* [Edwin Mellen Press]). Ses recherches traitent aussi de l'histoire et de la théorie de la pensée géographique. *Approaching Human Geography : An Introduction to Contemporary Theoretical Debates* (Paul Chapman, 1991) a été corédigé avec Paul Cloke and David Sadler.

Allen J. Scott (né en 1938) est professeur de planification régionale et de géographie à l'université de Californie à Los Angeles (UCLA). Il a été doyen de la faculté des politiques publiques. Il a reçu le prix international de géographie Vautrin Lud en 2003. Scott a dirigé le Lewis Center for Regional Policy Studies, et est actuellement directeur du Center for Globalization and Policy Research (UCLA). Il est également membre correspondant de l'Académie britannique et a été professeur invité dans de nombreuses universités dans le monde, et notamment à Paris. Ses recherches et enseignements évoluent sur trois axes : l'économie culturelle des villes, l'organisation industrielle et ses localisations, et le développement régional. Allen Scott a publié nombreux livres : *Regions and the World Economy* (Oxford University Press, 1998; trad. française : Les Régions de l'économie mondiale, 2001), *The Cultural Economy of Cities* (2000, Sage) et *Technopolis : High-Technology Industry and Regional Development in Southem Califomia* (University of California Pres, 1993).

Ola Sôderstrôm (né en 1959) professeur de géographie à l'université de Neuchâtel en Suisse. Il a enseigné dans différentes universités en Suisse et a été professeur invité à UCLA. Ses recherches récentes portent sur la géographie sociale et culturelle des villes, l'histoire et la théorie de la géographie humaine et la sociologie des sciences. Parmi ses publications récentes : *Des images pour agir. Le visuel en urbanisme* (Lausanne, Payot, 2000) et coédité *L'Usage du projet. Analyser les pratiques sociales et concevoir le projet urbain*, (Payot, 2000).

Ulf Strohmayer (né en 1961) est professeur de géographie à l'université nationale d'Irlande, à Galway. Il est directeur de son département. Il a étudié en Allemagne, en Suède, aux États-Unis et en France, et a obtenu son Ph.D. à Penn State University. Ses travaux s'inscrivent dans le domaine de la théorie sociale et de la philosophie, et analysent en particulier les conditions et les conséquences des processus historiques de la modernisation en Europe occidentale. Il a dirigé avec Georges Benko *Space and Social Theory* (1997, Blackwell) et *Geography, History, and Social Sciences* (1995, Kluwer). À paraitre : *Modernity and the Urban Geography of Paris*, Cambridge University Press.

Peter J Taylor (né en 1944) est professeur de géographie à l'université de Loughborough et directeur de recherche au Metropolitan Institute, Virginia Tech. Fondateur et directeur des revues *Political Geography* et *Review of International Political Economy*, ses travaux portent sur la géographie politique, le système monde et les villes mondiales. Parmi ses nombreuses publications : *World Cities in a World Economy* (1995, edited with P N Knox, Cambridge University Press), *The Way the Modem World Works : World Hegemony to World Impasse* (1996, Wiley), *Modernities* (1999, Polity), *Political Geography : World-Economy, Nation-State, Locality* (4th ed. with C Flint, 2000, Pergamon), *Geographies of Global Change* (2nd ed. 2000, edited with R J Johnston and M J Watts, Blackwell), et *World City Network : a Global Urban Analysis* (2004, Routledge).

Herman Van der Wusten (né en 1941) il a été professeur de géographie politique de 1984 à 2001 et doyen de la faculté des sciences sociales et comportementales d'Amsterdam de 1997 à 2001. Il a publié essentiellement dans le domaine de la géographie des relations internationales. Il est coauteur (avec Ben de Pater) d'un livre sur l'histoire de la pensée géographique en flamand, *Heeu geografisch huis* (Coutinho Bussum, 1991, 1996) et a dirigé un ouvrage sur les institutions académiques et son environnement social : *The Urban University and its Identity. Roots, Location, Raies* (Kluwer, Dordrecht, 1998). Il a dirigé la revue *GeoJournal*. Actuellement, il travaille sur une étude comparative des villes capitales européennes.

Achevé d'imprimer en septembre 2004
sur les presses de la Nouvelle Imprimerie Laballery
58500 Clamecy
Dépôt légal : septembre 2004
Numéro d'impression : 409029
804 7806/01

Imprimé en France